TEUBNER-TEXTE zur Informatik
Band 35

Dietmar Fey

Optik in der Rechentechnik

TEUBNER-TEXTE zur Informatik

Herausgegeben von

Prof. Dr. Johannes Buchmann, Darmstadt
Prof. Dr. Udo Lipeck, Hannover
Prof. Dr. Franz J. Ramming, Paderborn
Prof. Dr. Gerd Wechsung, Jena

Als relativ junge Wissenschaft lebt die Informatik ganz wesentlich von aktuellen Beiträgen. Viele Ideen und Konzepte werden in Originalarbeiten, Vorlesungsskripten und Konferenzberichten behandelt und sind damit nur einem eingeschränkten Leserkreis zugänglich. Lehrbücher stehen zwar zur Verfügung, können aber wegen der schnellen Entwicklung der Wissenschaft oft nicht den neuesten Stand der Entwicklung wiedergeben.

Die Reihe *TEUBNER-TEXTE zur Informatik* soll ein Forum für Einzel- und Sammelbeiträge zu aktuellen Themen aus dem gesamten Bereich der Informatik sein. Gedacht ist dabei insbesondere an herausragende Dissertationen und Habilitationsschriften, spezielle Vorlesungsskripten sowie wissenschaftlich aufbereitete Abschlussberichte bedeutender Forschungsprojekte. Auf eine verständliche Darstellung der theoretischen Fundierung und der Perspektiven für Anwendungen wird besonderer Wert gelegt. Das Programm der Reihe reicht von klassischen Themen aus neuen Blickwinkeln bis hin zur Beschreibung neuartiger, noch nicht etablierter Verfahrensansätze. Dabei werden bewusst eine gewisse Vorläufigkeit und Unvollständigkeit der Stoffauswahl und Darstellung in Kauf genommen, weil so die Lebendigkeit und Originalität von Vorlesungen und Forschungsseminaren beibehalten und weitergehende Studien angeregt und erleichtert werden können.

TEUBNER-TEXTE erscheinen in deutscher oder englischer Sprache.

Dietmar Fey

Optik in der Rechentechnik

Photonisches VLSI und optische Netzwerke

B. G. Teubner Stuttgart · Leipzig · Wiesbaden

Die Deutsche Bibliothek – CIP-Einheitsaufnahme
Ein Titeldatensatz für diese Publikation ist bei
Der Deutschen Bibliothek erhältlich.

Prof. Dr.-Ing. Dietmar Fey

Geboren 1961 in Nürnberg. Von 1981 bis 1987 Studium der Informatik an der Universität Erlangen-
berg mit Abschluss als Diplom-Informatiker. Von 1987 bis 1992 wissenschaftlicher Mitarbeiter am Leh
für Angewandte Optik des Physikalischen Instituts der Universität Erlangen-Nürnberg. In dieser Zeit
beit im Sonderforschungsbereich Multiprozessorsysteme und Netzwerkkonfigurationen. 1992 Prom
1993 Industrietätigkeit im Bereich CAD, Netzwerke und Datenbanken. Von 1994 bis 1999 wissenschaf
Assistent am Institut für Informatik der Universität Jena. Dort Leiter der Arbeitsgruppe „Paralleles Opt
tronisches Rechnen". 1999 Habilitation, von 1999 bis 2000 Privatdozent und Vertretung eines akadem
Rates am Institut für Rechnerstrukturen der Universität-GH Siegen. Von 2000 bis 2001 Vertretunc
C3-Professur an der Universität Jena. Seit 2002 Professor für Technische Informatik an der Universität

Arbeitsgebiete: Optik in der Rechentechnik, VLSI-Entwurf, Hardware/Software-Codesign, Optische
werke für Cluster-Rechner.

1. Auflage August 2002

Alle Rechte vorbehalten
© B. G. Teubner GmbH, Stuttgart/Leipzig/Wiesbaden, 2002

Der Verlag Teubner ist ein Unternehmen der Fachverlagsgruppe BertelsmannSpringer.
www.teubner.de

Das Werk einschließlich aller seiner Teile ist urheberrechtlich geschützt. Jede Verwe
außerhalb der engen Grenzen des Urheberrechtsgesetzes ist ohne Zustimmung de
lags unzulässig und strafbar. Das gilt insbesondere für Vervielfältigungen, Überse
gen, Mikroverfilmungen und die Einspeicherung und Verarbeitung in elektroni
Systemen.

Die Wiedergabe von Gebrauchsnamen, Handelsnamen, Warenbezeichnungen usw. in diesem
berechtigt auch ohne besondere Kennzeichnung nicht zu der Annahme, dass solche Namen im
der Waren- und Markenschutz-Gesetzgebung als frei zu betrachten wären und daher von jeder
benutzt werden dürften.

Umschlaggestaltung: Ulrike Weigel, www.CorporateDesignGroup.de

ISBN-13: 978-3-519-00338-0   e-ISBN-13: 978-3-322-86769-8
DOI: 10.1007/978-3-322-86769-8

Vorwort

Laut der im Auftrag der amerikanischen Regierung durchgeführten Studie *"Harnessing Light – Optical Sciences and Engineering for the 21th Century"* wird – etwas überspitzt formuliert – das 21. Jahrhundert zum Jahrhundert der Photonik werden, wie das 20. Jahrhundert das Jahrhundert der Elektronik war. Die Photonik, die Lehre von der Physik des Lichtes sowie seiner technischen Anwendungen, prägt dabei längst unser tägliches Leben. Man denke nur an den Einsatz optischer Technologien im Informations- und Kommunikationsbereich. Nach einem Bericht der *Deutschen Agenda Optische Technologien für das 21. Jahrhundert* werden schon heute 90% der in Deutschland bewegten Datenmengen über das Glasfasernetz der Bundesrepublik transportiert. Der Einsatz optischer Massenspeichermedien wie CD-ROM oder DVD ist nicht mehr wegzudenken. Kürzlich angekündigte Förderprogramme des Bundesministeriums für Bildung und Forschung werden dazu beitragen, dass sich optische Technologien z.B. im Gesundheitswesen, in den Biowissenschaften, in der industriellen Fertigung und selbstverständlich auch in der Informations- und Kommunikationstechnik weiter verbreiten.

So ist es keine Vision, sondern nur eine Frage der Zeit, wann nahezu jeder Haushalt über einen Glasfaseranschluss verfügen wird. Der Siegeszug der optischen Übertragung von Daten in der Netzwerk- und Netzzugangstechnik wird auch vor der Rechentechnik nicht Halt machen, auch wenn derzeit die Optik mit Ausnahme der peripheren Speicher innerhalb der Rechner noch keine tragende Rolle innehat. Diese Einschätzung beruht auf der Tatsache, dass sich elektronische Verbindungen in der modernen Rechen- und Prozessortechnik zunehmend als der Schwachpunkt beim Streben nach höheren Leistungen erweisen. Dieses Buch zeigt auf, wie der Einsatz optischer Verbindungen in der VLSI- und Netzwerktechnik einen Ausweg aus den im Englischen mit *"interconnect crisis"* umschriebenen Schwierigkeiten bei den Verbindungen bietet. Dabei sei an dieser Stelle ausdrücklich betont, dass ein effizienter Einsatz optischer Verbindungen nicht ohne Einfluss auf die Architektur der Rechner und Prozessoren und der darin zum Einsatz kommenden Algorithmen bleiben kann.

Diese Themen - Technologie, Architektur und Algorithmen - sind Gegenstand des interdisziplinären Forschungsthemas *"Optik in der Rechentechnik"* und dieses Teubner-Textes. Das Buch verfolgt das Ziel, neben den Grundlagen auch den aktuellen Stand der Technik auf dem Gebiet der Optik in der Rechentechnik zu vermitteln. Der Erfolg des Einsatzes optischer Verbindungen in der Rechentechnik hängt entscheidend ab von der interdisziplinären Zusammenarbeit zwischen Physikern, Elektrotechnikern und Informatikern. Auch dazu soll dieses

Buch beitragen. Es versteht sich als interdisziplinäre Brücke zwischen Informatik, Optik und Elektronik. Es wendet sich an den Informatiker, der mehr über die Möglichkeiten der Optik in der Schaltkreis- und Netzwerktechnik wissen möchte, und auch an den Physiker und Ingenieur, der Genaueres über die Anwendung optischer und optoelektronischer Technologien in Architekturen erfahren will.

Forschungsinitiativen, die in der Vergangenheit auch für die "Optik in der Rechentechnik" Bedeutung hatten, waren u.a. vom Bundesministerium für Bildung und Forschung und von der Volkswagen-Stiftung geförderte Photonik-Programme. So basieren auch viele der in diesem Buch vorgestellten Themen auf Ergebnissen, die innerhalb eines von der Volkswagen-Stiftung unterstützten Forschungsprojektes "Binärer optoelektronischer Assoziativspeicher mittels Smart-Pixel-Technologien" in Zusammenarbeit einer Arbeitsgruppe des Autors mit Physikern und optischen Nachrichtentechnikern erzielt wurden. Ferner waren insbesondere für den in diesem Buch behandelten Themenkomplex Architektur und Algorithmen für optoelektronische Schaltkreise Ergebnisse entscheidend, die im Rahmen des von der Deutschen Forschungsgemeinschaft geförderten und vom Autor geleiteten Projekts "3-D Smart-Pixels-Rechner" gewonnen wurden. Viele der im Buch getroffenen Aussagen zur Thematik "Optische Netzwerke für Cluster-Rechner" beruhen auf Untersuchungen, die von der Arbeitsgruppe des Autors im Rahmen von Drittmittelprojekten durchgeführt wurden, die Förderung durch das Thüringer Ministerium für Wissenschaft, Forschung und Kultur und das Bundesministerium für Bildung und Forschung erhielten.

Dank sei an dieser Stelle an Prof. Dr. Werner Erhard, Universität Jena, Prof. Dr. Hartmut Bartelt, Institut für Physikalische Hochtechnologie, Jena, und Prof. Dr. Karl-Heinz Brenner, Universität Mannheim, für die Übernahme der Gutachten zu meiner Habilitationsschrift gerichtet, die eine der Grundlagen für dieses Buch bildet. Nicht vergessen bei der Danksagung möchte ich auch die Doktoranden Guido Grimm, Lutz Hoppe, Karl D. Maier, Thomas Meier von der Universität Jena und den Studenten André Flöpper von der Universität-GH Siegen, ohne deren Zuarbeit dieses Buch nicht zustande gekommen wäre. Dies gilt auch für Dr. Matthias Gruber und Prof. Dr. Jürgen Jahns von der FernUniversität Hagen, Dr. Ernst-Bernhard Kley von der Universität Jena und Dipl.-Phys. Margit Ferstl vom Heinrich-Hertz-Institut in Berlin für das Überlassen von Bildmaterial. Nicht zuletzt gilt mein Dank auch Herrn Jürgen Weiß, Leipzig, und den Herausgebern der TEUBNER-TEXTE zur Informatik, insbesondere Prof. Dr. Gerd Wechsung, ohne deren Unterstützung dieses Buch nicht entstanden wäre. Nicht zuletzt gilt mein Dank auch Sun Microsystems und dem Computerdienst Jena, die durch eine Anzeigenschaltung ebenfalls zum Zustandekommen dieses Buches beitrugen.

Jena, im April 2002 *Dietmar Fey*

Inhalt

1 Motivation und Stand der Technik

Die Bedeutung der optischen Datenübertragung, bei der Lichtsignale die Informationen transportieren, wächst ständig. Dies gilt nicht nur für die Telekommunikation, wo der Einsatz der Optik bei langen Übertragungsstrecken, z.B. über Glasfasernetze, bereits seit langem Stand der Technik ist, sondern in immer stärkeren Maße auch für die Rechentechnik. Das "Innenleben" der Rechner wird zunehmend auch aus Glasfasern und anderen lichtleitenden Bauteilen bestehen und es ist zu erwarten, dass durch den Bedarf nach immer mehr Bandbreite auch das Vernetzen der Rechner weitgehend optisch durchgeführt wird. Zukünftige Hochleistungsrechner benötigen Verbindungen für die Prozessor-Prozessor- und Prozessor-Speicher-Kopplung mit Übertragungsraten von Hunderten von GBit/s bis 1 TBit/s. Optoelektronische bzw. optische Verbindungen können diese hohen Bandbreiten zur Verfügung stellen. Zudem erlauben optische Verbindungen das Ausnutzen der dritten Dimension, was den Aufbau neuer massiv-paralleler Rechnerarchitekturen ermöglicht. Die Verbindung von Optik für die Datenübertragung und Elektronik für die Datenverarbeitung besitzt Potentiale, die ein Vielfaches mehr an Rechenleistung bieten als mit heutiger Rechentechnik machbar ist. Gerade hier ist die Informatik gefordert, Antworten auf die Frage nach einem effizienten, die Optoelektronik optimal nutzenden Architekturaufbau zu geben. Diese Antworten zu finden und den Stand der Technik auf dem Gebiet des Einsatzes der Optik in der Schaltkreistechnik aufzuzeigen, ist eine der zentralen Themen, die in diesem Buch behandelt werden.

Ein weiterer Themenschwerpunkt dieses Buches widmet sich einem Gebiet, in dem die Optik bereits etabliert ist, der Übertragungstechnik auf langen Distanzen. Optische Netzwerke bieten insbesondere durch die Technik des Wellenlängenmultiplexes das Potential, Bandbreiten zu liefern, die beispielsweise den immensen Bedarf an benötigter Übertragungskapazität im Internet befriedigen. Aufbau und Funktionsweise der wesentlichen in photonischen Netzen eingesetzten Kernelemente werden ebenso behandelt wie die Architektur und die in solchen Netzen zur Wegewahl eingesetzten Algorithmen.

Im folgenden einleitenden Kapitel wird zunächst aufgezeigt, welche triftigen Gründe es für den Einsatz der Optik in der Rechentechnik gibt. Insbesondere wird darauf eingegangen, welcher Entwicklungsstand in der Informatik, Nachrichtentechnik und Physik betreffenden interdisziplinären Forschungsrichtung "Optik in der Rechentechnik" erreicht wurde. Dies betrifft sowohl die Entwicklung geeigneter Architekturkonzepte als auch die Bereitstellung technologischer Basiskomponenten und bereits realisierte Demonstratoren.

1.1 Motivation

Eines der größten Hindernisse bei der Steigerung der Rechenleistung in heutigen Rechnersystemen stellt die ungenügende Kommunikationsleistung dar. Mit wachsender Prozessorgeschwindigkeit und zunehmender Integration steigt die Datenmenge, die pro Zeiteinheit und Fläche zur Verfügung gestellt werden muss, um die optimale Auslastung des Prozessors zu gewährleisten. Bedingt durch die heute noch dominierende Technologie der Spannungs- bzw. Stromschnittstellen an den Verbindungsknoten zwischen ganzen Rechensystemen ("System-to-System"), Baugruppen ("Board-to-Board") und integrierten Schaltkreisen ("Chip-to-Chip") stoßen elektronische Verbindungen hier an ihre durch die Gesetze der Physik vorgegebenen und damit unvermeidbaren Grenzen. Der Einsatz optischer Verbindungstechnik bietet dagegen die Chance, viele durch unzureichende Kommunikationskapazitäten verursachte Leistungsbegrenzungen zu überwinden. Dies gilt in besonderem Maße für die Übertragungsdistanzen "Board-to-Board" und "Chip-to-Chip". Ferner können wesentlich kompaktere Rechnerarchitekturen als derzeit verwirklicht werden, da optische Verbindungen weitaus höhere Kanaldichten bieten als rein-elektronische Leitungen und z.B. durch freiraum-optische Verbindungen den Raum zur Informationsübertragung ausnutzen. Begrenzt wird die Dichte optischer Übertragungskanäle primär durch den Wirkungsgrad des aus Lichtsender, Lichtempfänger und Übertragungsstrecke bestehenden optischen Kanals und die abzuführende Wärmeleistung.

Elektronische Komponenten kommunizieren über an den Kanten angebrachte Anschlüsse, während optoelektronische Ein-/Ausgänge aufgrund senkrecht zur Chip- bzw. Platinenebene verlaufenden optischen Verbindungen die gesamte Chip- bzw. Platinenfläche zur Kommunikation nutzen können (s. Abbildung 1.1). Dies steht auch in engem Zusammenhang mit der Dimensionalität heutiger Rechensysteme, die durch die Physik der leitungsgebundenen Elektronik zumeist zweidimensional ausgerichtet ist. Optische Verbindungen bieten dagegen die attraktive Möglichkeit, durch vertikal verlaufende Datenkanäle die dritte Dimension zu erschließen und dadurch neue Architekturkonzepte zu ermöglichen, deren Realisierung dem Rechnerarchitekten bisher aufgrund einer Beschränkung auf rein-elektronische Ansätze verwehrt blieb.

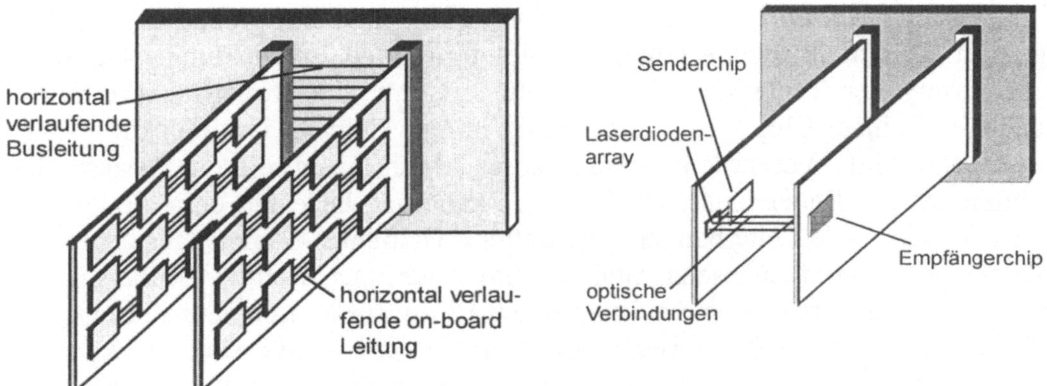

Abbildung 1.1: Schematische Gegenüberstellung 2-dimensionaler elektronischer und 3-dimensionaler optoelektronischer Rechensysteme

Ziel der interdisziplinären Forschungsrichtung "Optik in der Rechentechnik" ist die gewinnbringende Nutzung der Vorteile der Optik in Rechensystemen. Diese Vorteile betreffen insbesondere die *hohe Zeit-* und die *hohe Ortsbandbreite* optischer Verbindungen für den Datentransfer zwischen Baugruppen und VLSI-Schaltkreisen. Die hohe Zeitbandbreite ermöglicht die optische Übertragung von Information über längere Distanzen (> 0.5 m) auch bei hoher Taktrate (> 1 GHz) mit wesentlich höherer Störsicherheit als dies bei elektronischen Verbindungen der Fall ist. Aufgrund der hohen Ortsbandbreite der Optik lassen sich optische Verbindungen zudem sehr dicht packen (> 1000 Kanäle/cm^2). Dadurch können wesentlich höhere Kanaldichten als mit elektronischen Verbindungen erzielt werden, was sich speziell für VLSI-(*very large scale integrated*)-Schaltkreise sehr vorteilhaft auswirkt.

An dieser Stelle stellt sich die Frage, warum optische Verbindungen überhaupt für den Einsatz in hochintegrierten Schaltkreisen diskutiert und erprobt werden. Eine erste Antwort darauf liefert das folgende Unterkapitel, in welchem kurz aufgezeigt wird, welche Entwicklung die Mikroelektronik in den vergangenen vier Jahrzehnten genommen hat und wo derzeit die Schwierigkeiten liegen.

1.2 Entwicklung mikroelektronischer Schaltkreise

1.2.1 Von SSI zu VLSI

Die enormen Fortschritte in der Mikroelektronik lassen sich quantitativ in beeindruckenden Zahlen erfassen. Angefangen bei einigen wenigen integrierten Transistoren in den 60er Jahren ist man heute bei Mikroprozessoren mit über 10

Millionen integriertren Transistorfunktionen auf bis zu 4 cm² großen Chipflächen angelangt. Der maßgebliche Anteil an dieser rasanten Entwicklung ist auf die Verbesserung der Technologie zurückzuführen, d.h. die Herstellungsverfahren erlauben auf einem Chip die Unterbringung immer kleinerer mikroelektronischer Bauelemente, im Wesentlichen Transistoren. Man nennt diesen Prozess des Schrumpfens der Bauelemente *Skalierung*. Skalierung bedeutet, dass die Größen der Strukturen – wie Leiterbahnen oder dotierte Halbleiter-Gebiete, aus denen die Bauelemente zusammengesetzt sind – immer geringer werden. Anfang 2002 beträgt die kleinste mögliche Strukturgröße 0,13 µm für logische Schaltkreise, für 2003 hat NEC eine 100-nm-Technologie für Speicherschaltkreise angekündigt. Die Entwicklung der Anzahl integrierter Bauelemente folgt dabei einer von Moore bereits in den 60er Jahren aufgestellten und empirisch gewonnenen Gesetzmäßigkeit, dem sogenannten „Mooreschen Gesetz", nach der sich die Anzahl der Bauelemente auf einem Chip etwa alle 18 bis 24 Monate verdoppelt. Nach allgemeiner Einschätzung geht man davon aus, dass das Mooresche Gesetz noch mindestens 10 bis 20 Jahre weiter gelten wird.

Im Zusammenhang mit der durch die Technologie bewirkten Zunahme der Anzahl der Bauelemente auf dem Chip und der damit verbundenen Leistungsfähigkeit spricht man auch von Generationen der Rechentechnik und der Schaltkreisentwicklung [Bode99]. Die erste bis ca. 1955 dauernde Generation war noch durch die Verwendung von Röhren in Rechnern gekennzeichnet und kannte noch keine Integration von Bauelementen in Halbleitermaterialien. Rechner der ersten Generation leisteten etwa 1000 Befehle/s und wurden ausschließlich in Maschinensprache programmiert. Rechner der zweiten Generation, die bis ca. 1965 andauerte, verwendeten erstmals Transistoren für die Ausführung logischer Operationen und Ferritkernspeicher für die Speicherung von Daten und Befehlen. Die Leistung war gegenüber der ersten Generation mit ca. 10000 Befehlen/s etwa zehnmal so hoch. Zur Programmierung standen bereits höhere Sprachen wie ALGOL und FORTRAN zur Verfügung. Die bis ca. 1975 andauernde dritte Generation nutzte erstmals in größerem Umfang die Transistor-Integration in Halbleitern. Je nach Integrationsgrad sprach man von SSI-(*small scale integration* mit ca. 3-100 Transistoren) bzw. MSI-Technologie (*medium scale integration* mit ca. 100-1000 Transistoren). Die Leistung wurde gegenüber der vorherigen Generation weiter auf ca. 50000 Befehle verbessert. Zur Programmierung dieser Maschinen wurden weitere Hochsprachen entwickelt, ferner kamen die ersten Datenbanksysteme auf. Mitte der 70er Jahre begann zunächst mit der LSI-Technologie (*large scale integration* mit ca. 1000-10000 Transistoren) und später mit der VLSI-Technologie die bis heute andauernde vierte Generation. Gelegentlich, um den weiteren Anstieg der Transistorzahlen anzudeuten, spricht man auch von ULSI-Technologie (*ultra large scale integration* mit ca. 10^5-10^6 Transistoren).

bzw. GSI-Technologie (*giga scale integration* mit 10^9 Transistoren). Die Leistung liegt mittlerweile bei mehr als zehn Millionen Befehlen/s, für die Programmierung existieren sehr leistungsstarke und komfortable Entwicklungsumgebungen.

Im Zusammenhang mit den vor allem in Japan vorangetriebenen ehrgeizigen Bestrebungen in der Robotik, der künstlichen Intelligenz und der logischen und funktionalen Programmierung wurde ab Mitte der 80er Jahre häufig von der fünften Generation der Rechentechnik gesprochen. Dieser Begriff konnte sich jedoch nicht richtig durchsetzen. Die sechste Generation könnte durch den Einsatz von neuen Technologien zu Bio- oder chemischen Computern führen, die eine weitere Verkleinerung der Strukturen bis auf Molekülgröße bringen. Einen wirklich revolutionären Sprung, bedingt durch die Reduzierung der Zeitkomplexität NP-harter Probleme in den polynomialen Bereich mit Hilfe der Mehrfachüberlagerung von Zuständen, würden aber Quantencomputer darstellen, sofern sie jemals das Kriterium der Zuverlässigkeit befriedigend erfüllen. In diesem Falle wäre es gerechtfertigt, von der siebten Generation der Rechentechnik zu sprechen.

1.2.2 Die Verbindungskrise in der VLSI-Technik

Wie die im vorigen Unterkapitel beschriebene Entwicklung der Mikroelektronik aufzeigt, ist bei den aktiven Bauelementen, die für die Verarbeitung und Speicherung von Daten benötigt werden, eine höchst erfreuliche Entwicklung eingetreten. Wie sieht es aber bei der neben Verarbeitung und Speicherung dritten fundamentalen Operation eines Rechners aus, dem auf den Verbindungen stattfindenden Datentransport? Hier ist eine Situation eingetreten, die höchst unbefriedigend ist und in der englischsprachigen Literatur häufig auch als *interconnect crisis* bezeichnet wird. Die damit umschriebenen Schwierigkeiten bei den Verbindungen lassen sich grob in zwei Kategorien einteilen: *zu langsame und zu großflächige* interne Verbindungen für immer schneller werdende Transistoren und *zu wenige* externe Verbindungen für die Kommunikation zur Außenwelt sowohl zwischen Baugruppen als auch zwischen integriertren Schaltkreisen. Welche dramatische Veränderung insbesondere bei den Chip-internen Verbindungen in nur sehr kurzer Zeit eingesetzt hat verdeutlicht folgender Vergleich. Lag Ende der 80er Jahre das Verhältnis der durch Transistoren zu Verbindungen verursachten Signalverzögerung für einen CMOS-Prozess mit Strukturgrößen von 1.0 µm für eine 1 mm lange Leitung noch bei 10:1, gilt für einen aktuellen 0.1 µm Prozess ein Verhältnis von 1:100 [Mein99]. Das heißt, innerhalb von nur etwa zehn Jahren ist eine Veränderung um **drei Größenordnungen (!)** zuungunsten der Verbindungen eingetreten.

In der gleichen Zeit wurde die Taktfrequenz elektronischer Schaltkreise mehr als hundertmal schneller, was strikte Anforderungen an die Längen das Taktverteilungsnetzes stellt, um den Taktversatz (engl.: *clock skew*), d.h. das zeitlich unterschiedliche Eintreffen von Taktflanken bei taktgesteuerten Elementen, wie z.B. Flip-Flops, zu minimieren. Ferner nahm auch die gesamte Leitungslänge auf dem Chip mit einem Anstieg um den Faktor 50 enorm zu. Die Summe aller Verbindungsleitungen beträgt bereits jetzt bei einem leistungsstarken Mikroprozessor über einen km und wird laut Prognosen bis zum Jahr 2012 auf 24 km steigen.

Generell gilt, dass insbesondere lange, verlustbehaftete Leitungen auf dem Chip Probleme bereiten. Sie begrenzen speziell bei hohen Frequenzen die Leistung des Chips. Alle diese Schwierigkeiten haben dazu geführt, dass die Leistungsfähigkeit von integrierten Schaltkreisen immer mehr von der Ausbreitungs-Geschwindigkeit der Signale auf den Leitungen, also der Kommunikation auf dem Chip und immer weniger von der eigentlichen Verarbeitungs-Geschwindigkeit bestimmt wird. Der Grund hierfür ist, dass die für die Ausbreitungszeit der Signale verantwortliche RC-Konstante (R ist der Widerstand und C die Kapazität der Leitung) von der Skalierung unberührt bleibt. Somit sind die Gründe für die Verbindungskrise fundamentaler physikalischer Natur und können nicht durch Fortschritte bei der bestehenden Technologie wettgemacht werden, sondern sie sind im Gegenteil vielmehr die Folge der Skalierung, worauf im Kapitel 2 noch genauer eingegangen wird. Stattdessen müssen alternative Technologien und Aufbautechniken entwickelt werden, um sowohl die Probleme bei der internen als auch der externen Chip-Kommunikation zu lösen.

Dazu verfolgt man, was die Chip-internen Verbindungen angeht, derzeit zwei Ansätze, nämlich die Länge der Leitungen zu reduzieren und deren Leitungseigenschaften zu verbessern. Zur Verringerung der Leitungslänge gibt es wiederum zwei Möglichkeiten. Zum einen wird versucht, den hohen Takt auf kleinere Flächen einzugrenzen, was nach sich zieht, dass man an einem Chip mehrere Takteingänge benutzen muss. Zum anderen teilt man lange Leitungen in mehrere kleine Teilstücke auf, die jeweils einen eigenen Verstärker besitzen, mit der Folge, dass man insgesamt mehr Fläche für die Leitung aufwenden muss. Zur Verbesserung der Leitungsfähigkeit ohne Erhöhung des Leitungsquerschnitts verwendet man andere Materialen als dem üblicherweise für Leitungen eingesetzten Aluminium. Alternativen sind Kupfer, Silber und weitere sogenannte low-k-Materialien[1], mit denen man niedrigere RC-Konstanten als mit Aluminium erzielt. Der Preis, der dafür bezahlt werden muss, ist eine komplexere Handhabung dieser

---

[1] Materialien, die eine niedrige Dielektrizitätskonstante k besitzen und dadurch einen geringeren Leitungswiderstand als Aluminium aufweisen.

Materialien während des Chip-Fertigungsprozesses. Als Fazit lässt sich festhalten, dass die durch verlustbehaftete Leitungen verursachte Einschränkung der Leistung durch besondere Sorgfalt beim physikalischen Entwurf bzw. durch alternative Materialien wieder wett gemacht werden muss.

Dabei sind jedoch auch der Verwendung von alternativen Materialien Grenzen gesetzt. Denn trotz der Verwendung von Kupfer und anderen low-k-Technologien beträgt der Gewinn gegenüber Aluminium nur 1½ Größenordnungen. Dies reicht nicht aus, um die in der „*Roadmap for Semiconductor Industry*" aufgestellten Anforderungen zu erfüllen und damit weiterhin die Gültigkeit des Mooreschen Gesetzes zu erhalten. Bei dieser Roadmap handelt es sich um eine Studie, die von führenden Halbleiterherstellern und akademischen Institutionen erstellt wird, mit dem Ziel, die zukünftige Entwicklung der nächsten 15 Jahre in der Mikroelektronik abzuschätzen. Zunächst war dieses Konsortium national auf die USA beschränkt, seit 1999 ist daraus ein internationales Konsortium geworden, das alle zwei Jahre seine Ergebnisse veröffentlicht. Waren die Annahmen in den ersten Studien über die Zukunft eher zu konservativ, so dass ein Halbleiterhersteller, der diese Prognosen nicht übererfüllen konnte, als ein eher schlechter Hersteller galt, sind die Prognosen inzwischen sehr anspruchsvoll. Die „Roadmap"-Daten werden mittlerweile als Vorgaben betrachtet, die auch unter großen Anstrengungen unbedingt zu erfüllen sind. Gerade bei den Verbindungen wird es immer schwieriger, die Roadmap-Daten zu erfüllen, da man auf die Grenzen der Skalierung stößt.

Hierbei stellt sich die Frage, inwieweit optische interne (engl.: *on-chip*) Verbindungen weiterhelfen können. Leider gilt derzeit jedoch, dass optische Chip-interne Verbindungen aus folgenden Gründen keine Lösung für die Verbindungskrise bieten. Chip-interne optische Verbindungen benötigen durch die zusätzliche elektro-optische Wandlung viel mehr Leistung als elektrische Verbindungen, d.h. der ohnehin schon große Leistungsverbrauch mikroelektronischer Schaltkreise, wie z.B. in Prozessoren, würde noch weiter zunehmen. Ferner beanspruchen die für optische Verbindungen benötigten Bauelemente, wie Lichtsender und Lichtemitter, zusätzliche Fläche, so dass optische Verbindungen insgesamt auch einen höheren Flächenbedarf als elektronische Verbindungen aufweisen. Ferner ist die Aufbautechnik gegenüber elektronischen Chip-internen Verbindungen weitaus aufwändiger, da Lichtemitter in Gallium-Arsenid-Technologien realisiert werden müssen, was aufgrund unterschiedlicher Ausdehnungskoeffizienten von Silizium und Gallium-Arsenid (GaAs) Probleme bei der Integration mit zumeist in Silizium integrierten Schaltkreisen bereitet. Wegen all dieser Schwierigkeiten, schätzt man, dass optische Chip-interne Verbindungen bis zum Jahr 2010 wohl keine Alternative darstellen.

Neben diesen technologischen Aspekten existieren auch aufgrund der Architektur moderner Prozessoren, was in Kapitel 3 noch genauer gezeigt wird, Gründe gegen den Einsatz optischer Chip-interner Verbindungen. Dennoch kann es bei Spezialarchitekturen vorteilhaft sein, lange Leitungen, wie z.B. den Takt, optisch zu realisieren. Dies aber nur wenn die lange Leitung in die dritte Dimension ausgelagert wird, d.h. Chip-extern realisiert ist. Diese Verlagerung sollte aber durch die zugrundeliegende Architektur, z.B. wegen einer ohnehin notwendigen Kommunikation mit einem anderen integrierten Schaltkreis, unterstützt werden. In Kapitel 4.2 wird ein Beispiel für eine solche Architektur für einen auf Konvergenzalgorithmen basierenden digitalen Signalprozessor gezeigt.

Eingangs dieses Unterkapitels wurde erwähnt, dass die Verbindungskrise nicht nur die eben ausführlich behandelten Schwierigkeiten Chip-interner Verbindungen als Ursache hat, sondern auch durch die zu geringen Bandbreiten externer Verbindungen zwischen integrierten Schaltkreisen und Baugruppen bedingt ist. Inwieweit hierbei optische Verbindungen helfen können, ist Thema des folgenden Unterkapitels.

1.3 Optische Verbindungen für die Rechentechnik

Die größten Hürden im Streben nach immer mehr Leistung in der heuten Rechentechnik liegen in der Kommunikation. Ein Grund hierfür sind die zu geringen Bandbreiten beim Datenaustausch zwischen integrierten Schaltkreisen und Leiterplatten als auch auf den Leiterplatten selbst. Zur Lösung dieser Probleme ist die in der Physik und Mikrosystemtechnik zumeist vorangetriebene Entwicklung neuer Bauelemente eine wichtige Voraussetzung. Um das Potential dieser Bauelemente für die Rechentechnik auch effizient zu nutzen, ist es Aufgabe der Informatik, entsprechende Architekturvorschläge zu entwickeln. Dabei ist die Informatik und hier speziell die Rechnerarchitektur je nach dem Einsatzgebiet der optischen Verbindungen unterschiedlich stark gefordert:

- Optische Verbindungen zwischen Baugruppen mit typischer Übertragungsdistanz im Bereich *dm* bis *m* (*Board-to-Board*) bzw. Hunderten von Metern (*System-to-System*). Das Einsatzgebiet ist die schnelle Vernetzung von Rechnern zur Bildung von Cluster-Rechnersystemen. Die Aufgabe der Informatik liegt hier vor allem in der Entwicklung schneller Übertragungsprotokolle.

- Optische Verbindungen auf Leiterplatten bzw. elektro-optische Leiterplatten. Eine der Herausforderungen für Informatiker und Elektronik-Ingenieure hierbei ist die Anpassung geeigneter (Electronic Design Automation) CAE-Werkzeuge, um die Verwendung optischer und elektronischer Verbindungen für den Leiterplatten-Entwickler transparent zu gestalten.

- Optische Verbindungen zwischen integrierten Schaltkreisen mit typischer Übertragungsdistanz im Bereich *cm* bis *dm* (chip-to-chip). Die effiziente Nutzung dieser Technologie erfordert an die Randbedingungen der Optik und Optoelektronik angepasste Architekturen und zugehörige Algorithmen. Dies ist die Thematik, der sich dieses Buch hauptsächlich widmet.

1.3.1 Optische Verbindungen zwischen Baugruppen

Optische Verbindungen sind bei der Übertragung in der Nachrichtentechnik über lange Distanzen, siehe z.B. transatlantische Glasfasernetze, längst Stand der Technik. Nach und nach, bedingt durch immer stärker hervortretende Engpässe bei der elektronischen Kommunikation einerseits und durch zunehmende Verfügbarkeit optoelektronischer Übertragungskomponenten andererseits, dringt die Optik auch in den Bereich der Rechentechnik vor. Anwendungen dafür ergeben sich vor allem im Bereich des Aufbaus schneller Netze für Rechencluster ("inter-shelf") und der Verbindungen innerhalb eines Rechners zwischen benachbarten Baugruppen ("intra-shelf"). Gerade für diese Anwendungen sind in jüngster Vergangenheit eine Vielzahl von Bauelementen auf den Markt gekommen, die eine Realisierbarkeit solcher Systeme ermöglichen. Dazu gehört z.B. das System PAROLI der Fa. Infineon sowie schnelle im GHz-Bereich operierende Multiplexer/Demultiplexer von Vitesse und Hewlett Packard, sowie Sende-/Empfangsdioden von Finisair, Mitel und Gore. Die realisierbare Übertragungskapazität liegt im Bereich von 1-10 GBit/s für Strecken bis 500 m. Die Anzahl der parallel betreibaren Kanäle beträgt 1 bis 12. Die Herausforderung für die Forschung und Entwicklung auf diesem Gebiet besteht darin, aus den verfügbaren Einzelkomponenten funktionierende Systeme aufzubauen und diese über geeignete Treiber an die höheren Protokollschichten der Kommunikations- und Betriebssysteme anzubinden.

Beispiele hierfür sind die in Abbildung 1.2 gezeigten am Institut für Informatik der Universität Jena entwickelten Netzadapterkarten für serielle und parallele optische Übertragung [MFE98], [MeFe97]. Der seriell und unidirektional arbeitende Netzadapter erlaubt den Aufbau von optischen Ring-Netzwerken. Kernstück ist ein Laserdiode und Photodiode integrierendes Bauelement von Finisair mit einem ST-Faseranschluss. Die Betriebs-Wellenlänge beträgt 850 nm. Das Bauelement wurde speziell für die schnelle Datenkommunikation in lokalen Netzen entwickelt. Im Gehäuse sind entsprechende Treiber- und Verstärkerlogik mit integriert, was den Einbau in ein System wesentlich erleichtert. Der Preis ist verglichen mit Dioden für lange Übertragungsstrecken und vergleichbarer Datenrate von 1.6 GHz wesentlich günstiger. Mit Hilfe eines Multiplexers wurde eine Hardware entwickelt, in der 16 Kanäle à 80 MHz aus einem FPGA abgegriffen und zusammen mit vier weiteren Protokollbits über die Laserdiode mit einer Rohdatenübertragungsrate von 1.6 GBit/s zur Empfängerdiode übertragen werden. Das Multiplexer/Demultiplexerpaar sorgt für eine interne Protokollabwicklung auf der physikalischen Schicht, so dass sich die optische Übertragungsstrecke für den Entwickler völlig transparent gestaltet.

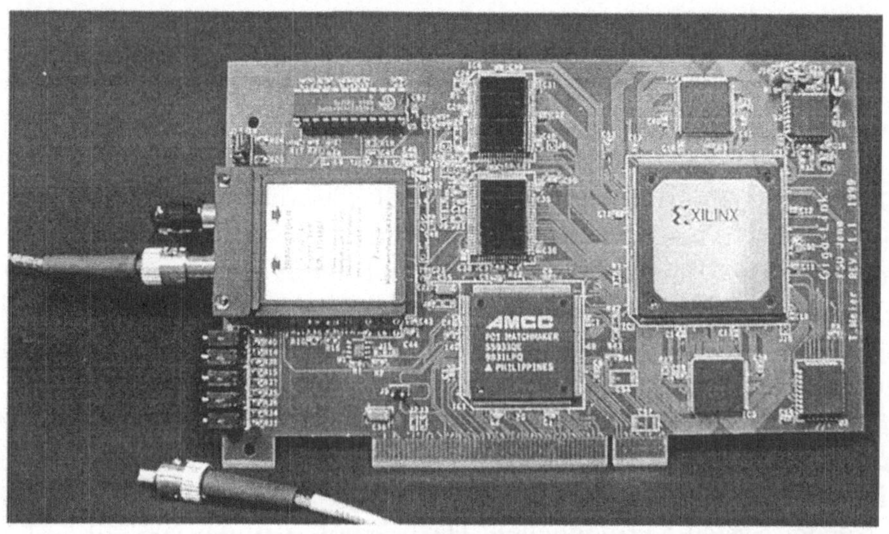

Abbildung 1.2: Bild der seriellen optischen Netzadapterkarte. Auf der Karte links ist das kombinierte Sender-/Empfängerbauelement für die optische Übertragung zu sehen. In der Mitte unten ein PCI-Controller. Der Xilinx FPGA dient zur Implementierung von Protokollen der Datenübertragungsschicht.

Die maximale Dämpfung zwischen Laser- und Photodiode darf −10 dB/km betragen, um laut Herstellerangaben eine Bitfehlerrate von 10^{-12} einzuhalten. In den Steckverbindern zwischen Faser und Sender-/Empfangsdiode gehen jeweils 30 % der Lichtleistung verloren, was ca. −1.8 dB entspricht. Da die eingesetzte Standardfaser mit einer Dämpfung von maximal −10 dB/km angegeben ist, beträgt die maximale Übertragungslänge ca. 700 Meter (0.7 km × −10 dB/km + 2 × −1.8 dB = −10.6 dB). Wie aus den durchgeführten Messungen abzuleiten ist, gilt dies für eine Übertragungsrate von 1.6 GBit/s. Die effektive Datenrate, d.h. unter Abzug der im seriellen Datenstrom für das Protokoll enthaltenen Bits, beträgt somit unidirektional 1.2 GBit/s.

Interessant ist in diesem Zusammenhang der direkte Vergleich mit einer rein-elektronischen Verbindung. Dazu wurden auf einer ersten Testkarte neben den optischen Anschlüssen entsprechende elektrische Steckerverbindungen über

RG58 Koaxialkabel mitaufgebaut. Für diese sind die Grenzen wesentlich enger gesteckt. Laut durchgeführten Berechnungen darf das Koaxialkabel bei der gleichen Übertragungsrate nur eine Länge von sechs Metern besitzen [MFE98]. Bei einem durchgeführten Test mit 20 Metern Kabellänge waren ab einer Übertragungsfrequenz von 400 MHz keine vernünftigen Signalpegel mehr detektierbar. Die Gründe dafür sind die Dispersion, d.h. das „Verschleifen" von Rechtecks-Signalen, und die Dämpfung der Signale, die sich bei elektronischen Verbindungen viel eher als bei optischen Verbindungen auswirken.

Bei der parallelen Sender-/Empfängerkombination wurde der OPTOBUS I von Motorola eingesetzt. Dieser besitzt eine 10-adrige faseroptische Steckverbindung mit einer Übertragungsrate von 400 Mbit/s pro Kanal, was eine theoretische Übertragungsrate von 4 GBit/s ergibt. Um dieses Potential jedoch völlig auszuschöpfen, sind kompakte Multiplexer- und Demultiplexerbausteine erforderlich, um eine größere Anzahl langsamer Kanäle auf einige sehr schnelle zu multiplexen. Die in Abbildung 1.3 gezeigte Karte zur parallelen faseroptischen Übertragung wurde als bidirektionale Verbindung mit ca. 1 GBit/s je Richtung realisiert. Zwar wurde in der Zwischenzeit die Entwicklung des OPTOBUS eingestellt, mit dem System PAROLI [Paro00] ist jedoch ein adäquater Ersatz verfügbar.

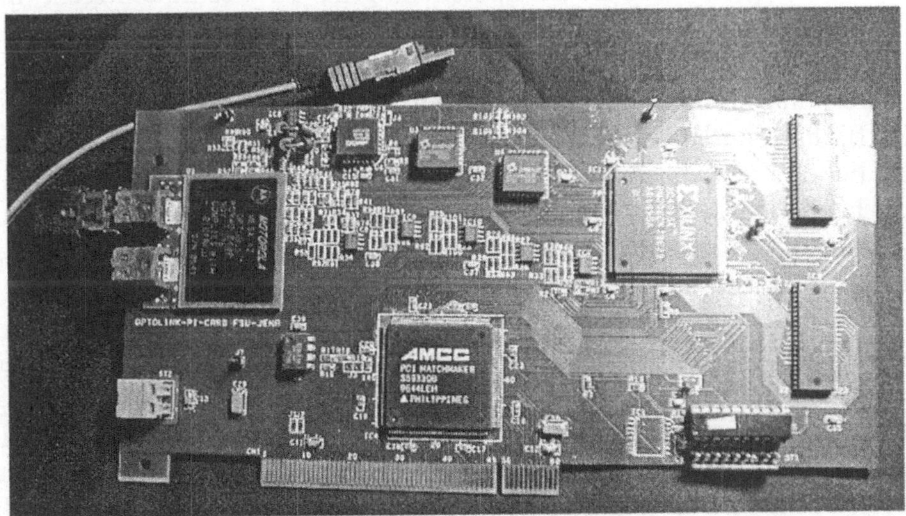

Abbildung 1.3: Bild der bidirektionalen optischen Netzadaperkarte für die parallele faseroptische Übertragung. Am linken Rand der Karte ist der Motorola OPTOBUS mit den MT-Steckern für die Sende- und Empfängerseite zu sehen.

Die auf diesem Gebiet erreichten Bandbreiten von 1.6 GBit/s unidirektional für die serielle Variante und mit 2 GBit/s bidirektional bei der parallelen Übertragung liefern ausreichend Bandbreite für eine effiziente Kommunikation im Cluster-

Rechner-Bereich. Die Schwierigkeiten liegen derzeit nicht bei der Übertragungsstrecke selbst, sondern vielmehr in den zur Abwicklung der Kommunikation ab-
laufenden Protokollen in den Rechnern. Mit Protokollen, die in lokalen Netzen
angewandt werden, können die auf der physikalischen Schicht verfügbaren hohen
Übertragungsraten nicht nutzbar gemacht werden. Notwendig ist es vielmehr, für
den GHz-Bereich geeignete Hochleitungsprotokolle zu entwickeln, was derzeit
Gegenstand intensiver Forschungsaktivitäten ist [VIA]. Aus diesem Grunde wurden auf den entwickelten Netzadapterkarten FPGAs eingesetzt, um einen Teil der
ansonsten in Software ausgeführten Protokolle der Datenübertragungsschicht in
Hardware auszuführen und ferner durch die Möglichkeit der Rekonfigurierbarkeit
der Hardware mit einem FPGA je nach Anwendung verschiedene Protokolle einzusetzen. Nähere Details hierzu können in [Meie01] entnommen werden.

1.3.2   Optische Verbindungen auf Leiterplatten

Treten die Vorhersagen der Roadmap-Studie ein, so werden für das Jahr 2011
Taktraten von über 10 GHz bei integrierten Schaltkreisen Stand der Technik sein.
Um dieses Leistungspotential nicht durch unzureichende Kommunikation auf den
Leiterplatten beispielsweise beim Speicherzugriff zu beeinträchtigen, müssen
diese hohen Frequenzen auch auf Leiterplatten realisiert werden. Auch Speicher-
hierachien helfen hier nicht viel weiter, da diese langfristig nur zu immer um-
ständlicheren und komplizierteren Zugriffen auf Cache-Speichern und zugehörigen Zugriffs-Protokollen führen. Bei elektronischen Verbindungen ergeben sich
bei derart hohen Frequenzen aufgrund physikalischer Randbedingungen ernsthafte
Probleme bezüglich der Signalintegrität. Um diese zu garantieren, muss ein sehr
hoher Zusatzaufwand beim Entwurf der Leiterplatte aufgewandt werden, was
auch zu unverhältnismäßig hohen Kosten führt.

Ein Ausweg, um die immer höheren Anforderungen an die Taktfrequenzen auf
Leiterplatten zu befriedigen, ist die optische Übertragung durch Einbettung von
Lichtwellenleitern in Leiterplatten, sog. elektrisch-optische Leiterplatten. Mit Hilfe dieser optischen on-Board-Verbindungen lassen sich Signale bis weit in den
GHz-Bereich fehlerfrei übertragen. Man rechnet damit, das in vier bis fünf Jahren
elektrisch-optische Leiterplatten, die eine hybride Übertragung durchführen, zu
den Standardkomponenten elektronischer Systeme gehören [GKS00]. D.h., man
wird nicht, insbesondere über kurze Distanzen, den gesamten Datenaustausch
optisch durchführen, sondern dies in erster Linie auf die kritischen, langen Übertragungen, wie z.B. den Systemtakt, beschränken. Signale, bei den niedrigere
Bandbreiten genügen, sowie die Leitungen für die Spannungsversorgung werden
nach wie vor elektronisch realisiert.

Eine der wichtigsten Anforderungen an die Herstellung elektrisch-optischer Leiterplatten ist die aus ökonomischen Gesichtspunkten unbedingt notwendige Kompatibilität zu existierenden Herstellungsverfahren von Leiterplatten [BaEb01]. Nur wenn weder der Entwurf noch die Herstellung der Leiterplatten umfangreichen Änderungen ausgesetzt sind, werden elektrisch-optische Leiterplatten sich durchsetzen. So ist es unbedingt erforderlich, dass die für mikroelektronische Komponenten verwendeten automatischen Bestückungsprozesse auch für die Montage optoelektronischer Sender- und Empfangskomponenten anwendbar sein müssen. Dies verlangt eine besondere Berücksichtigung der bei Leiterplatten und Bestückungsautomaten unvermeidbaren Toleranzen im Bereich von $\pm$ 50 bis 90 µm. Diese wären angesichts der bei optischen Wellenleitern bei etwa 100×100 µm liegenden Querschnittsabmessung zu ungenau. Eine aktive mit Mikropositioniereinheiten durchgeführte Montage ist aus Kostengründen für eine Massenfertigung nicht akzeptabel. Ein brauchbare Lösung muss dafür noch entwickelt werden.

Die genannten Positionierprobleme erfordern in jedem Falle die Verwendung von Multimode-Wellenleitern (s. Kap. 5.1), da in diesen das Licht wesentlich einfacher ein- und ausgekoppelt werden kann als in Monomodestrukturen. Um die durch Streuungseffekte an rauen Oberflächenstrukturen auftretende Dämpfung des Lichts möglichst gering zu halten, bedarf es eines besonderen Verfahrens bei der Herstellung der Wellenleiter [BaEb01]. Vielversprechende Ergebnisse wurden mit dem sogenannten Heißpräge-Verfahren erzielt. Dabei wird zunächst eine ca. 500 µm dicke transparente Polymerfolie als optische Lage auf die Leiterplatte aufgebracht. In diese Folie wird ein aus elektro-geformten Nickel bestehendes Prägewerkzeug unter Druck und hoher Temperatur eingepresst und die gewünschte Leiterbahn des optischen Wellenleiters gezogen. In die dabei entstehenden Rillen wird danach flüssiger transparenter Kunststoff gefüllt, in welchen das Licht später geleitet wird. Nachdem der Kunststoff ausgehärtet ist, wird eine weitere als Mantelschicht dienende transparente Folie auflaminiert. Darauf kann anschließend das üblicherweise bei Leiterplatten verwendete Standardmaterial FR4 zur Realisierung der weiteren elektrischen Lagen aufgebracht werden.

Als Alternative zum Heißprägeverfahren wird die Verwendung einer extrem dünnen Glasschicht erprobt, wie sie auch bei LCD-Bildschirmen eingesetzt wird. Diese Glasschicht besitzt eine Reihe von vorteilhaften Eigenschaften, wie z.B. kleine thermische Ausdehnung und geringe optische Dämpfung. Mit kurzwelligem Licht bei einer Wellenlänge von 193 nm kann man in dieser Glasschicht Wellenleiterstrukturen schreiben [GKS00], [BaEb01].

Da die optische Lage in den elektrischen Lagen eingebettet ist, besitzen die oberhalb der Wellenleiterschicht angeordneten elektrischen Lagen einige mm² große

Öffnungen, über die das Licht ein- und ausgekoppelt wird. Dabei unterscheidet man zwischen einer direkten und einer indirekten Kopplung der Sender- und Empfangsdioden (s. Abbildung 1.4). Bei der direkten Kopplung werden die Sender- und Empfangsdioden auf einen vertikalen zu dem Wellenleiter angeordneten Träger montiert, der senkrecht in die elektrisch-optische Leiterplatte reicht. Die Dioden selbst sind auf diese Weise direkt vor den Stirnflächen der Wellenleiter postiert. Beim indirekten Verfahren erfolgt eine vertikale Umlenkung des Strahls über einen unter 45° an den Enden des Wellenleiters angeordneten Mikrospiegel. Die indirekte Kopplung hat den Vorteil, dass die Sender- und Empfangsdioden auf der Leiterplattenoberfläche angeordnet werden, was die automatische Bestückung vereinfacht. Daher wird dieser Methode auch der Vorzug gegeben.

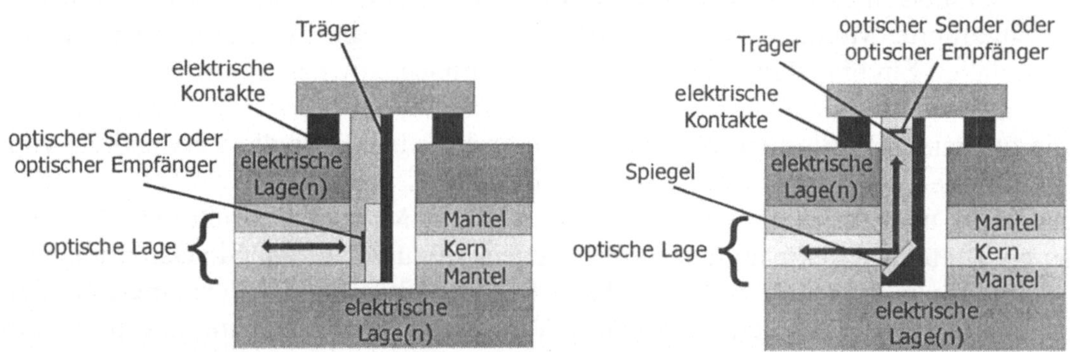

Abbildung 1.4: Direkte (links) und indirekte (rechts) Kopplung in elektro-optischen Leiterplatten (Quelle: E. Griese [GKS00])

Der Erfolg elektrisch-optischer Leiterplatten hängt nicht nur von den ökonomischen Gesichtspunkten bei der Herstellung ab, sondern auch von der für den Entwickler möglichst transparenten Berücksichtigung in Design-Programmen. Diese sollten nicht nur geeignete Simulationsmodelle und entsprechende Entwurfsregeln für optische Verbindungen enthalten, sondern auch unter Berücksichtigung technologischer und wirtschaftlicher Randbedingungen eine Aufteilung in elektrische und optische Verbindungen auf der Leiterplatte automatisch vornehmen.

Aus Sicht der Rechnerarchitektur sind elektrisch-optische Leiterplatten eine interessante Möglichkeit, aus mehreren integrierten Schaltkreisen bestehende parallele Rechensysteme auf Leiterplatten aufzubauen und diese immer synchron mit einem hohen Systemtakt betreiben zu können. Zudem können auf der Leiterplatte optische Bussysteme mit moderater Bitbreite realisiert werden, um synchron zum hohen Grundtakt der einzelnen Prozessorchips Daten auszutauschen. Inwieweit damit massiv-parallele Systeme realisierbar sind, wird die weitere Entwicklung zeigen. Vorerst sind elektro-optische Leiterplatten primär dazu gedacht, um zeitkritische Signale auf wenigen langen elektrischen Leitungen durch schnelle optische Verbindungen zu ersetzen. In jedem Falle können sie als weitere Entwicklungsstufe hin zu massiv-parallelen optoelektronischen Systemen betrachtet werden. Diese sind durch eine Vielzahl optischer Verbindungen gekennzeichnet und ermöglichen dadurch die Implementierung von Parallelrechnern auf engstem Raum, wozu früher umfangreiche Leiterplattengehäuse notwendig waren.

1.3.3 Optische Verbindungen zwischen integrierten Schaltkreisen

Wie in den bisherigen Kapiteln bereits ausgeführt, brachte die Hochintegration von Bauelementen einerseits zwar enorme Fortschritte bei der Verarbeitung digitaler Signale, andererseits aber auch Probleme bei der Kommunikation zwischen VLSI- und ULSI-Schaltkreisen. Dazu zählt das oben erwähnte sogenannte Pin-Limitierungsproblem, d.h. die zu geringe Anzahl an externen Anschlüssen an VLSI-Schaltkreisen ("pin limitation"). Je größer die Anzahl der logischen Bauelemente auf dem Chip ist, um so mehr nimmt auch der Bedarf an externer Kommunikation zu. Ferner verursachen Multipunktverbindungen (Broadcast), wie z.B. die Taktverteilung, Leistungseinbußen auf dem Chip. Um eine schnelle Signalverteilung zu garantieren, müssen solche Multipunktverbindungen verglichen mit anderen Bauteilen sehr platzintensiv sein, womit wertvolle Chipfläche für die Transistorintegration und damit für die Durchführung logischer Operationen verloren geht. Werden die Leitungen für Multipunktverbindungen dagegen kleiner dimensioniert, verursacht dies hohe RC-Konstanten, was sich wiederum negativ auf die maximal erreichbare Taktrate auswirkt.

Eine Lösung für die durch zu geringe Zeit- und Ortsbandbreiten beschriebenen Probleme bieten senkrecht verlaufende optische Verbindungen zwischen VLSI-Chips [GoLe84] und Baugruppen, die direkt aus der Schaltkreis- bzw. Platinenoberfläche herausführen und somit die dritte Dimension nutzen. Die Kommunikation zwischen Baugruppen muss nicht mehr über horizontal verlaufende Verbindungen auf der Platine und einem gemeinsamen galvanischen Bus erfolgen, sondern kann direkt vertikal über benachbarte Baugruppen geführt werden. Die Kommunikation eines Chips zu seiner Außenwelt muss nicht mehr über den Schaltkreisrand erfolgen, sondern die gesamte Fläche steht für den Datentransport zwischen Prozessor und Speicher oder zwischen Prozessoren zur Verfügung. Dazu nutzt man eine parallele optische Schnittstelle, die aus einem Feld optischer Sender und Empfänger und einer entsprechenden Ankopplung besteht. Bedingt sowohl durch die Anzahl der Kanäle als auch der Übertragungsgeschwindigkeit pro Kanal ermöglicht dies weit höhere Datenraten als in konventionellen VLSI-Schaltkreisen.

Da die 2-dimensionale Anordnung von optischen Sendern und Empfängern nach
Möglichkeit in einem regulären Raster erfolgen sollte, bleibt dies nicht ohne
Wechselwirkung mit der auf dem Chip befindlichen Architektur. So macht es beispielsweise keinen Sinn, wenn die Architektur zwingt, dass auf der Chipoberfläche empfangene externe optische Eingangssignale nach der erfolgten optisch-
elektrischen Wandlung umständlich lange zu ihrem eigentlichen Bestimmungsort
auf dem Chip verdrahtet werden müssen. Dadurch entstehen nur wieder unnötige
kapazitive Lasten, die man ursprünglich durch den Einsatz optischer Verbindungen vermeiden wollte. Die sinnvolle Nutzung des durch eine hochdichte,
parallele optische Schnittstelle gegebenen Potentials erfordert somit neue Prozes-
sorarchitekturen einschließlich geeigneter Low-level-Algorithmen[2].

Gerade hier ist die Informatik gefordert, Antworten zu geben und Lösungen
aufzuzeigen. Es sind einerseits geeignete Architekturkonzepte und Algorithmen
für die optoelektronische Rechentechnik zu entwickeln und andererseits ist deren
hardwaretechnische Machbarkeit durch Demonstratoren zu belegen. Beispiele
dafür werden in diesem Buch vorgestellt. Zunächst wird an dieser Stelle jedoch
kurz auf konventionelle nicht-optoelektronische 3-dimensionale Aufbautechniken
eingegangen, mit denen man ebenfalls das Ziel verfolgt, die Schaltkreisdichte zu
erhöhen, die Verbindungslängen zu vermindern und die kritische Pfadlänge[3] zu
reduzieren. Diese stehen selbstverständlich in Konkurrenz zu den optoelektronischen Verbindungen.

Eine Möglichkeit, Schaltkreise 3-dimensional zu stapeln und miteinander zu verbinden, sind vertikale Übergänge (*vias*), wie sie auch in einem integrierten Schaltkreis selbst zwischen benachbarten Metallebenen eingesetzt werden. Dennoch
reduzieren auch solche vertikalen Übergänge aufgrund der mit ihnen verbundenen
kapazitiven und induktiven Auf- und Entladungseffekte die Bandbreite. Ferner
bieten sie nur reine 1-zu-1-Verbindungen. Hingegen kann man, wie später noch
gezeigt wird, mit optoelektronischen Verbindungen mit Hilfe sogenannter diffraktiver optischer Elemente 1-zu-N Multipunkt-Verbindungen zwischen integrierten
Schaltkreisen aufbauen.

Weitere entsprechende elektronischen Lösungen, bei denen die Ein-/Ausgangssig-
nale nicht am Rand, sondern als Matrix angeordnet werden, sind sogenannte Ball-

---

[2] Damit sind Algorithmen gemeint, die direkt auf der Ebene der Rechenwerke und der Prozessoren operieren
und zumeist hartverdrahtet implementiert sind.

[3] Der kritische Pfad ist der längste durch logische Gatter und über Verbindungen laufende Pfad zwischen zwei
speichernden Elemente in einem System. Die Länge des Pfades bestimmt den zeitlichen Abstand zwischen
benachbarten Taktflanken und damit beispielsweise den Systemtakt.

Grid-Arrays (BGA), die Anschlussdichten von bis zu 1500 Kanälen erlauben. Bei der Übertragung zu einem benachbarten Schaltkreis müssen diese Verbindungen aber auch wieder über horizontale Leitungen in den Leitungsebenen einer Leiterplatte übertragen werden. Zudem gilt, dass die Anschlüsse auf der Leiterplatte und die entsprechenden Gegenstücke auf der Gehäuseunterseite zwar als Matrix angeordnet sind, die Anschlussflächen aber auf dem Chip selbst nach wie vor am Rand platziert werden. BGAs sparen somit Fläche auf der Leiterplatte ein, aber es handelt sich nicht um eine direkt aus der Chipfläche realisierte matrixförmige Signalübertragung, die wie bei optoelektronischen Verbindungen eine hohe Kanal- und Raumdichte aufweist. BGAs erweisen sich eher für Multi-Chip-Modultechniken als vorteilhaft. Doch auch hier bieten optoelektronische Verbindungen mit mehr als 10 000 Verbindungen/cm² ein weitaus höheres Potential.

Elektronische Verbindungen am Rand in übereinander gestapelten Chip-Modulen werden in 3-D Sensoren der kalifornischen Firma Irvine Sensors genutzt [Irvi]. Die dabei zugrundeliegenden Architekturen dieser 3-D Sensoren sind Neuronale Netze. Insbesondere in Neuronalen Netzen werden mehrfache 1-auf-N Verbindungen zwischen Prozessor-Knoten benachbarter Baugruppen benötigt. Diese lassen sich Freiraum-optisch direkt umsetzen. D.h. es sind keine, wie im elektronischen Fall, vom Rand eines Chip-Moduls sich ausbreitende planare Verbindungen notwendig.

Weitere alternative Techniken zur 3-dimensionalen Integration von Schaltkreisen setzen auf Durchkontaktierungen durch die Unterseiten von Waferscheiben mittels denen ein 3-dimensionales Stapeln von Chips erfolgt [EC98]. Durch das Verlagern von Verbindungen in die dritte Dimension wird damit eine Reduzierung der Verbindungslängen erreicht. Übertragungsraten mit bis zu einem 1 GBit/s und mehr pro Kanal sind mit dieser Technologie jedoch im Gegensatz zu optoelektronischen Verbindungen nicht zu erwarten. Andere schnellere Kopplungen, die auf Flip-Chip-Montage und dem Einsatz von heterogenen Bipolartransistoren (HBT) basieren, befinden sich noch in der Entwicklungs- und Erprobungsphase.

Es lässt sich somit feststellen, dass durch optoelektronische Verbindungen die Aussicht besteht, zumindest bei den externen Verbindungen die Verbindungskrise zu lösen. In diesem Zusammenhang stellt sich die Frage, ob sich die Leistung nicht noch weiter steigern ließe, wenn auch die Verarbeitung auf optischem Wege erfolgt.

1.4   Optische Digital-/Analogrechner

Die Forschung auf dem Gebiet der "Optik in der Rechentechnik" hat seinen Ursprung in dem bereits durch die Entwicklung des Lasers in den 60er Jahren begonnenen Projekt "Digitaler Optischer Computer" (DOC). Während bei der "Optik in der Rechentechnik" vor allem die Vorteile optischer Verbindungen und die synergetische Verbindung der Stärken der Optik bei der Kommunikation mit den Stärken der Elektronik bei der Datenverarbeitung im Vordergrund stehen, war es Ziel des DOCs, eine rein-optische Datenverarbeitung durchzuführen. Zum gegenwärtigen Zeitpunkt kann man jedoch eindeutig sagen, dass auf absehbare Zeit keine zum elektronischen Rechner konkurrenzfähige optische Alternative entstehen wird. Der Hauptgrund dafür ist, dass es nicht gelang, die Überlegenheit des elektronischen Transistors durch ein äquivalentes optisches Gegenstück zu überwinden. Gelingen sollte dies u.a. mit Hilfe des optischen Logiketalons [Jewe85], [Smit85], einem manchmal auch Transphasor genannten optischen Fabry-Perot-Resonator, der aus zwei plan-parallelen Platten mit einem darin eingeschlossenen nicht-linearen optischen Material bestand. Ein optisch nicht-lineares Material hat die Eigenschaft, dass sein Brechungsindex von der einstrahlenden Lichtintensität abhängt. Mit Hilfe der definierten Wellenlänge eines sogenannten Steuerstrahls wurde der Brechungsindex des optischen nichtlinearen Materials dahingehend geändert, dass sich für einen zweiten Strahl verschiedener Wellenlänge konstruktive oder destruktive Interferenz ergab. Damit konnten extrem kurze, im Femtosekundenbereich gelegene Schaltzeiten erzielt werden. Als äußerst kritisch erwiesen sich aber die um Größenordnungen höheren, bis in den ms-Bereich reichenden Relaxationszeiten, d.h. die Zeit, die verstreicht bis der nächste Schaltvorgang stattfinden kann. Ferner waren die Größe und insbesondere der Energieverbrauch solcher optischen Schalter unverhältnismäßig hoch [KeAr69], so dass an eine hochdichte Integration in Richtung VLSI oder ULSI, wie bei elektronischen Transistoren üblich, nicht zu denken war.

In diesem Zusammenhang soll nicht unerwähnt bleiben, dass daran geforscht wird, inwieweit durch einen Laserimpuls angeregte Elektronen, die verantwortlich für die oben angesprochenen hohen Relaxationszeiten sind, wieder schnell auf ein niedrigeres Energieniveau gebracht werden können. Dabei handelt es sich um Grundlagenarbeiten, deren Ergebnisse abgewartet werden müssen. Neben dem optischen Logiketalon sind an dieser Stelle auch Entwicklungen zu nennen, in denen durch elektro-optische Wechselwirkungen z.B. die Polarisation des Lichtes oder dessen Ausbreitungsrichtung entlang einer Y-förmigen Wellenleiterverzweigung gezielt manipuliert wurde [Neye90]. Unabhängig von den derzeitigen Arbeiten rein-optische Schalter zu realisieren, kann prognostiziert werden, dass in den nächsten 20-30 Jahren nicht mit einem leistungsstarken, parallelen DOC zu rechnen ist. Eher ist zu erwarten, dass sich rein-optisches Schalten bei einfachen Verzweigungsoperationen in optischen Netzwerken durchsetzen wird.

Etwas anders gestaltet sich die Situation beim analog-optischen Rechnen. Hier können sich für bestimmte Anwendungen durchaus Nischen ergeben, in denen es effizientere Lösungen als beim rein-elektronischen Rechnen gibt. Beispiele hierfür sind analog-optische neuronale Netze sowie optische Korrelatoren für Muster- und Bilderkennungsoperationen [VaTh98], [MLS98]. Ferner zählen dazu Arbeiten auf dem Gebiet der Solitonenforschung für die Informationsübertragung in Fasern oder die Erforschung neuer auf Interferenz beruhender Phänomene für hochdichte optische Speichermedien. Auf diesen zuletzt genannten Gebieten wurde u.a. im Rahmen des DFG-Innovationskollegs "Optische Informationsverarbeitung" an der Friedrich-Schiller-Universität Jena gearbeitet [KoWe95].

Neben rein-optischen Digital- und Analogrechnen soll an dieser Stelle kurz auch auf Bio- oder chemische Computer als weitere Alternative für eine 3-dimensionale Rechnerarchitektur eingegangen werden. Hierbei will man Biomoleküle und Proteine als elementare Rechnerbausteine verwenden. Die Atome eines Moleküls sind beweglich und ihre Position kann vorhersagbar geändert werden. Ziel ist es, diese Bewegung gezielt zu lenken und dabei mindestens zwei Zustände zu erzeugen, mit denen sich eine binäre oder mehrstufige Logik implementieren lässt. Der Vorteil eines „Molekular-Computers" wäre, dass ein Molekül nur ein Tausendstel der Abmessungen eines Transistors benötigt. Ein Biomolekül, mit dem in der Vergangenheit vielversprechende Experimente durchgeführt wurden, ist das Bakteriorhodopsin. Seine Molekülstruktur verändert sich gezielt durch Bestrahlen mit Licht unterschiedlicher Wellenlänge. Geht das Molekül wieder in die Ausgangsstellung zurück, so gibt es einen entsprechenden elektrischen Impuls ab. Damit ist es prinzipiell möglich, Licht zu speichern und solche Materialien für 3-dimensionale optische Speicher oder optische 3-D Rechner zu nutzen [Birg95]. Derzeit ist die Forschung auf diesem Gebiet jedoch noch stark grundlagenorientiert, so dass der Bio-Computer für optoelektronisches 3-D Rechnen gegenwärtig noch keine Konkurrenz darstellt.

1.5   Stand der Technik

In den letzten zehn Jahren wurden zahlreiche Fortschritte hinsichtlich der Realisierung optoelektronischer VLSI-Schaltkreise gemacht. Im Folgenden wird kurz die Entwicklung der letzten zehn Jahre auf diesem Gebiet dargestellt und dabei besonders bemerkenswerte Ergebnisse aufgezählt. Dabei wird unterschieden hinsichtlich der Entwicklung auf dem Gebiet der optoelektronischen Schaltkreise, der optischen Verbindungen und der Architektur.

1.5.1   Optoelektronische Schaltkreise

Die in den letzten zehn Jahren erfolgte Erprobung und Entwicklung *optoelektro-nischer VLSI-Schaltkreise* (OE-VLSI-Schaltkreise) für die Parallelverarbeitung lässt sich in folgende vier Richtungen einteilen: *Flüssigkristall-basierte Smart Pixels*, *Modulator-Detektor-Kombinationen*, *Emitter-Detektor-Kombinationen* und *Smarte Detektoren bzw. intelligente Sensoren*. All die eben genannten Varianten basieren auf hybride Kopplungen eines Silizium-Schaltkreises mit anderen Technologien. Ferner wird kurz auf die Möglichkeiten einer monolithischen Lösung eingegangen, d.h. Logik und optoelektronische Bauelemente werden gemeinsam in Silizium- bzw. GaAs-Technologien integriert.

1.5.1.1   Flüssigkristall-basierte Smart Pixels

Flüssigkristall-basierte Smart Pixels[4] (engl.: *Ferro Liquid Crystal based Smart Pixels*), bestehen aus Flüssigkristall-Elementen die auf der Oberfläche von komplementären Metal-Oxid-Semiconductor (CMOS)-Schaltkreisen durch Flip-Chip-Montage (s. Abbildung 2.41, S. 92) aufgebracht werden. Durch den darunter liegenden CMOS-Schaltkreis werden die einzelnen Flüssigkristall-Elemente transparent bzw. lichtundurchlässig geschalten. Die Technik konnte aufgrund der relativen Trägheit der Flüssigkristall-Elemente nur langsame Schaltzeiten von einigen µs bis ms aufweisen, beeindruckte aber durch extrem hohe Pixeldichten [JoKn93]. Das Anwendungsgebiet dieser Technologie liegt auch nicht primär in der Datenkommunikation zwischen Schaltkreisen, sondern in der Anzeigetechnik.

1.5.1.2   Modulator-Detektor-Kombinationen

Modulator-Detektor-Kombinationen bestehen aus Feldern von Quantenschichtmodulatoren, sog. SEED-(self-electrooptic effective device)-Elementen, die ebenfalls durch Flip-Chip-Montage auf CMOS-Schaltkreise aufgesetzt werden [Kris95]. Diese SEED-Elemente hatten den Vorteil, dass sie sowohl Detektor- als auch Modulatoreigenschaft besaßen. Je nach Art der Ansteuerung durch den CMOS-Schaltkreis fungierte das Element als optischer Empfänger bzw. als Modulator, d.h. als ein Art einstellbarer Spiegel, der einen externen eintreffenden Lichtstrahl entweder reflektiert ("Senden" einer logischen 1) oder absorbiert ("Senden" einer logischen 0). Die Umschaltzeiten zwischen den Zuständen reflektierend und absorbierend waren wesentlich schneller als bei den Flüssigkristallbasierten Smart Pixeln, auch die Detektoreigenschaften erwiesen sich als sehr gut. SEEDs waren die ersten Elemente, die in Halbleitermaterialien integrierbar und

---

[4] Smart Pixels: Begriff, der einfach aufgebaute elektronische Prozessorelemente bezeichnet, die mit optischen Sendern und Empfängern ausgestattet sind; „intelligente" Bildpunkte

dadurch für ein OE-VLSI geeignet waren. Zudem konnten sie sowohl als externer Eingang als auch als externer optischer Ausgang eines Schaltkreises fungieren. Jedoch zeigten die SEEDs eine extreme Wellenlängen-Sensitivität, d.h. bei nur geringen Abweichungen von der geforderten Betriebswellenlänge war die Funktionsfähigkeit stark eingeschränkt. Ferner war die optische Ansteuerung aufgrund einer notwendigen externen Lichtquelle und der durch Umlenkung der Lichtstrahlen zu realisierenden Kopplung benachbarter Schaltkreise recht aufwändig. Auch das Kontrastverhältnis zwischen den Zuständen reflektierend und absorbierend war schwach. Alle diese Nachteile haben dazu geführt, dass Modulator-Detektor-Kombinationen derzeit nicht mehr ernsthaft für ein OE-VLSI in Betracht gezogen werden.

Auf der Basis von Modulator-Detektor-Kombinationen wurden OE-VLSI-Schaltkreise realisiert, die als Schaltstufe in optoelektronischen Schalt- und Ringnetzwerken einsetzbar waren. Diesbezügliche Arbeiten wurden z.B. bei AT&T [McCo92], [ChLe96], der Universität Los Angelos [ChHo98] und von einem SCIOS (Scottish Collaborative Initiative on Optoelectronic Sciences) genannten Zusammenschluss schottischer Universitäten ausgeführt [WaDe95].

1.5.1.3 Emitter-Detektor-Kombinationen

Emitter-Detektor-Kombinationen koppeln CMOS-Schaltkreise z.B. mit Feldern von Oberflächen-emittierenden Mikrolasern (s. Kap. 2.4.3.3) [IrSt95] oder mit Feldern abwechselnder Reihen von optischen Sender- und Empfängerdioden. Die Kopplung erfolgt je nach Entwicklungsstand und verwendeter Technologie unterschiedlich. Die ideale Lösung ist die direkte Kopplung eines in Gallium-Arsenid realisierten Bauelementes, das abwechselnd Streifen von optischen Sender- und Empfängerelementen enthält, durch Flip-Chip-Montage mit dem CMOS-Schaltkreis. Dadurch wird optisches Senden und Empfangen direkt aus der Chipfläche ermöglicht. Zugleich ist die direkte Kopplung auch die technisch anspruchvollste und auch wirtschaftlich teuerste Lösung. Sie befindet sich derzeit noch im Entwicklungsstadium. Von Honeywell wurden solche Bauelemente im Rahmen eines amerikanischen Forschungsprogramms in begrenzter Zahl für Forschungszwecke angeboten [HTC] (s. Abbildung 2.43, S. 94).

Ferner existieren Emitter-Detektor-Kombinationen, in denen die Kopplung mit dem CMOS-Schaltkreis durch *hybride Aufbautechniken* erfolgt (s. Abbildung 1.5). Dabei werden in Silizium-Germanium-Technologien realisierte Detektoren, Gallium-Arsenid-Laser und der CMOS-Schaltkreis nebeneinander auf eine als Hauptplatine fungierende Siliziumscheibe gesetzt. Mehrere von solchen Scheiben werden übereinander angeordnet und bilden ein 3-dimensionales OE-VLSI-System. Wichtig ist dabei, dass die Laser Licht bei einer Wellenlänge emittieren, z.B. bei 1.3 µm, bei der man durch die Silizium-Hauptplatine durchleuchten kann, um einen auf der Oberseite angebrachten Detektor zu treffen [Prat00].

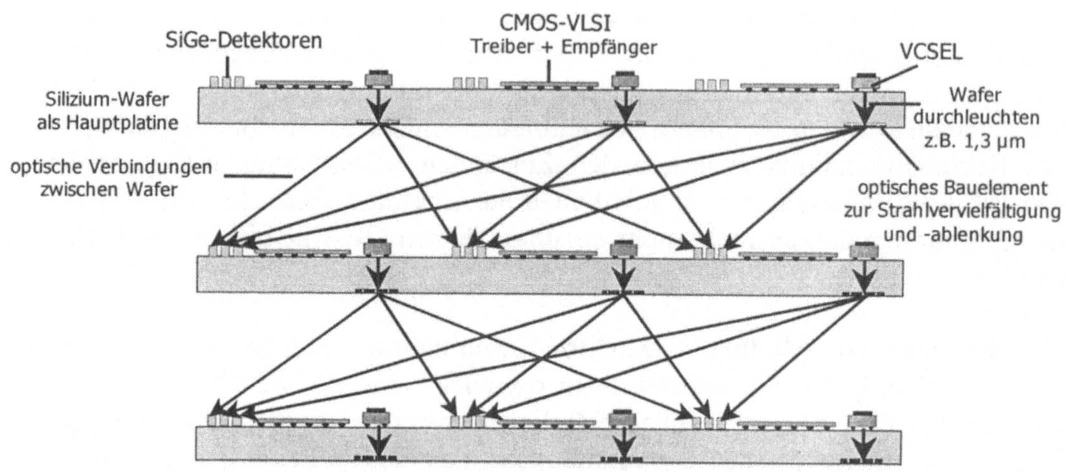

Abbildung 1.5: Optische Verbindungen für eine in gestapelteten Silizium-Waferscheiben integrierte 3-D Architektur (Quelle D.W. Prather [Prat00])

Neben der hybriden Kopplung sind z.B. für Verbindungen zwischen Leiterplatten auch *diskret aufgebaute* Emitter-Detektor-Kombinationen sinnvoll, in der Empfänger, Sender und VLSI-Schaltkreis als gehäuste Bauelemente nebeneinander auf einer Leiterplatte angeordnet sind. Die Kopplung zwischen benachbarten Baugruppen kann über Faserfelder (s. Kap. 2.5.3) erfolgen. Zur Kopplung eines Faserfeldes an die mit einer Öffnung versehenen Gehäusen ist die Entwicklung eines mikromechanischen Steckers, eines sogenannten Chip-size Opto-Kopplers erforderlich.

Emitter-Detektor-Kombinationen mit direkter Kopplung der optischen Sender/Empfänger mit dem CMOS-Schaltkreis erlauben den Aufbau sehr schneller Verbindungen. Aufgrund der Verwendung aktiver Lichtemitter bieten sie hohe Lichtleistungen und Kontrastverhältnisse und sind dadurch robuster als Modulator-Detektor-basierte Lösungen. Ihnen gehört daher die Zukunft, wenn es darum geht das Pin-Limitierungsproblem in der VLSI-Technik mit optischen Mitteln zu lösen. Die Schwierigkeiten, die dabei noch überwunden werden müssen, betreffen vor allem die hohe Verlustleistung, die in den Schaltkreisen zur Ansteuerung der Laser und zur Auswertung der Empfängersignale auftritt. Die damit verbundene Wärmeentwicklung kann zu einer Veränderung des Laserverhaltens und einer Ausdehnung der optischen Komponenten führen. Dies kann wiederum optische Abbildungsfehler verursachen. Ferner müssen noch geeignete Aufbau- und Verbindungstechniken zur Integration der verschiedenen Komponenten für optisches

Senden, optisches Empfangen und elektronischer Logik entwickelt werden und nicht zuletzt muss dabei auch die Wirtschaftlichkeit gegeben sein.

1.5.1.4 Smarte Detektoren

Mit Smarten Detektoren bezeichnet man OE-VLSI-Schaltkreise, die über keine aktiven optischen Sender verfügen bzw. diese gar nicht benötigen, sondern nur optische Empfänger und elektronische Logik monolithisch integrieren. Zu ihnen gehören z.B. intelligente Sensoren, die im Falle optisch arbeitender Sensoren auch als Vision Chips [Grig95], künstliche Retinas [GrBu98] oder CMOS Kameras bezeichnet werden. Kennzeichen dieser intelligenten Sensoren ist, dass sie Signalerfassung und Signalverarbeitung auf einem Chip integrieren. In den vergangenen Jahren ist unverkennbar ein Trend weg von (Charge Coupled Device)-CCD-Sensoren hin zu intelligenten CMOS-Kameras bzw. -Sensoren zu erkennen [SVS96], [SiRö97], [Foss98]. Die stetig zunehmende Hochintegration mikroelektronischer Schaltkreise und die verbesserte Integration optischer Detektoren in Siliziumschaltkreise ermöglichte dieses Vorgehen. Dieser Prozess wird in Zukunft aufgrund der voranschreitenden Skalierung in CMOS-Schaltkreisen weitergehen. Durch die Integration zusätzlicher Funktionalität werden bisher übliche zur Signalnachbearbeitung notwendige Komponenten wie Mikrocontroller und Signalprozessoren mehr und mehr eingespart. Dies hat den Vorteil, dass dadurch Kamerasysteme billiger und kleiner werden.

Ein Beispiel dafür ist ein an der Universität Mannheim entwickelter analoger 3D-Wellenfrontsensor [Dros99]. Eine weitere erst kürzlich vorgestellte Entwicklung ist ein auf einen sogenannten Photomisch-Detektor (PMD) aufbauender „Smart Optical Sensor", der durch die integrierte Korrelation eines Referenzsignals mit einem Objektsignal Distanzmessungen durchführen kann [ScBu98], [HSK01]. Diese Entwicklung wurde an der Universität-GH Siegen begonnen und wird mittlerweile von Spin-off-Firmen weitergeführt. Laufzeitmessungen durch Auswertung der Reflexionen einer IR-Laserdiode sind Basis für die 3D-Laser-Entfernungsmessung eines CMOS-Fotosensors, der am Fraunhofer-Institut für mikroelektronische Systeme in Duisburg entwickelt wurde [Schu01].

Bisher ist die logische Funktionalität solcher smarten Detektoren jedoch aus Sicht von Anwendungen, wie z.B. der industriellen oder medizinischen Bildverarbeitung, noch rudimentär. Häufig beschränkt sie sich noch auf eine integrierte, über einfache Programmierung spezifisch einstellbare Analog/Digital-Wandlung, z.B. zur Rauschunterdrückung. Die eigentliche digitale Bildverarbeitung erfolgt nach wie vor mit nachgeschalteten Signalprozessoren und programmierbaren Hardwarebausteinen. Eine Entwicklung in Richtung intelligenter, programmierbarer Sensorik stellt ein von Mitsubishi Electric entwickelter intelligenter CMOS-

Bildsensor [Kers99] dar, der die Programmierung einfacher Operationen, wie z.B. einer Kantenextraktion, erlaubt.

Es liegt jedoch nahe, in Zukunft noch einen Schritt weiterzugehen und in der Parallelrechentechnik bei Single-Instruction-Multiple-Data-(SIMD)-Rechnern bewährte auf Pixelebene operierende parallele Algorithmen gleich mit auf dem Sensorchip zu integrieren. Eine solche Vorgehensweise drängt sich förmlich auf, da in der Bildverarbeitung die Daten ohnehin in Matrizenform vorliegen und somit bereits durch die Anwendung eine inhärente Parallelität gegeben ist.

Neben dieser Anwendung als intelligente Sensoren wurden in der Vergangenheit auch smarte Detektoren als kundenspezifische Schaltkreise (engl.: *ASIC*; *application specific integrated circuit*) für Anwendungen in der Daten- und Nachrichten-Übertragungstechnik realisiert. Beispiele hierfür sind ein an der Universität Erlangen entwickelter OPTO-ASIC für optoelektronische Schaltnetzwerke, der ein Feld von insgesamt 16 2×2-Kreuzschienenverteilern mit optischen Eingängen enthält [Zürl92], [GlKo93] und ein von der Colorado State University realisierter smarter Detektorchip für optische Schalter der Dimension 16×16, die in Asynchronous Transfer Mode (ATM)-Netzwerken einsetzbar sind [DuWi98]. Im Gegensatz zu den intelligenten Sensoren, wo es häufig nicht so sehr auf die Geschwindigkeit ankommt, sind für die Anwendung der Datenübertragung schnelle Empfänger notwendig.

1.5.1.5 Monolithisches OE-VLSI

Wie in den vorherigen Kapiteln gezeigt, erfordert die Verwendung optoelektronischer Anschlüsse in Siliziumschaltkreisen spezielle Aufbautechniken, wie beispielsweise Flip-Chip-Montage. Die Aufbautechnik würde sich wesentlich vereinfachen, wenn alle drei für ein OE-VLSI notwendigen Funktionen, elektronische Logik, optisches Senden und optisches Empfangen direkt in Silizium integrierbar wären („*silicon optoelectronics*"). Was die gleichzeitige Integration von Logik und optisches Empfangen angeht, ist dies, wie das Beispiel der smarten Detektoren zeigt, auch prinzipiell problemlos möglich. Licht-emittierende Strukturen sind in Silizium jedoch nicht möglich bzw. nur sehr schwierig erreichbar. Unter bestimmten Bedingungen kann man durch Ausnutzten von Quanteneffekten auch Silizium zum Leuchten bringen. Aber die damit erreichten Lichtintensitäten sind bisher noch sehr schwach und eignen sich nicht für ein OE-VLSI.

Es stellt sich die Frage, ob eine effiziente monolithische Integration der drei Funktionen optisches Senden, optisches Empfangen und elektronische Logik in GaAs-

Technologien nicht vielversprechender ist. Dies wurde in der Vergangenheit auch an verschiedenen Instituten erfolgreich demonstriert [IrSt95]. Im Vergleich zu Silizium sind die Integrationsdichten eines angestrebten GaAs-VLSI aber noch weit zurück. Zudem sind die Kosten wesentlich höher. Monolithische optoelektronische Schaltkreise sind eher für Anwendungen im Bereich der Telekommunikation geeignet und nicht unbedingt die optimale Zieltechnologie für die "transistorintensive" massiv-parallele Rechentechnik. Es wird daher im Rahmen dieses Buches auch nicht weiter darauf eingegangen.

1.5.2 Optische Verbindungstechnik

Die ersten Anfänge der Entwicklung optischer Verbindungen für Rechensysteme stellten optische Bussysteme dar. Stellvertretend für viele Entwicklungen seien folgende Arbeiten aufgeführt. Einer der ersten Erfolge hierbei war der Aufbau einer Lichtführungsplatte mit 8 Kanälen bei einer Übertragungsrate von 650 MHz pro Kanal [Völk94] an der Universität Erlangen. Einen weiteren Meilenstein markierte ein mit 8 GBit/s arbeitendes optisches Faserbussystem von NEC für den Real World Computer-1 (RWC-1) [YoMa97]. Bei DaimlerChrysler wurden optische Bussysteme entwickelt, um in diese in stark elektromagnetisch verrauschten Umgebungen, wie dies z.B. bei Anwendungen in der Luft- und Raumfahrttechnik der Fall ist, einzusetzen [Mois00]. Solche optischen Bussysteme, die als Stecksysteme für Leiterplatten eingesetzt werden (optische Backplanes), sind mittlerweile Stand der Technik. Beispiele für den nächsten Schritt, die direkte Integration optischer Bussysteme in Leiterplatten, betreffen die bereits erwähnten zu den Herstellungsverfahren elektronischer Leiterplatten kompatiblen elektrischoptischen Leiterplatten. Spezielle dazu nicht-kompatible Verfahren wurden bereits früher entwickelt, um eine schnelle optische Taktverteilung ohne Taktversatz in optischen Wellenleiterschichten aufzubauen, in welchen sich die informationstragende Lichtwelle geführt ausbreitet. So wurden für die Taktverteilung des Superrechners T-90 von Cray in Polymeren realisierte Wellenleiterschichten in Form von H-Bäumen zwischen den elektronischen Lagen einer Leiterplatte eingebaut [ChWu97]. Eine ähnliche Technik wurde in [LiPo98] vorgestellt. Aus einem dickeren erwärmten Polymerdraht wurden sukzessive gleich lange 1-auf-2 Verzweiger "abgezogen" und in eine Leiterplatte integriert. Die gleichen Längen garantieren bis in die Faserenden gleiche Ausbreitungszeiten beliebiger globaler Signale.

Auch auf dem Gebiet der Entwicklung *hochdichter optischer Verbindungen* zur optischen Kopplung von OE-VLSI-Schaltkreisen wurden in den letzten zehn Jahren bemerkenswerte Fortschritte erzielt. Dies gilt sowohl für Freiraum-optische Systeme, in denen die durch Lichtsignale kodierte Information durch den freien Raum übertragen wird, als auch für die Übertragung in Wellenleiterstrukturen. Mittels planar-optischer Aufbautechnik wurde gezeigt, dass man über eine Strecke von ca. 2 cm in einem nur 6 mm hohen Glasplättchen 32×32 Kanäle innerhalb einer 1.6×1.6 mm großen Querschnittsfläche übertragen kann [AcJa94], [Jahn94], [JaSi96]. Dies entspricht einer Kanaldichte, die über diese Strecke auch auf langer Sicht elektronisch nicht zu erreichen sein wird. Wie bereits erwähnt werden auf das Glassplättchen selbst die OE-VLSI-Schaltkreise aufgesetzt. Ferner können in die Oberfläche mikrooptische Komponenten zur Strahlformung und Strahllenkung integriert werden. Diese Aufbautechnik stellt eine Alternative zu der oben beschriebenen 3D-OE-VLSI-Technik mittels gestapelter Siliziumscheiben dar, durch die hindurch geleuchtet wird. In Kap. 2.5.2 wird die planar-optisch Aufbautechnik nochmals genauer behandelt. Eine Technik, die ebenfalls für die Realisierung hochdichter optischer chip-to-chip Verbindungen gedacht ist, wurde in [BäBr98] vorgestellt. Hierbei bilden refraktive Linsen, die durch Ionenaustauschverfahren in verschiedenen Glasubstraten hergestellt sind, durch aufeinander abgestimmte Justage ein Lichtleitersystem für optische Sender- und Detektorchips.

Ferner wurden auch auf Fasertechnik beruhende Techniken erprobt, um optische Verbindungen zwischen Leiterplatten zu realisieren. Während 1-dimensionale parallele Faserbündel mit ca. 10 Leitungen bereits seit einiger Zeit kommerziell verfügbar sind, wurden z.B. am Institut für Physikalische Hochtechnologie in Jena mittlerweile erste Faserfelder (s. Kap. 2.5.3) der Dimension 8×8 mit 250 µm und 125 µm Rasterabstand realisiert [HHB97]. Solche Bauelemente können nicht nur für parallele optische Verbindungen zwischen Baugruppen, sondern auch für weiter voneinander entfernten integrierten Schaltkreisen auf einer Baugruppe eingesetzt werden.

Wie diese Entwicklungen zeigen, sind die für optische Verbindungen auf und zwischen Leiterplatten notwendigen optischen Bauelemente mittlerweile über das reine Forschungsstadium hinaus. Die Herausforderung für die Zukunft besteht darin, diese mit OE-VLSI-Schaltkreisen in funktionsfähigen Systemen zu integrieren.

1.5.3 Optoelektronische Architekturen

Der Schwerpunkt der Forschungsarbeiten auf dem Gebiet der Architektur innerhalb des Themas „Optik in der Rechentechnik" lag vor zehn Jahren eindeutig bei optischen oder optoelektronischen Verbindungsnetzwerken für die Telekommunikation und für Parallelrechner. Es wurde hauptsächlich an OE-VLSI-Schaltkreisen gearbeitet, die aus Feldern von Austauschschaltern bestanden, den zentralen Elementen für Verbindungsnetzwerke. Die Komplexität in diesen Schaltern erschöpft sich zumeist auf eine relativ einfache Exchange/Bypass-Logik, d.h. die zwei Eingänge eines Schalters werden entweder über Kreuz oder geradlinig auf zwei Ausgänge geschalten. Mehrerer solcher OE-VLSI-Schaltkreise werden hintereinander angeordnet und die entsprechenden Ein-/Ausgänge durch passive optische Komponenten, wie z.B. Feldern von Mikrolinsen oder Hologrammen, miteinander optisch verbunden.

In den vergangenen fünf Jahren sind jedoch, vor allem ermöglicht durch Fortschritte bei der Technologie, kompliziertere Architekturen vorgestellt wurden, die weit über Schaltnetzwerke hinausgehen und mehr und mehr parallele Rechenstrukturen in den Vordergrund rücken. Stellvertretend für viele Entwicklungen auf dem Architektursektor seien folgende Systeme herausgestellt, die anschließend noch etwas eingehender beschrieben werden:

- ein SPE-4k genannter massiv-paralleler optoelektronischer Feldrechner
- optoelektronische systolische Feldarchitekturen
- ein optoelektronischer 64-Bit Parallelprozessor
- speziell für die digitale Bildvorverarbeitung entwickelte parallel arbeitende OE-VLSI-Schaltkreise
- eine OE-VLSI-Architektur für parallele Vergleichsoperationen
- ein gestapelter optoelektronischer 3-D Prozessor

1.5.3.1 Der optoelektronische Parallelrechner SPE-4k

Zu den bemerkenswertesten Richtungen auf dem Gebiet der optoelektronischen Rechnerarchitekturen gehört der SPE-4k (Sensoring Processing Element) genannte optoelektronische Parallelrechner der Universität Tokio, der 4096 optoelektronische Prozessorelemente (PEs) enthält [Ishi95]. Beim ersten System dieses Rechners bestand jedes einzelne Prozessorelement aus einem optischen Detektor, einer Leuchtdiode und einem ASIC, die als in diskreter Aufbautechnik realisierte Baugruppe auf einer Platine untergebracht sind. Das System wurde bereits erfolgreich für in Echtzeit durchgeführte Bildverarbeitungsalgorithmen eingesetzt. Weitere Anwendungsfelder sind numerische Aufgaben, wie z.B. das Lösen von Differentialgleichungssystemen. Füllte die Größe des ersten Systems noch einen Schrank, um alle PEs unterzubringen, wurden in Nachfolgesystemen OE-VLSI-Schaltkreise auf der Basis smarter Detektoren vorgesehen, wodurch die Gesamtgröße extrem abnahm. Ferner sollte auf der Basis von Flüssigkristallelementen ein dynamisch rekonfigurierbares optisches Verbindungsnetzwerk zur beliebigen Verbindung der PEs untereinander implementiert werden.

1.5.3.2 Optoelektronische Systolische Felder

Mit Systolischen Feldern bezeichnet man Parallelrechensysteme, die eine Kombination aus Datenfluss- und Feldrechnern darstellen. Sie sind gekennzeichnet durch reguläre Anordnung weitgehend gleich aufgebauter PEs, die auch durch eine regelmäßige Topologie miteinander verbunden sind. Alle PEs arbeiten taktsynchron, sie müssen ihre Daten nicht aus einem Speicher holen und die Ergebnisse auch dort wieder abgeben, sondern sie erhalten ihre Daten entlang den Datenpfaden und geben die Ergebnisse über diese auch wieder weiter. Es ergibt sich somit ein pulsierender Datenfluss, woher auch der Begriff systolisch rührt. Die eigentliche Ein-/Ausgabe erfolgt an den Rändern des Systolischen Feldes.

Aufgrund des einheitlichen Aufbaus einer systolischen Architektur, insbesondere der regelmäßigen Topologie der Verbindungsstrukturen, des Bedarfs an hoher Ein-/Ausgabebandbreite und der Kombination aus Feld- und Fließbandverarbeitung sind Systolische Felder hervorragend für eine Realisierung mittels OE-VLSI-Technik geeignet. Am Georgia Institute of Technology wurden speziell für eine optoelektronische Realisierung zwei Systolische Felder für die Bildvorverarbeitung entwickelt. Das PAMSAC genannte Systolische Feld besteht aus einem acht integrierte Siliziumdetektoren enthaltenden smarten Detektor zum Empfang optischer Bilddaten. Auf dem in einem 2.0 µm CMOS Prozess realisierten Schaltkreis befinden sich auf einer Fläche von 2.2×2.2 mm 8×5 systolische Zellen, die einfache Bitvergleichsoperationen durchführen. Die zweite systolische Architektur GT-VISTA ist eine 3-dimensionale sogenannte Fokalebenenarchitektur, die aus einem Stapel 2-dimensionaler Prozessorebenen mit einem unidirektionalen Datenfluss entlang der dritten Dimension besteht. Die systolischen Prozessorzellen sind programmierbar, als optoelektronische Ein-/Ausgabeschnittstelle werden Detektoren und Lichtemitter in Dünnfilmschicht-Technologie [Joke95] verwendet, die über Verstärkerschaltungen mit dem CMOS-Schaltkreis verbunden sind. Nach Aussage der Autoren handelt es sich bei GT-VISTA um die ersten hergestellten optoelektronischen Systolischen Felder [ChLo97], [Wills96].

1.5.3.3 Ein optoelektronischer 64-Bit Mikroprozessor

An der Universität von North Carolina wurde in Zusammenarbeit mit den Bell Laboratorien ein optoelektronischer 64-Bit Mikroprozessor mit 192 optischen Ein-/Ausgängen mittels Detektor-Modulator-Technologie realisiert [KiLa96]. Der Prozessorkern besteht im Wesentlichen aus einer einfachen 64-Bit ALU, die einen RISC (Reduced Instruction Set Computer) ähnlichen Befehlssatz aufweist. Im Labor wurde ein Demonstrator mit 100 MHz getestet, was in diesem Fall einer Rechenleistung von 100 MIPS entsprach. Die Größe des Prozessorkerns für einen 0.8 µm CMOS-Prozess war 21mm². Darauf waren ca. 200 000 Transistoren integriert. Die Prozessorarchitektur entspricht einer einfachen RISC-Architektur, die mit einer optischen Schnittstelle versehen wurde. Es handelt sich nicht um eine über mehrere Ebenen verteilte echte 3-D Architektur, die auch in der dritten Dimension skalierbar wäre. Dennoch ist die Entwicklung dieser Architektur als ein bemerkenswerter Schritt nach vorn für die Optik in der Rechentechnik zu werten. Diese zeigt sich vor allem in einer möglichen parallelen Implementierung von Parallelprozessoren auf einer größeren Chipfläche. So können nach Angaben der Autoren auf einem Chip der Größe von 1cm² etwa 32 dieser 64-bit Mikroprozessoren untergebracht werden, die in diesem Falle ein Feld von 6400 optischen externen Anschlüssen aufweisen. Eine Zahl, die in nächster Zukunft mit am Schaltkreisrand angeordneten elektrischen Anschlüssen nicht zu erreichen ist.

1.5.3.4 OE-VLSI-Spezialrechnersysteme für die Bildverarbeitung

In Frankreich startete 1995 eine Kooperation der Institute LETI und ONERA/CERT mit dem Ziel, einen optoelektronischen Parallelrechner namens SYNOPTIQUE speziell für die Bildvorverarbeitung zu entwickeln [Sche96]. SYNOPTIQUE sollte die optoelektronische Weiterentwicklung der bereits existierenden Generation elektronischer Parallelrechner SYMPATI2 und SYMPHONIE sein, die von 1978-1993 speziell für die Bildvorverarbeitung entwickelt wurden. Für die Durchführung der logischen Operationen waren ASIC-Prozessoren in einer 0.25 µm Technologie vorgesehen. Mittels optischer Verbindungen sollten diese auch über eine hohe Bandbreite bei der Ein/Ausgabe verfügen. Anvisiert war zunächst eine Übertragungsbandbreite von 35 GBit/s, gegenüber 0.4 GBit/s und 2.3 GBit/s bei SYMPATI2 und SYNOPTIQUE. Erreicht werden sollte dies durch eine optische Freiraumübertragung zwischen dicht im Raum nebeneinander angeordneten Platinen, auf denen sich ein Feld von Multi-Chip-Modulen befindet. Auf dem Multi-Chip-Modul selbst sollen Oberflächen-emittierende Mikrolaser, Linsenfelder und Photodioden für die optische Übertragung zum entsprechenden Multi-Chip-Modul auf der Nachbarplatine sorgen.

1.5.3.5 OE-VLSI-Architektur für parallele Vergleichsoperationen

Ein weiteres Beispiel für den Einsatz von OE-VLSI-Systemen zur Realisierung von Parallelrechner-Architekturen stellen an der Universität Osaka durchgeführte Forschungsarbeiten dar [KaNi01]. Dort wurde ein Spezialarchitektur für die parallele Durchführung globaler Mustervergleichsoperationen zwischen Werten, die jeweils von PEs aus einem $N{\times}N$ großen Prozessorfeld stammen, entworfen und als Prototyp gebaut. Die PEs versenden über optische Multipunkt-Verbindungen bit-seriell Werte an ein sogenanntes *Parallel Matching Modul* (*PM Modul*). Das PM-Modul besteht selbst auch wieder aus $N{\times}N$ PEs, bezeichnet als PM-SPA (Parallel Matching Smart Pixel Array), und einem Freiraum-optischen globalen Fan-Out-Verbindungssystem. Abbildung 1.6 zeigt den Aufbau einer 4×4-Architektur. Jedem PE des Prozessorfeldes ist genau ein PE im PM-SPA zugeordnet. Jedes PE des PM-Moduls empfängt über das globale optische Verbindungssystem einen Referenzwert genanntes Datum von seinem zugeordneten PE aus dem Prozessorfeld. Gleichzeitig erhält es Werte von allen anderen PEs des Prozessorfeldes, die Objektwert genannt werden. In jedem PE des PM-Moduls wird der Referenzwert mit jedem empfangenen Objektwert bezüglich den Operationen größer, kleiner und gleich verglichen. Ferner wird die Summe über alle Absolutwerte der Differenzen von Referenzwert und Objektwert gebildet. Die eben genannten vier Operationen, die häufig bei der Bildvorverarbeitung zum Einsatz kommen, werden in den PEs des PM-Moduls gleichzeitig berechnet. Über Multiplexer wird dann eines der Ergebnisse am Ausgang zur Verfügung gestellt.

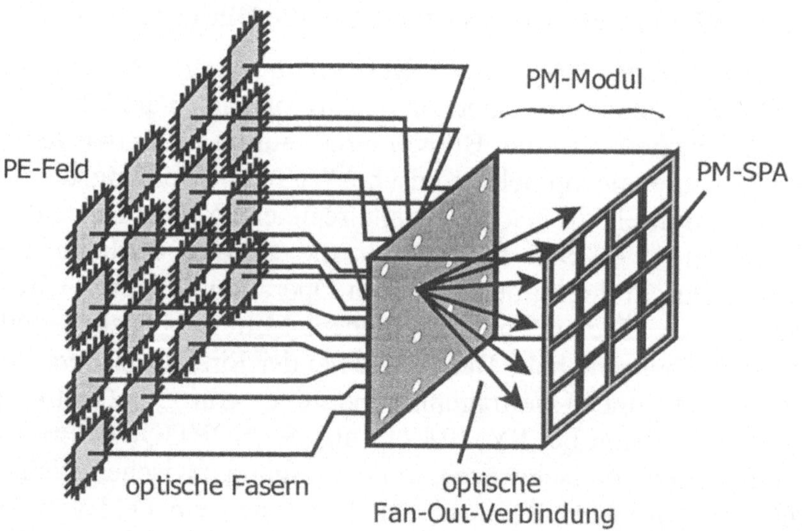

Abbildung 1.6:   OE-VLSI-Architektur für parallele Vergleichsoperationen (Quelle K. Kagawa [KaNi01])

Die Machbarkeit des Architekturkonzeptes wurde durch einen Prototypen demonstriert, der aus einem 4x4 Prozessorfeld bestand, das über ein PM-Modul vollständig miteinander optisch vernetzt war. Über optische Fasern wurden die Werte der PEs des Prozessorfeldes bit-seriell zu einem Bauelement übertragen, das für jedes ankommende Signal eine optische Freiraum-Multipunkt-Verbindung erzeugt (s. Abbildung 1.6). Das PM-SPA selbst wurde in dem Prototypen hybrid auf der Basis eines CMOS-Photodetektorfeldes und programmierbarer Logik realisiert. Der Prototyp arbeitete mit 15 MHz. Begrenzt wurde die Leistung durch die Operations-Geschwindigkeit des Photodetektors. Durch die Verwendung von Hochgeschwindigkeits-Photodetektoren mit höherer Sensitivität und entsprechenden Verstärkerschaltungen können in Zukunft weitaus höhere Raten erreicht werden.

1.5.3.6 Gestapelter optoelektronischer 3-D Prozessor

Ziel eines von der Universität San Diego geleiteten Projektes mit dem Name
3D-OESP (3-dimensional optoelectronic stacked processor) [OESP], [ZhMa00],
[LiHu02] war die Entwicklung eines aus gestapelten OE-VLSI-Schaltkreisen bestehenden Multiprozessor-Systems. Durch Freiraum-optische Verbindungen sollte
ein möglichst kompaktes System entstehen. An dem Projekt waren insgesamt 12
amerikanische universitäre und industrielle Partner beteiligt. Entstanden sind in
der Projektlaufzeit verschiedene Prototypen. So wurde z.B. auf einer Keramik-
Trägerplatine eine hybride Detektor-Emitter-Kombination aufgebaut. Die optischen Verbindungen wurden über ein aus Linsenpaaren bestehendes Modul realisiert, das direkt auf die Trägerplatine knapp über den optoelektronischen Sender-
und Empfänger-Chips und dem CMOS-Schaltkreis montiert wurde. Das optische
3-dimensionale Chip-to-Chip-Verbindungsystem wurde dadurch in die Ebene gefaltet. Das gesamte System war durch folgende Daten gekennzeichnet. Insgesamt
wurden drei Silizium-Prozesoren über 48 optische Freiraum-Kanäle miteinander
verbunden. Ferner befanden sich auf der Trägerplatine noch jeweils vier optische
Sender- und Empfänger-Chips der Dimension 1×12. Die erreichte Übertragungsfrequenz pro Kanal betrug 200 MHz. Das Volumen der gesamten Anordnung
besaß lediglich 165 cm³, dabei war die Optik in einem Abstand von 5 cm oberhalb
der 7×5 cm großen Trägerplatine angebracht. Die Architektur der Prozessoren war
in diesem Projekt eher nebensächlich. Im Vordergrund stand, die optomechani-
schen Anforderungen für ein kompaktes Systemdesign zu erfüllen.

Im Verlauf des Buches werden weitere Architekturkonzepte vorgestellt, die für
eine Realisierung als 3-D OE-VLSI-Schaltkreis ideal geeignet sind. Dazu zählen
ein *superskalares 3-D Rechenwerk* zur Bearbeitung von Ganzzahlen, das durch
die Ausnutzung der dritten Dimension mehr Pipeline-Einheiten als ein elektronischer Prozessor bereit stellen kann. Eine *parallele Signalprozessorarchitektur* mit
Festpunktarithmetik, deren Leistungsfähigkeit auf einer parallelen optischen Speicher-Prozessor-Kopplung beruht. *Optisch rekonfigurierbare Hardware*, deren
Funktionalität im Gegensatz zu elektronisch rekonfigurierbarer Hardware über
optische Verbindungen auch dynamisch sehr effizient verändert werden kann,
sowie einen *Parallelprozessor für die Bildvorverarbeitung*, der parallele Signalerfassung und Signalauswertung auf einem Chip integriert.

1.5.4 Entwurfswerkzeuge für 3-D OE-VLSI

Eine 3-D OE-VLSI-Technologie betrifft das Zusammenwirken von Optik, Halbleiter- und Computertechnik. Um OE-VLSI Architekturen effizient und schnell entwickeln zu können, ist es notwendig, genau wie beim Entwurf elektronischer Systeme unterstützende Entwurfswerkzeuge zur Verfügung zu haben. In letzter Zeit hat sich die Thematik *Rechnergestützter Entwurf optoelektronischer Systeme* ("CAD for optoelectronics") zu einem eigenen Forschungsthema innerhalb der "Optik in der Rechentechnik" entwickelt. Dies hängt eng mit der in den vergangenen Jahren gestiegenen Verfügbarkeit einzelner Bauelemente zusammen, die nun im nächsten Schritt allmählich zu funktionierenden und rechnenden Architekturen zusammengefügt werden können. Dafür einfach Entwurfswerkzeuge zu übernehmen, die sich beim Entwurf digitaler elektronischer Systeme bewährt haben, ist einerseits aufgrund der Verschiedenheit andererseits auch aufgrund der Wechselwirkung optischer und elektronischer Bauelemente nicht möglich. Somit ist es notwendig, sowohl vorhandene Entwurfssysteme geeignet zu modifizieren, als auch neue Werkzeuge zu entwickeln. Ein intensivere Behandlung dieser Thematik würde den vorgesehenen Umfang dieses Buches weit überschreiten. Die Thematik wird deswegen im Weiteren nicht mehr behandelt. Stattdessen wird auf die einschlägige Literatur verwiesen [ApplOpt98].

1.6 Optische Netzwerke

Während OE-VLSI-Systeme als mittel- bis langfristige Lösung der Verbindungskrise in der VLSI-Technik einzuordnen sind, gibt es zum Einsatz optischer Verbindungen in Netzwerken im (engl.: *metropolitan area network*) MAN- und (engl.: *local area network*) LAN-Bereich bereits jetzt keine Alternative. Bei Langstreckenübertragungen, im sogenannten (engl.: *wide area network*) WAN-Bereich, z.B. bei Transatlantik-Übertragungssysteme, sind digitale Glasfaserverbindungen bereits schon seit 1988 Stand der Technik. Man kann sicher davon ausgehen, dass sich die optische Übertragung von Daten und Nachrichten auch im MAN- und LAN-Bereich durchsetzen wird.

Die Gründe für den stetig wachsenden Einsatz der Optik in Netzen korrelieren stark mit den ebenso stetig zunehmenden Anforderungen an die Übertragungskapazitäten. Dies gilt gerade im Zusammenhang mit dem Siegeszug des Internets. Ein Pendant zum Mooreschen Gesetz bei der Schaltkreistechnik lässt sich aufgrund statistischer Beobachtungen auch für den Bereich des Internets formulieren. Derzeit gilt, dass sich die Anzahl der weltweiten Internet-Nutzer alle 12 Monate verdoppelt. Dies geht einher mit einer alle 7½ Monate stattfindenden Verdopplung der verschickten Datenmenge. Auch wenn der Anstieg der Nutzerzahlen in Zukunft eine Sättigung verzeichnen sollte, gilt dies sicher nicht für den erforderlichen Bedarf bei den Übertragungskapazitäten. Die zunehmende Verbreitung von Videokonferenzen, virtuellen Vorlesungen im Netz, Telemedizin, Unterhaltungsdiensten wie das Laden von Videos aus dem Netz (engl.: *video-on-demand*) und Glasfaseranschlüssen in Haushalten (engl.: *fibre to the home, FTTH*) wird dafür sorgen, dass die Lastkapazität in den Netzen auch zukünftig deutlich zunehmen wird. Der entstehende Engpass bei der Übertragungsbandbreite lässt sich sowohl aufgrund technischer als auch ökonomischer Gründe nur durch den Einsatz optischer Übertragungstechnik überwinden. Für lange Übertragungsstrecken und hohe Übertragungsraten ist eine optische Übertragung gegenüber einer elektrischen sowohl zuverlässiger als auch kostengünstiger. Insbesondere auf die technischen Vorteile einer optischen Übertragung wird in Kapitel 2 noch detaillierter eingegangen.

Ein sehr vielversprechender Ansatz, die hohen Bandbreiten zu liefern, ist die Technik des optischen Wellenlängenmuliplex in Faserübertragungen, der in wenigen Jahren überall verbreitet sein wird. Verschiedene Signale können über verschiedene Wellenlängen gleichzeitig in einer einzigen Faser übertragen werden. 1999 wurde in Deutschland unter Beteiligung namhafter Firmen und Institutionen im Rahmen des vom Bundesminister für Bildung und Forschung geförderten Projektes KomNet eine Untersuchung zum Einsatz von optischen Netzwerken auf der Basis des Wellenlängenmuliplex im MAN-Bereich gestartet. In einem groß angelegten Feldversuch, dem Berliner City-Ring [FiBo01], wird der Einsatz eines optischen Netzwerkes auf der Basis eines Wellenlängenmuliplexes mit vielen gleichzeitig benutzten Wellenlängen, (engl.: *DWDM, dense wavelength division multiplexing*) für den Großraum Berlin intensiv erprobt. Der bisher installierte Ring unterstützt die Übertragung von 32 Wellenlängen-Kanälen in beiden Richtungen und besitzt eine Gesamtlänge von 80 km. Er kann bis auf 80 Kanäle erweitert werden und ist in der Lage, eintreffende Signale mit einer Rate von bis zu 10 GBit/s weiterzuleiten. In realistischen Netzwerk-Szenarien wird mittels dieses Rings versucht, die Übertragung des Internet-Verkehrs über Signale zu untersuchen, die für WDM-Systeme optimiert sind (engl.: *IP over WDM*). Zusätzlich wird im Rahmen des Projektes KomNet an DWDM-Systemen im WAN-Bereich gearbeitet. Auf einer 750 km langen Strecke werden zwischen Darmstadt und Stuttgart 16 Wellenlängen-Kanäle à 10 GBit/s erprobt. Eine kürzere dafür aber pro Kanal schnellere Verbindung kommt zwischen Darmstadt und Stuttgart zum Einsatz.

Aufgrund der Bedeutung, die optische oder photonische Netzwerke mittlerweile erlangt haben und in naher Zukunft immer mehr bekommen, werden sie im weiteren Verlauf dieses Buches auch eingehender behandelt. Der Aufbau und die Funktionsweise sowie die zugrunde liegenden physikalischen Prinzipien der Schlüsselkomponenten eines photonischen Netzwerkes werden in Kap. 5 erklärt. Ferner werden Algorithmen vorgestellt, die zur Wegewahl und zur dynamischen Konfigurierung photonischer Netze eingesetzt werden.

1.7 Kapitelübersicht

In diesem einleitenden Kapitel wurde die Entwicklung mikroelektronischer Schaltkreise von den Anfängen bis heute und die mittlerweile entstandenen Schwierigkeiten bei der Kommunikation über immer kürzere Distanzen aufgezeigt. Parallel dazu wurden in einem Überblick die Möglichkeiten der Optik vorgestellt, diese Probleme zu lösen. Ferner wurde auf die Bedeutung photonischer Netzwerke eingegangen, die einen wichtigen Schritt in dem „evolutionären" Vordringen der Optik in das Innenleben der Rechner darstellen. Es folgt eine Übersicht, wie diese Aussagen in den folgenden Kapiteln im Detail erläutert werden.

Kapitel 2 bringt eine detaillierte Einführung in die Technologie der Optik für die Rechentechnik. Die physikalischen Grundlagen und die Funktionsweise neuer passiver und aktiver Bauelemente für die optische Verbindungstechnik in der Rechentechnik, wie z.B. VCSEL-Dioden, Mikrolinsen und holographische Ablenkelemente werden ebenso vorgestellt wie Techniken zur Integration von mikrooptischen und mikroelektronischen Bauelementen.

Kapitel 3 präsentiert ein abstraktes Modell 3-dimensionaler fein-granularer Rechensysteme, dass eine parametrisierte Leistungsanalyse erlaubt. Es werden aus geometrischen Überlegungen mathematische Formeln abgeleitet, mit deren Hilfe sich allgemein OE-VLSI-Systeme bewerten lassen.

Kapitel 4 behandelt verschiedene Beispiele für effiziente OE-VLSI-Architekturen für Ganzzahl- und Fließkommarithmetik, Spezialarchitekturen wie eingebettete optoelektronische Bildverarbeitungssysteme und rekonfigurierbare Architekturen. Für jedes Beispiel werden die zugrundeliegenden Algorithmen beschrieben und deren Eignung für optoelektronische Architekturen nachgewiesen. Mit Hilfe der in Kapitel 3 geschaffenen theoretischen Grundlagen wird eine Leistungsbewertung vorgenommen, realisierte Prototypen und Demonstratoren werden vorgestellt.

Kapitel 5 widmet sich der Thematik der optischen Netzwerke. Die Besonderheiten optischer Netzwerke gegenüber elektronischen Lösungen, wie z.B. der Wellenlängenmutiplex (WDM, DWDM), werden erläutert. Die Funktionsweise der grundlegenden Komponenten in einem optischen Netzwerk wird dargelegt. Ein Schwerpunkt wird auf die für die Informatik interessanten Routing-Verfahren und -Algorithmen sowie den eingesetzten Protokollen in solchen Netzwerken gelegt.

Das Buch endet mit einer umfangreichen, den aktuellen Stand der Technik widerspiegelnden Literaturliste.

2 Einführung in die Technologie der Optik für die Rechentechnik

Ziel des folgenden Kapitels ist es, die für das weitere Verständnis relevanten physikalischen und elektronischen Grundlagen darzulegen. Da in den für die optische Rechentechnik vorgesehenen OE-VLSI-Schaltkreisen zumeist CMOS-Schaltkreise zum Einsatz kommen, werden zunächst Grundlagen der VLSI-Technik (Kapitel 2.1) und der CMOS-Technologie (Kapitel 2.2) erklärt. Im Vordergrund steht insbesondere die für den Entwurf optoelektronischer Architekturen wesentlichen fundamentalen Eigenschaften bestimmter Bauelemente der Optik und Optoelektronik verstehen zu lernen, welche dem Informatiker naturgemäß erst einmal fremd sind. Dies betrifft vor allem zwei Bereiche: zum einen Aufbau und Funktionsweise mikrooptischer Bauelemente (Kapitel 2.3), die im Hinblick auf die Realisierung optischer Verbindungen für Rechensysteme relevant sind, und zum anderen Aufbau und Funktionsweise der Basiselemente für die optoelektronische Schaltkreistechnik (Kapitel 2.4). Dabei werden sowohl physikalisches Lehrbuchwissen vermittelt als auch aktuelle Entwicklungen bei der Systemintegration vorgestellt (Kapitel 2.5).

2.1 Grundlagen der VLSI-Technik

Bevor wir uns den Grundlagen des Entwurfs von CMOS-Schaltkreisen zuwenden, werden wir vorab genauer auf die bereits oben angesprochenen Probleme heutiger VLSI-Schaltkreise eingehen, die gerade durch den Einsatz optischer Verbindungen gelöst werden sollen. Wie bereits in Kapitel 1.2.2 erwähnt, bleibt das Laufzeitverhalten von Signalen auf den Leitungen eines integrierten Schaltkreises unbeeinflusst von der Skalierung. Um diese Aussage zu belegen, muss man zunächst wissen, wie man die Laufzeitlänge eines Signals zumindest näherungsweise berechnet. Eine lange Leitung auf einem integrierten Schaltkreis ist dadurch gekennzeichnet, dass sich die Signalanstiegs- und Signalabfallzeiten im Bereich der reinen Ausbreitungszeit des Signals bewegen. Eine solche Leitung lässt sich als lineares RC-Netzwerk modellieren (s. Abbildung 2.1), das in n gleiche Abschnitte aufgeteilt ist [Post89]. Die einzelnen RC-Glieder entsprechen dabei den Leitungsbahn-Widerständen und den nacheinander aufzuladenden Kapazitäten einzelner Leitungsabschnitte, die sich zwischen der Leitung und dem darunter liegenden Substrat bilden.

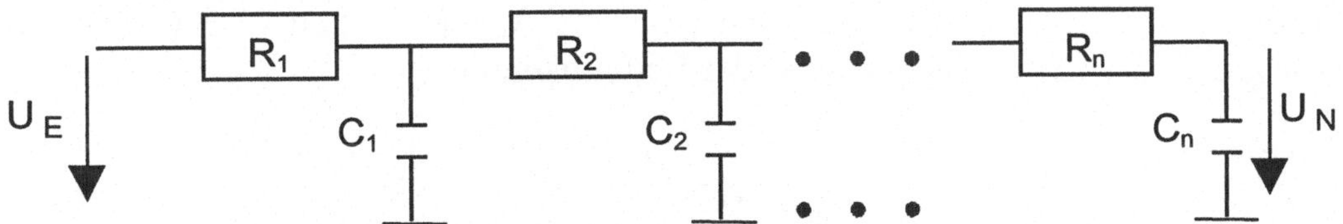

Abbildung 2.1: Ersatzschaltbild einer Leitung auf einem integrierten Schaltkreis

Eine Netzwerkanalyse führt zu der in (2.1) gezeigten Herleitung, um die Spannung U_N an der Kapazität C_N auszurechnen [Post89]. Ferner wird eine homogene Leitungsverteilung angenommen, d.h. die n gleich langen Leitungsabschnitte besitzen identischen Leitungswiderstand, $R_1 = R_2 = \ldots = R_N = R_l / n$, und identische Leitungskapazität, $C_1 = C_2 = \ldots = C_N = C_l / n$, wobei R_l und C_l den Widerstand und die Kapazität einer Leitung der Länge l bestimmen.

$$U_N(t) = U_E - R_1 \cdot (I_{C_1} + \ldots + I_{C_N}) - R_2 \cdot (I_{C_2} + \ldots + I_{C_N}) - \ldots - R_N \cdot I_{C_N}$$

$$= U_E - R_1 \cdot (\frac{dU_{C_1}}{dt} C_1 + \ldots + \frac{dU_{C_N}}{dt} C_N) - R_2 \cdot (\frac{dU_{C_2}}{dt} C_2 + \ldots + \frac{dU_{C_N}}{dt} C_N) -$$

$$\ldots - \frac{dU_{C_N}}{dt} \cdot R_N \cdot C_N$$

$$= U_E - \frac{dU_{C_1}}{dt} C_1 R_1 - \frac{dU_{C_2}}{dt} C_2 (R_1 + R_2) - \ldots - \frac{dU_{C_N}}{dt} C_N (R_1 + \ldots + R_N)$$

$$= U_E - \sum_{i=1}^{n} \frac{dU_{C_N}}{dt} \cdot C_N R_N \cdot i$$

$$\text{(2.1)}$$

Die Zeitdauer t_{Line}, die es bedarf bis am Knoten N die Spannung U_E erreicht ist, d.h. bis sich alle Kapazitäten aufgeladen haben und somit kein Strom mehr durch die Widerstände fließt und die Leitung damit aufgeladen ist, wird durch die Summe über die Terme $C_N R_N i$ bestimmt. Diese lässt sich gemäß (2.2) umformen.

$$t_{Line} = \sum_{i=1}^{n} (R_N C_N \, i) = (R_l / n) \cdot (C_l / n) \cdot \frac{n \cdot (n+1)}{2} \qquad \text{(2.2)}$$

Für den Übergang zu unendlich vielen kleinen Abschnitten, d.h. $n \to \infty$, und unter Berücksichtigung hinsichtlich Länge und Breite normierten Leitungswiderstand R und C ergibt sich für die Ausbreitungsgeschwindigkeit eines Signals auf einer Leitung (2.3). Dabei ist der Zusammenhang zwischen R_l und C_l und den normierten Größen R und C wie folgt gegeben, $R_l = R\,l/w$ und $C_l = C\,lw$, mit l und w gleich der Leitungslänge bzw. der Leitungsbreite.

$$t_{Line} = RC \cdot \frac{l^2}{2} \tag{2.3}$$

Aus (2.3) folgt, dass die Signallaufzeit nicht nur von der Länge der Leitung, sondern auch von dem Produkt aus Leitungswiderstand und Leitungskapazität abhängt, dem sogenannten RC-Wert. Um festzustellen, wie sich die Skalierung auf die Signallaufzeit auswirkt, muss man untersuchen, wie sich der RC-Wert unter dem Einfluss der Skalierung ändert.

Der Widerstand einer Leitung berechnet sich aus dem spezifischen Leitungswiderstand multipliziert mit dem Quotienten aus Länge l und Querschnittsfläche A der Leitung (s. Abbildung 2.2). Bedingt durch die Skalierung um einen Faktor α ($\alpha > 1$) nehmen die Dimensionen aller Strukturen genau um diesen Faktor ab, d.h. die Leitungslänge l wird zu $l\,/\,\alpha$, Analoges gilt für die Breite w und die Dicke d der Leitung. Somit wird die Querschnittsfläche A um den Faktor α^2 abnehmen und der gesamte Leitungswiderstand R wird um den Faktor α größer (2.4).

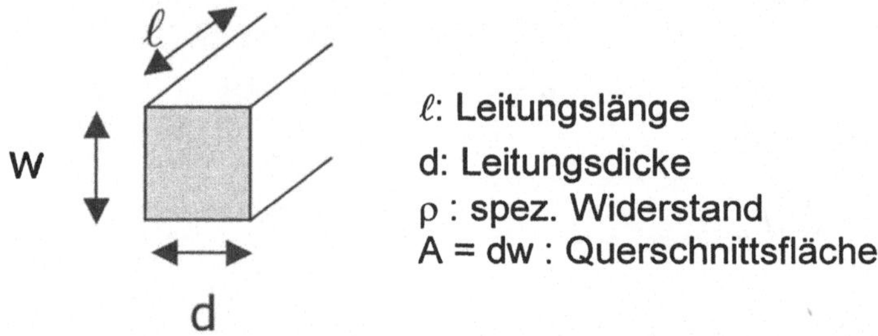

Abbildung 2.2:   Charakteristische Größen für den Widerstand einer Verbindungsleitung

$$R = \rho\frac{l}{A} = \rho\frac{l}{d\cdot w} \;\Rightarrow\; \rho\frac{l/\alpha}{d/\alpha\cdot w/\alpha} = R\cdot\alpha \tag{2.4}$$

Die Kapazität einer Verbindungsleitung entsteht zwischen der Ladung auf der Unterseite der Verbindungsleitung und dem darunter liegenden Substrat, welche durch die isolierende SiO_2-Schicht voneinander getrennt sind (s. Abbildung 2.3). Zur Berechnung der Kapazität ist das Modell eines Plattenkondensators ausreichend. Demnach berechnet sich die Kapazität aus der Dicke des Oxids d, der Leitungsbreite w, der Leitungslänge l und einer Materialkonstante ε nach (2.5).

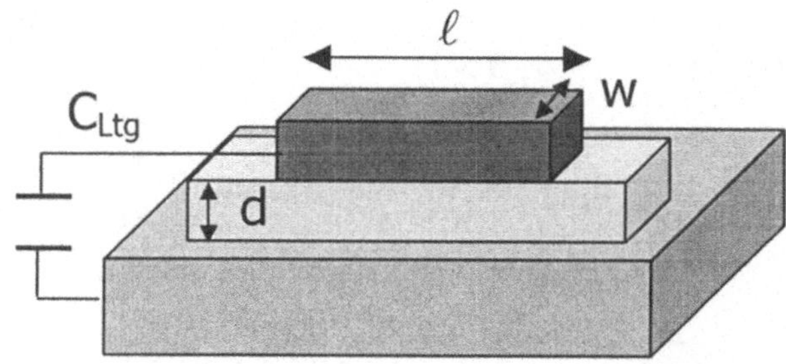

w: Leitungsbreite

ℓ: Leitungslänge

d: Dicke der Isolierschicht

ε: Konstante

Abbildung 2.3: Charketristische Größen für die Kapazität einer Verbindungsleitung

$$C = \varepsilon \frac{w \cdot l}{d} \quad \Rightarrow \quad \varepsilon \frac{w/\alpha \cdot l/\alpha}{d/\alpha} = C/\alpha \tag{2.5}$$

Wie (2.5) zeigt, nimmt die Kapazität der Leitung durch die Skalierung um den Faktor α ab. Da der Leitungswiderstand jedoch um den gleichen Faktor zunimmt, ergibt sich somit für den *RC*-Faktor der Leitung der gleiche Wert wie vor der Skalierung. D.h. die Signallaufzeiten für Leitungen, wie z.B. einer Taktleitung, die vor und nach der Skalierung die gleiche Länge aufweisen, bleiben von der Skalierung unbeeinflusst.

Zum Vergleich werden im Folgenden die Auswirkungen der Skalierung und der Vergrößerung der Schaltkreise auf die Daten verarbeitenden Bauelemente eines integrierten Schaltkreises bestimmt. Abbildung 2.4 zeigt stellvertretend für das Beispiel eines Feldeffekttransistors, dass bedingt durch die Abnahme der Länge und Breite des Transistors um die Hälfte, d.h. $\alpha = 2$, auf der gleichen Fläche viermal mehr Transistoren als vor der Skalierung untergebracht werden können. Somit steigt die Anzahl der Bauelemente um den Faktor α^2. Geht dies einher mit einer Zunahme der Chipkantenlänge um den Faktor β, so steigt die Anzahl der Bauelemente zusätzlich noch um den Faktor β^2 (s. Abbildung 2.5).

Gleichzeitig nimmt in erster Näherung betrachtet auch die Gatterlaufzeit um $1/\alpha$ ab, da die Kanallängen der Transistoren, entlang der sich die Elektronen von der Quelle zu der Senke bewegen, ebenfalls um den Faktor α kürzer werden. Somit steigt die Gesamtrechenleistung in erster Näherung um die Mehranzahl an Gattern multipliziert mit der durch die Verkleinerung der Kanallängen schnelleren Schaltgeschwindigkeit eines Transistors (2.6).

Zunahme der Gatteranzahl $\times$ 1 / (*Abnahme der Gatterlaufzeit*) =

$$\beta^2 \cdot \alpha^2 \cdot \frac{1}{1/\alpha} \ = \ \beta^2 \cdot \alpha^3 \qquad (\alpha, \beta > 1) \tag{2.6}$$

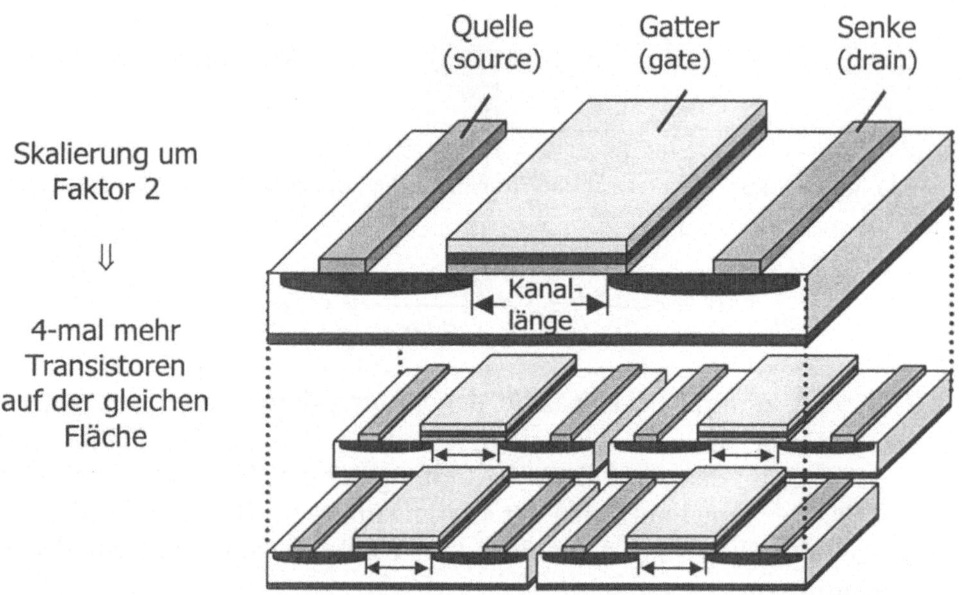

Abbildung 2.4:   Auswirkung der Skalierung auf einen Feldeffekttransistor bei Halbierung
der Strukturgrößen

Mittels (2.3) lassen sich die Auswirkungen einer langen Verbindungsleitung abschätzen. Gegeben sei beispielsweise eine 1 µm breite Leitung, auf der ein Taktsignal von der linken oberen Ecke zur rechten unteren Ecke eines Chips mit 1 cm Kantenlänge übertragen werden soll, d.h. $l = 20$ mm. Die zu treibende Last am Ende der Leitung soll eine Eingangskapazität von 50 pF besitzen. D.h., die zur Länge *normierten* Kapazität, mit der die Leitung aufzuladen ist, um z.B. die Eingangskapazität eines Transistors aufzuladen, beträgt somit $C = 50$ pF / 20 mm. Für den normierten Leitungswiderstand gilt $R = 0.05$ Ω/µm $= 50$ Ω/mm. Daraus errechnet sich eine Signalausbreitungszeit von 25 ns (2.7).

$$t_{Line} = 0.5 \cdot \left(2.5 \ pF / mm\right)\left(50 \ \Omega / mm\right)\left(20 \, mm\right)^2 = 25 \text{ ns} \tag{2.7}$$

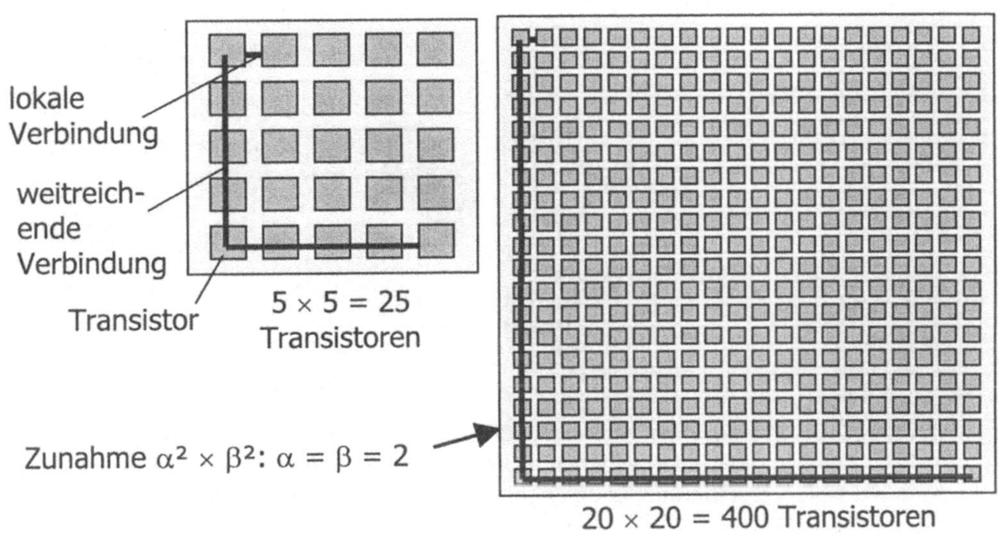

Abbildung 2.5: Auswirkung von Skalierung und Vergrößerung der Chipfläche auf die Anzahl der Transistoren und die lokalen und weitreichenden Verbindungen

Eine Signalausbreitungszeit von 25 ns entspricht in der modernen Mikroelektronik "Welten". Verbreitert man die Leitung auf 20 µm und gelingt es zusätzlich, l um die Hälfte auf 10 mm zu verringern, verbessert sich die Situation erheblich. Der Leitungswiderstand nimmt um das 40-fache ab, d.h. $R = 1.25$ Ω/mm, für die normierte Leitungskapazität gilt $C = 50$ pF / 10 mm. Wir erhalten 0.3125 ns als Ausbreitungszeit (2.8).

$$t_{Line} = 0.5 \cdot \left(5\ pF\,/\,mm\right)\left(1.25\ \Omega\,/\,mm\right)\left(10\,mm\right)^2 = 0.3125\ \text{ns} \qquad (2.8)$$

Man erreicht somit eine Verbesserung um zwei Größenordnungen, allerdings auf Kosten einer Verzehnfachung der für das Taktsignal vorzusehenden Fläche, die für die Integration logischer Funktionen verloren geht. Ein Ansatzpunkt für den Einsatz der Optik in der VLSI-Technik, wie er bereits 1984 in [GoLe84] vorgeschlagen wurde, sind daher optische Multipunkt-Verbindungen, die als globale Taktverteilung fungieren und direkt auf die Chipoberfläche abgebildet werden (s. Abbildung 2.6). Da die Unterschiede der Ausbreitungszeiten auf den optischen Multipunkt-Kanälen aufgrund der geringen Distanzen vernachlässigbar sind, hat dies zudem den zusätzlichen Vorteil, dass sich damit auch ein weiteres in der modernen VLSI-Technik vorhandenes Problem in den Griff bekommen lässt, der bereits in 1.2.2 angesprochene Taktversatz (engl.: *clock skew*).

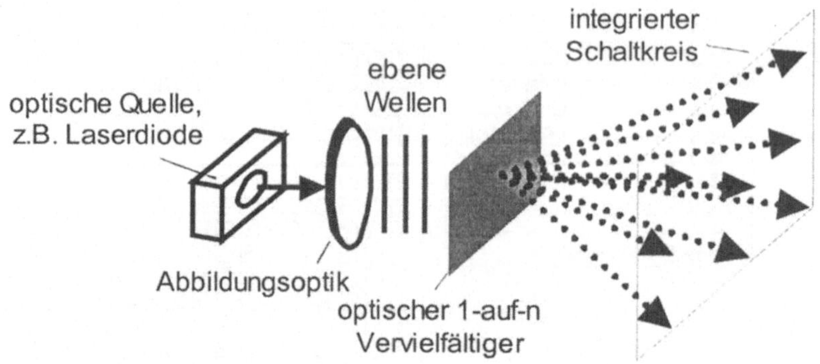

Abbildung 2.6: Prinzip einer globalen optischen Taktverteilung. Ein optisches Signal wird mittels einer geeigneten Optik kollimiert und durch einen optischen Strahlvervielfältiger in einen integrierten Schaltkreis übertragen.

Ein weiteres bereits angesprochenes Problem ist das der zu geringen Anzahl an externen Anschlüssen. Der Bedarf an solchen Anschlüssen in integrierten Schaltkreisen lässt sich mittels der benannten Regel von Rent abschätzen. Dabei handelt es sich um eine bereits 1960 von E.F. Rent empirisch gewonnene Formel, die eine Aussage über die zu erwartende Anzahl notwendiger externer Anschlüsse N_{pins} einer mikroelektronischen Schaltung in Abhängigkeit der gegebenen Gatteranzahl N_{gates} trifft (2.9).

$$N_{pins} = B \cdot N_{gates}^{r} \tag{2.9}$$

Dabei sind der Vorfaktor B und der Rent-Exponent r konstante Faktoren, die i.a. vom Bausteintyp und der Aufbauhierachie abhängen. So werden beispielsweise SRAM-Bausteine mit $B = 6.0$ und $r = 0.12$ beschrieben, für Chips in Hochgeschwindigkeitsrechnern setzt man $B = 1.4$ und $r = 0.63$ an [Aich95]. Bedingt durch die Verkleinerung der Strukturgrößen um den Faktor $\alpha > 1$ und der Zunahme der Chipkantenlänge um den Faktor $\beta > 1$ steigt die Anzahl der Gatter N_{gates} und damit auch die Anzahl benötigter externer Anschlüsse N_{pins} (2.10).

$$N_{pins} \sim \left(\alpha^2 \cdot \beta^2\right)^{r} \tag{2.10}$$

Für Prozessoren, für die allgemein ein Rent-Koeffizient von $r \approx 0.7$ angegeben wird, ergibt sich somit ein über-linerarer Anstieg bei der Anzahl erforderlicher externer Anschlüsse. Da externe Anschlüsse zumeist aufgrund technischer Gründe immer am Rand eines Chips angeordnet sind, nimmt deren Anzahl nur linear mit dem Faktor β zu. Es ergibt sich somit eine Diskrepanz zwischen dem Bedarf und der tatsächlichen Zunahme, was zu einem Engpass bei der Kommunikation führt. Bei der Prozessor-Speicher-Kommunikation wird dieses Problem als von-Neumann-Flaschenhals bezeichnet, den man durch den Einsatz von Cache-Speichern zu überwinden versucht. Ein neuerer Ansatz versucht, Prozessoren zusammen mit lokalem RAM-Speicher in einem Schaltkreis zu integrieren (PIM *processor-in-memory*) [HaKo99]. Noch schwieriger gestaltet sich die Situation bei der Prozessor-Prozessor-Kommunikation speziell in hochintegrierten CMOS-Systemen, was häufig zu Leistungsbeschränkungen führt [Aich94]. Eine befriedigende Lösung kann nur durch eine Erhöhung der Übertragungsfrequenz und der Kanaldichte auf den Verbindungsleitungen erfolgen. Beides kann prinzipiell durch ein 2-dimensionales Feld optischer Sender- und Empfängerdioden in einem OE-VLSI-Schaltkreis erreicht werden.

Abschließend werden die in der VLSI-Technik bei den Verbindungen auftretenden Probleme nochmals zusammengefasst. Globale Leitungen, wie z.B. Multipunktverbindungen nehmen bei effizienter Realisierung große Flächen auf dem Chip in Anspruch. Generell gilt, dass die Anzahl der externen Anschlüsse auf dem Chip zu gering ist. Ferner ergeben sich durch das Aufladen von Kontaktdrähten und –flächen weitere Zeiteinbußen bei der Signalübertragung über externe Anschlüsse gegenüber der on-Chip Taktrate.

Demgegenüber stehen die Vorteile optischer über elektronische Verbindungen, die in der folgenden aus [Cloo94] entnommenen und ergänzten Aufstellung zusammengefasst sind. Der Einsatz optischer Verbindungen bietet

1. höhere Verbindungsdichten, aufgrund geringer Wechselwirkungen benachbarter optischer Kanäle (hohe Ortsbandbreite optischer Verbindungen)
2. höhere Verbindungsbandbreiten, durch Überwindung des Problems zu geringer externer Anschlüsse
3. höhere Packungsdichten der Gatter in integrierten Schaltkreisen aufgrund der möglichen Eliminierung globaler Leitungen
4. eine geringere Signaldispersion
5. eine einfachere Impedanzanpassung bei der Signalübertragung durch Anti-Reflektionsbeschichtungen
6. eine geringere Signalverzerrung
7. ein geringeres Signalübersprechen
8. eine größere Immunität gegenüber elektromagnetischer Interferenz
9. ein geringeres Auseinanderlaufen von Signalen und Takt (*signal and clock skew*)
10. die Möglichkeit, neue und effizientere Architekturen zu entwickeln, die von der durch die höhere Verbindungsdichte gewonnenen Flexibilität profitieren

2.2　Grundlagen des CMOS-Schaltungsentwurfs

Da OE-VLSI-Schaltkreise im Wesentlichen um optoelektronische Schnittstellen erweiterte CMOS-Schaltkreise sind, werden deren Grundlagen in Anlehnung an [MeCo80] und [ErKö95] im Folgenden kurz behandelt. Silizium ist das am weitesten verbreitete Material in der digitalen Halbleiterelektronik. Dabei werden häufig Feldeffekttransistoren eingesetzt. Im Gegensatz zu Bipolartransistoren handelt es sich bei Feldeffekttransistoren nicht um stromgesteuerte, sondern um spannungsgesteuerte Stromschalter. D.h. ein Stromfluß zwischen zwei Anschlüssen wird durch eine an einem sogenannten Gate anliegende Spannung gesteuert. Feldeffekttransistoren werden i.a. auch als MOS-Transistoren bezeichnet. Die Bezeichnung MOS entstand durch das in der Vergangenheit verwendete Metall für das Gate, Siliziumdioxid für die Gate-Isolation und Silizium für das Substrat. Heute setzt man für die Gate-Schicht nicht mehr Metall, sondern polykristallines Silizium, sog. Polysilizium, ein.

2.2.1　N- und P-Kanal-Transistoren

Die CMOS-Technologie ist durch die Verwendung von zwei unterschiedlichen Transistoren geprägt, dem n-Kanal-Transistor und dem p-Kanal-Transistor. Die prinzipielle Funktionsweise beider Transistortypen wird anhand des n-Kanal-Transistors erläutert (s. Abbildung 2.7). Beim n-Kanal-Transistor besteht das Grundsubstrat aus mit Bor positiv dotiertem Silizium, d.h. positive Ladungsträger, sog. Defektelektronen oder Löcher, überwiegen. Innerhalb des Grundsubstrates befinden sich zwei eindiffundierte Gebiete, Drain und Source, in denen die Elektronen überwiegen. Im Raum zwischen Drain und Source befindet sich die Gate-Elektrode, über die das Schalten des Transistors gesteuert wird. Die Gate-Elektrode selbst ist durch eine isolierende SiO_2-Schicht vom Substrat getrennt. Unterhalb dieser Elektrode baut sich während des Betriebs des Transistors ein Kanal auf, der durch eine Kanalweite W und eine Kanallänge L charakterisiert ist.

Zumeist sind Source (S) und Substratkontakt (B) miteinander verbunden (U_{SB}=0). Durch eine negative Gate-Source-Spannung ($U_{GS} < 0$) werden Majoritätsträger unter dem Gate zur Oxidschicht hochgezogen, d.h. Majoritätsträger werden angereichert (Akkumulation). Es bilden sich PN-Übergänge in Sperrichtung mit vernachlässigbaren Sperrströmen (s. Kapitel 2.4.2.3). Bei einer positiven Gate-Source-Spannung ($U_{GS} > 0$) werden die positiven Ladungsträger dagegen durch das sich bildende elektrische Feld „weggedrückt". Dies führt zu einer Verarmung an Ladungsträgern. Es bildet sich eine Raumladungszone, die jeglichen Stromfluß zwischen Drain und Source verhindert. Steigt die Spannung jedoch über eine sogenannte Schwellenspannung U_{Th}, bildet sich durch Injektion von frei beweglichen Ladungsträgern aus den seitlichen Diffusionsgebieten ein als Inversionsschicht bezeichneter leitender Kanal. Die Konzentration der Elektronen in diesem Kanal entspricht in etwa der Konzentration der Löcher im Substrat.

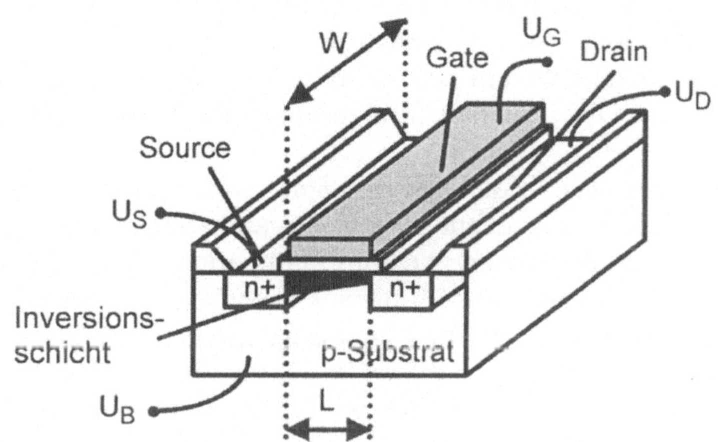

Abbildung 2.7: Aufbau eines n-Kanal Feldeffekttransistors

Legt man eine Spannung U_{DS} zwischen Drain und Source an, so kann in dem Kanal ein Strom I_{DS} zwischen Drain und Source fließen. Dieser Strom ist für kleine Spannungen direkt proportional zur Spannung U_{DS}. Steigt die Spannung U_{DS} weiter an, so beeinflusst dies auch die Spannungsänderung längs des Kanals. Erreicht U_{DS} ungefähr den Wert $U_{GS} - U_{Th}$, so wird der Kanal im Draingebiet vollständig abgeschnürt. Der Sättigungszustand ist erreicht und der Stromfluss I_{DS} wäre eigentlich unterbrochen. Durch Injektion von Ladungsträgern aus dem verbleibenden Kanal bleibt der Stromfluss jedoch weiterhin bestehen. Der Anstieg des Drainstromes ist jedoch nur noch gering.

Wird über einen geöffneten n-Kanal-Transistor eine an der Source angeschlossene Kapazität durch eine dem High-Pegel entsprechende Drainspannung U_D aufgeladen, so ist der Transistor stets im Sättigungszustand [Pirs96]. Dies führt dazu, dass die Kapazität nicht vollständig, sondern nur bis maximal $U_D - U_{Th}$ aufgeladen wird. Eine zu Beginn des Schaltvorganges bereits aufgeladene Kapazität wird dagegen über den geöffneten Transistor vollständig entladen. Ein p-Kanal-Transistor ist gegenüber dem n-Kanal-Transistor invers aufgebaut. D.h., man verwendet ein n-dotiertes Grundsubstrat und p-dotierte Diffusionszonen für Drain und Source. Anstelle eines Kanals von Elektronen baut sich ein Kanal mit Defektelektronen auf. Der p-Kanal-Transistor verhält sich weitgehend invers zum n-Kanal-Transistor. D.h., das ungünstige Verhalten des n-Kanal-Transistors tritt hier nicht beim Aufladen sondern beim Entladen auf. Dafür vollzieht sich das Aufladen ohne die genannten Probleme. Einfach ausgedrückt lässt sich der p-

Kanal-Transistor als ein Element bezeichnen, das sehr gut eine logische "1" weiterleiten kann, während der n-Kanal-Transistor eine logische "0" gut weiterleitet [Schm95]. Allerdings leitet der p-Kanal langsamer als der n-Kanal. Ursache hierfür ist die um den Faktor 2.5 geringere Beweglichkeit der Löcher gegenüber den Elektronen. Dies lässt sich durch eine Verringerung des Kanalwiderstandes um den gleichen Faktor beim p-Kanal-Transistor wieder ausgleichen. Um dies zu erreichen, muss der Kanal etwa um den Faktor 2.5 verbreitert werden, da die minimale Kanallänge durch die minimale Strukturbreite des Prozesses festgelegt ist.

Zur Herstellung von n-Kanal- und p-Kanal-Transistoren auf einem Substrat müssen bestimmte Bereiche, sogenannte Wannen, geschaffen werden (s. Abbildung 2.8). Diese Wannen besitzen eine zur Substratdotierung entgegengesetzte Dotierung. Im Bereich der Wannen werden dann wieder die zur Dotierung der Wanne entgegengesetzt dotierten Source- und Drainbereiche eindiffundiert. Nachstehendes Bild zeigt dies für das Beispiel eines CMOS-Inverters, in welchem ein n- und p-Kanal-Transistor in Reihe geschaltet wird. Der Vorteil der CMOS-Technik besteht darin, dass ein Stromfluss und damit ein Leistungsverbrauch nur während Umschaltvorgängen, wenn n- und p-Kanal-Transistor kurzzeitig gleichzeitig leitend sind. Ansonsten ist immer einer der beiden Transistoren gesperrt und ein Stromfluss findet nicht statt.

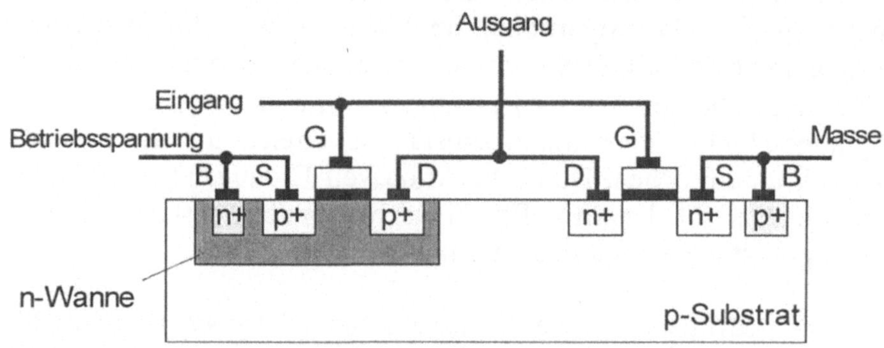

Abbildung 2.8: Querschnitt durch einen CMOS-Inverter

2.3   Passive optische Bauelemente zur Lichtwegeführung und –ablenkung

In OE-VLSI-Systemen werden *passive* optische Bauelemente zur Realisierung der Kommunikationswege eingesetzt. Die Bezeichnung passiv bedeutet, dass im Gegensatz zu einem *aktiven* Element weder Licht erzeugt noch, wie z.B. bei einem Detektor, in Strom gewandelt wird. Ein passives optisches Bauelement beeinflusst lediglich das Licht in seiner Ausbreitungsrichtung. Passive optische Komponenten werden in der Rechentechnik im Wesentlichen für drei Aufgaben benötigt (s. Abbildung 2.9); um *Licht zu kollimieren bzw. zu fokussieren*, z.B. durch eine Linse, um *Lichtstrahlen* definiert *abzulenken*, z.B. durch ein plan-paralleles Plättchen oder ein Prisma und um einen *Lichtstrahl zu vervielfältigen*, z.B. durch ein Beugungsgitter.

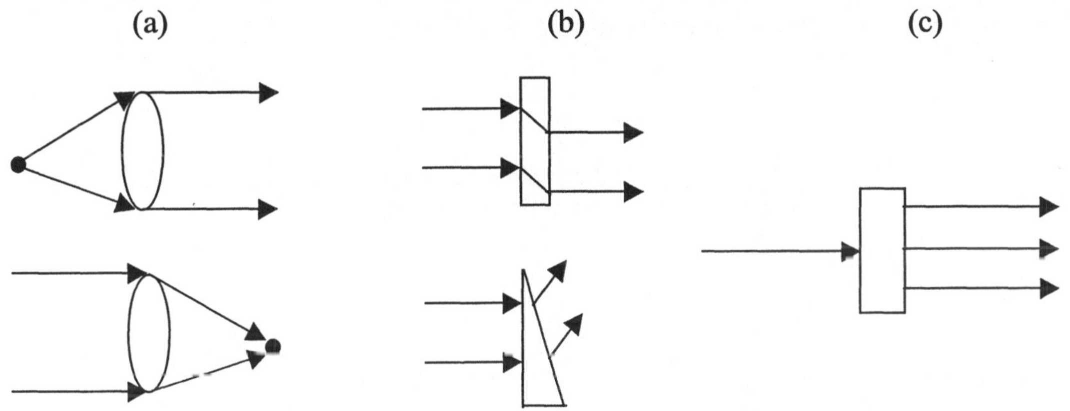

Abbildung 2.9:   Aufgaben passiver optischer Elemente: Licht kollimieren bzw. fokussieren (a), Licht ablenken (b), Lichtstrahl vervielfältigen (c)

Passive optische Komponenten werden häufig unterschieden hinsichtlich das Licht beugenden *diffraktiven* Bauelementen (Kapitel 2.3.1) und das Licht brechenden *refraktiven* Bauelementen (Kapitel 2.3.4). Diffraktive Komponenten unterscheidet man ferner noch bzgl. ihrer Herstellung als computergenerierte (Kapitel 2.3.2) und interferometrisch (Kapitel 2.3.3) hergestellte Elemente. Charakteristisch für diese Elemente ist ferner, dass sie häufig als 2-D Komponenten realisiert sind, was sie für den Einsatz als Verbindungselemente von optoelektronischen Schaltkreisebenen in einer 3-D Architektur besonders attraktiv macht.

2.3.1 Diffraktive optische Elemente

Diffraktive optische Elemente besitzen eine Reihe von Vorteilen gegenüber klassischen optischen Bauelementen. Der Hauptvorteil besteht darin, dass mehrere verschiedene Funktionalitäten in einem diffraktiven optischen Element vereint werden können. Diffraktive Bauelemente beruhen auf dem Phänomen der Lichtbeugung. Die wohl bekannteste Beugungserscheinung ist die nach Fraunhofer benannte Beugung am Einfachspalt (Abbildung 2.10). Ein paralleles Lichtbündel, das durch einen engen Spalt der Breite d tritt, wird an diesem gebeugt. Die Beugungserscheinung lässt sich durch eine hinter dem Spalt befindliche Linse abbilden. Es ergeben sich abwechselnde helle und dunkle Streifen, die durch Interferenz entstehen. Nach dem von Huygenschen Prinzip gehen von jedem Punkt des Spaltes Kugelwellen aus, die alle untereinander interferieren. Der im Zentrum liegende helle Streifen, die *nullte* Beugungsordnung, ist die Intensivste. Die Intensität der anderen Beugungsordnungen nimmt, symmetrisch um die *nullte* Beugungsordnung, nach außen hin stark ab. Die Intensität der Beugungsordnungen gehorcht einem *sinc*-förmigen Funktionsverlauf.

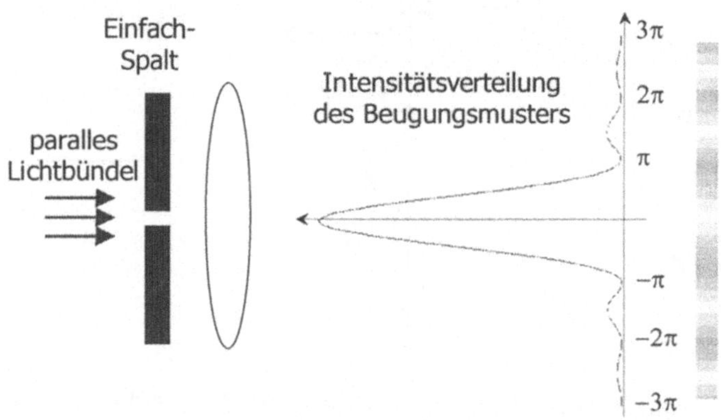

Abbildung 2.10: Beugung am Einfach-Spalt

Beugungsgitter bestehen aus mehreren parallelen Spalten, deren Spaltbreite in der Regel sehr viel kleiner als der Spaltabstand ist. Bei diesen Mehrfachspalten entspricht das von einer ebenen Welle gebeugte Bild mathematisch der Fouriertransformierten der Gitterfunktion. An den Spalten kann entweder die Amplitude oder die Phase des passierenden Lichtes verändert werden, um die Beugungsordnungen gezielt in eine gewünschte Richtung zu lenken. Genau dies wird ausgenutzt, um z.B. zwei optoelektronische Schaltkreisebenen optisch miteinander zu verbinden. Eine andere Anwendung wäre die Gleichverteilung der Intensitäten in allen Beugungsordnungen, um damit z.B. eine globale optische Taktverteilung zu realisieren. Je nachdem, ob am Spalt Amplitude oder Phase beeinflusst wird, unterscheidet man bei diffraktiven Bauelementen generell zwischen Amplituden- und Phasengittern (s. Abbildung 2.11).

Da Amplitudengitter nur geringe Beugungseffizienzen (ca. 10 %) aufweisen, sind sie für die Verbindungstechnik uninteressant. Phasengitter lassen dagegen die Amplitude des Lichtes unberührt und beeinflussen stattdessen nur die Phase (s. Abbildung 2.11). Sie können theoretisch bis 100 % des Lichtes in eine gewünschte Richtung beugen und sind daher die für die Optik in der Rechentechnik relevanten diffraktiven Beugungsgitter.

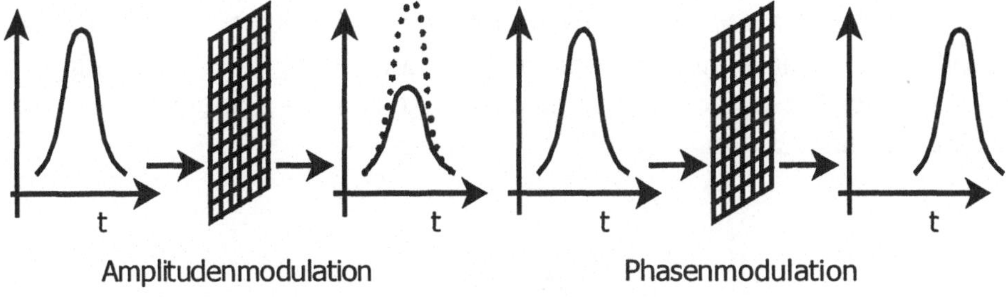

Abbildung 2.11: Amplituden- und Phasengitter

Phasengitter selbst werden in 2 Klassen, *Volumengitter* und *Oberflächengitter*, eingeteilt. Volumengitter beruhen auf der internen Modulation des Brechungsindex in einem Medium. Die Veränderung des Brechungsindex bewirkt eine Veränderung des optischen Weges, der definiert ist als das Produkt aus physikalischem Weg und Brechungsindex. Dieser optische Weg ist letztendlich entscheidend für die auftretende Phasenverschiebung bzw. Phasenverzögerung. *Oberflächengitter* sind durch eine Modulation des Oberflächenreliefs eines Dielektrikums, d.h. eines elektrisch nicht leitenden Materials, gekennzeichnet. Hier erfolgt die Veränderung des optischen Weges somit über den physikalischen Weg, den die Lichtwelle zu passieren hat.

Ein weiteres Unterscheidungsmerkmal betrifft die Herstellungstechnik. Man unterscheidet folgende zwei Arten. Zum einen *Computergenerierte Hologramme* (CGH), die in einem Rechner mit einem entsprechenden Designprogramm berechnet werden. Da sie zudem mit zu der VLSI-Technik kompatiblen Verfahren herstellbar sind, hat dies den Vorteil, dass die für Lithographie und Ätztechnik notwendigen Masken gleich im Rechner mitberechnet werden können. Zum anderen *Holographische optische Elemente* (HOE), die interferometrisch hergestellt werden, d.h. durch Aufnahme des bei der Überlagerung einer Objekt- und Referenzwelle entstehenden Interferenzmusters.

2.3.2 Computergenerierte Elemente

Beispiele für computergenerierte diffraktive Elemente sind die sogenannten Fresnelzonenlinsen, sowie computergenerierte Ablenkelemente und Strahlvervielfältiger.

2.3.2.1 Fresnelzonenlinsen

Fresnelzonenlinsen bestehen aus konzentrisch angeordneten Kreisen mit jeweils unterschiedlichem Brechzahlprofil. Eine ideale Fresnelzonenlinse hat ein kontinuierlich verlaufendes Phasenprofil. Dies lässt sich durch diskrete Stufen, die jeweils einem bestimmten Phasenniveau entsprechen, annähern. Der Wirkungsgrad η einer mehrstufigen Fresnelzonenlinse hängt direkt von der Anzahl m der verwendeten Diskretisierungsstufen ab (2.11).

$$\eta = \left(\frac{\sin\dfrac{\pi}{m}}{\dfrac{\pi}{m}} \right)^2 \tag{2.11}$$

Dies gilt im übrigen für alle Elemente, bei denen ein kontinuierlicher Phasenverlauf durch diskretisierte Phasenstufen angenähert wird. Um beispielsweise einen Wirkungsgrad von 80 % zu erzielen, sind folglich insgesamt acht Diskretisierungsstufen notwendig. Abbildung 2.12 zeigt ein Beispiel für eine am Heinrich-Hertz-Institut hergestellte 8-stufige Fresnelzonenlinse. Jedem der einzelnen konzentrischen Kreise im Bild links entspricht einem unterschiedlichen Brechungsindex. Der Durchmesser eines solchen Elementes reicht von 10 μm bis 50 mm. Zudem können mehrerer solcher Fresnelzonenlinsen nebeneinander in einer Matrix angeordnet werden, um ein Mikrolinsenfeld zu bilden.

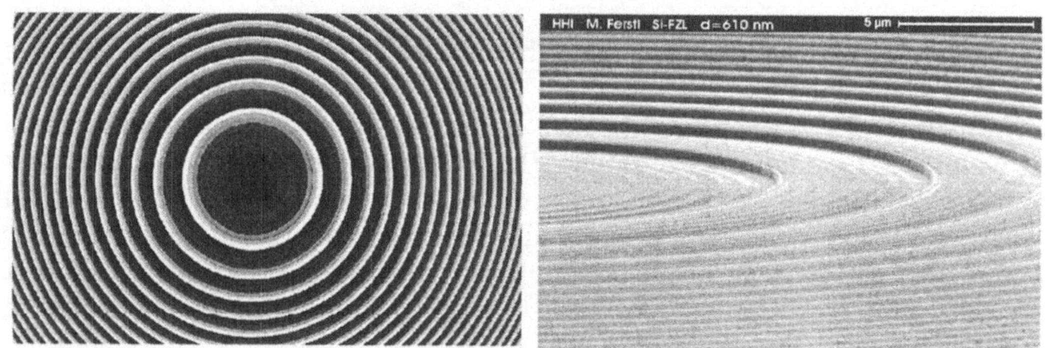

Abbildung 2.12: (links) Maske für Fresnelzonenlinse [HHI]; (rechts) 3-D Rasterelektronen-mikroskop-Aufnahme des realen Elementes; unterschiedliche Höhen bewirken verschieden lange optische Pfade und damit entsprechende Phasenverschiebungen beim Lichtdurchgang [Fers98], [FeSt99]. (Quelle M. Ferstl, Heinricht-Hertz-Institut Berlin).

2.3.2.2 Computergenerierte Ablenkgitter

Von einem idealen Ablenkgitter spricht man, wenn man in der ersten Beugungsordnung 100 % Beugungseffizienz erzielt. Ideale Gitter besitzen Sägezahnprofil, was sich jedoch praktisch schwer realisieren lässt. Stattdessen versucht man ideale Gitter durch mehrstufige Gitter bzw. durch binäre Subwellenlängengitter zu approximieren (s. Abbildung 2.13).

Ausgehend davon, dass das Licht in die erste Beugungsordnung abgelenkt wird, lässt sich der Ablenkwinkel ϑ durch die sogenannte Gittergleichung bestimmen (2.12). Dabei ist n die Brechzahl des eingesetzten Materials, p die Länge der Gitterperiode und λ die verwendete Wellenlänge.

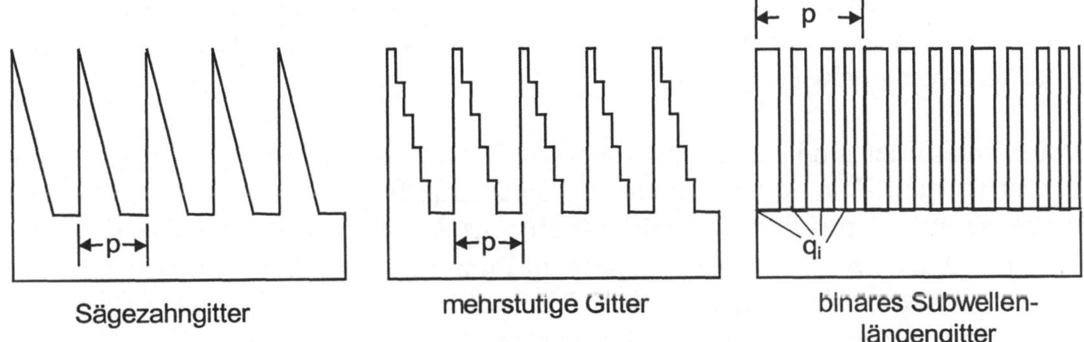

Abbildung 2.13: Verschiedene Möglichkeiten zur Realisierung von Ablenkgittern

$$\sin \vartheta = \frac{n \cdot \lambda}{p} \tag{2.12}$$

Begrenzt wird der erreichbare Ablenkwinkel durch die Lithographieanlage, d.h. der minimal möglichen Strukturgröße. Die minimale Strukturgröße beträgt bei der Laserlithographie ca. 1 µm. Um z.B. 95 % Beugungseffizienz zu bekommen, sind wie oben erwähnt, acht Diskretisierungsstufen notwendig. Somit muss die Periodenlänge p mindestens 8 µm aufweisen. Bei einer Wellenlänge von ca. 800 nm führt dies bei Freiraumoptik ($n = 1$) laut (2.12) zu Ablenkwinkeln kleiner als 6° ($\sin 5.7° = 800$ nm / 8 µm = 0.1) [Gluc95]. Kleine Ablenkwinkel erfordern jedoch u.U. große Abstände zwischen benachbarten Schaltkreisebenen. Laserlithographien sind folglich ungünstig, um kompakte Systeme zu erzielen. Eine Verbesserung erlaubt die Elektronenstrahl-Lithographie, die ca. 50 nm Auflösung bietet.

Eine Alternative zur Approximation idealer Sägezahngitter durch mehrstufige Elemente ist die Verwendung von Subwellenlängengittern (s. Abbildung 2.13). Diese besitzen nur zwei Diskretisierungsstufen. Die Gitterperiode p wird unterteilt in viele Teilperioden q_i, die jeweils kleiner als die Auslesewellenlänge sind. Nun wird das Verhältnis Luft zu Material derart variiert, dass der Beginn fast vollständig mit Material gefüllt ist und am Ende die entsprechende Teilperiode fast nur aus Luft besteht. Das Licht ist nun nicht mehr in der Lage, die Strukturen aufzulösen und mittelt den Brechungsindex über mehrere solche Teilperioden.

2.3.2.3 Strahlvervielfältiger

Eine Möglichkeit Strahlvervielfältiger herzustellen, sind sogenannte Dammann-Gitter (s. Abbildung 2.14). Dammann-Gitter, benannt nach ihrem „Erfinder" Dammann [DaGö71], sind binäre Phasenstrukturen, d.h. es wechseln sich jeweils Bereiche mit genau zwei verschiedenen Brechungsindizes ab. Beim Durchgang einer ebenen Lichtwelle durch ein 2D-Dammann-Gitter wird das Licht aufgrund der Indexmodulation verschieden lang zeitlich verzögert und dadurch in eine matrizenförmiges Punktfeld gebeugt.

Dammann-Gitter sind durch drei Parameter bestimmt: die Periodenlänge Δ, die Periodenanzahl Z und die Positionen der Phasensprünge x_1, x_2, ... , x_n. Die Anzahl Phasensprünge n pro Periode bestimmt die Anzahl der Beugungspunkte. Es ergeben sich genau $2n + 1$ Beugungspunkte im Punktfeld. Die Periodenlänge Δ hängt über ein inverses Verhältnis mit dem Punkteabstand w im Punktfeld zusammen. Die Periodenanzahl Z in einem Gitter bestimmt den Kontrast, d.h. das Verhältnis von Hell zu Dunkel und damit die Punktschärfe. Es gilt, je mehr Perioden vorhanden sind, um so kontrastreicher ist das Beugungsbild. Ein wichtiges Anwendungsgebiet von Dammann-Gittern ist die gleichmäßige Beleuchtung von OE-VLSI-Schaltkreisen, z.B. als globale Taktverteilung.

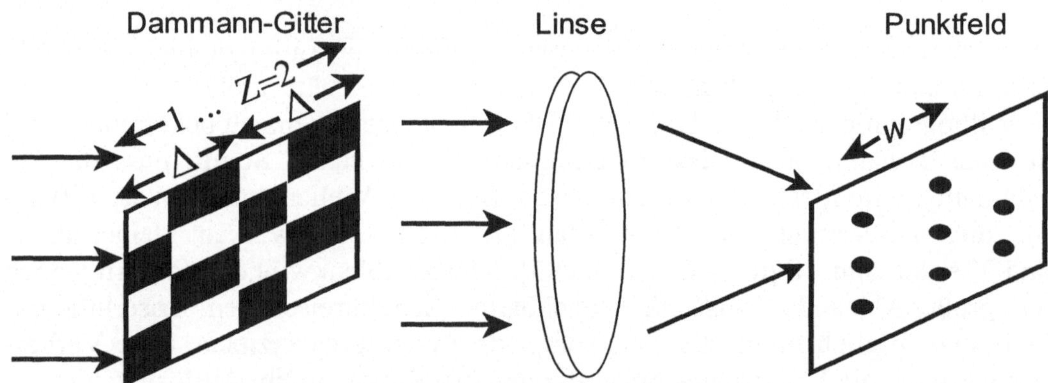

Abbildung 2.14: Realisierung eines Feldbeleuchters mittels binärer Dammann-Gitter. In x- und y-Dimension wiederholen sich periodisch Bereiche gleicher Brechungsindex-Modulation. Im Bild zu sehen sind zwei Perioden mit jeweils einem Wechsel des Brechungsindizes, die Beschriftung ist aus Gründen der Übersichtlichkeit nur für die x-Dimension gezeigt.

Abbildung 2.15 verdeutlicht den Zusammenhang zwischen Eingangs- und Ausgangsgrößen für ein 1-dimensionales Dammann-Gitter. Beim Durchgang einer ebenen Lichtwelle durch ein Dammann-Gitter erfährt die Lichtwelle an bestimmten Punkten eine Phasenverschiebung von 0 oder π. Dies entspricht für den Fall eines reinen Phasengitters, d.h. die Amplituden sind gleich 1, einem Wert der Transmissionsfunktion $t(x)$ des Gitters von 1 oder -1. Die Übergangsstellen x_i geben an, wo ein Phasensprung auftritt. Bei n Phasensprüngen ergeben sich $N = 2n+1$ Beugungsordnungen. Periodenlänge Δ (2.13) und Periodenanzahl Z (2.14) lassen sich aus der Wellenlänge λ, dem Abstand des Gitters zum Beugungsbild d, dem Durchmesser der Beugungspunkte b, dem gewünschten Abstand der Beugungspunkte untereinander w, der dem Abstand der Detektoren im OE-VLSI-Schaltkreis entsprechen wird, und der Fokuslänge f der abbildenden Linse[5] berechnen.

$$\Delta = \frac{\lambda d}{2w} \tag{2.13}$$

$$Z = \frac{2\lambda f}{\Delta b} \tag{2.14}$$

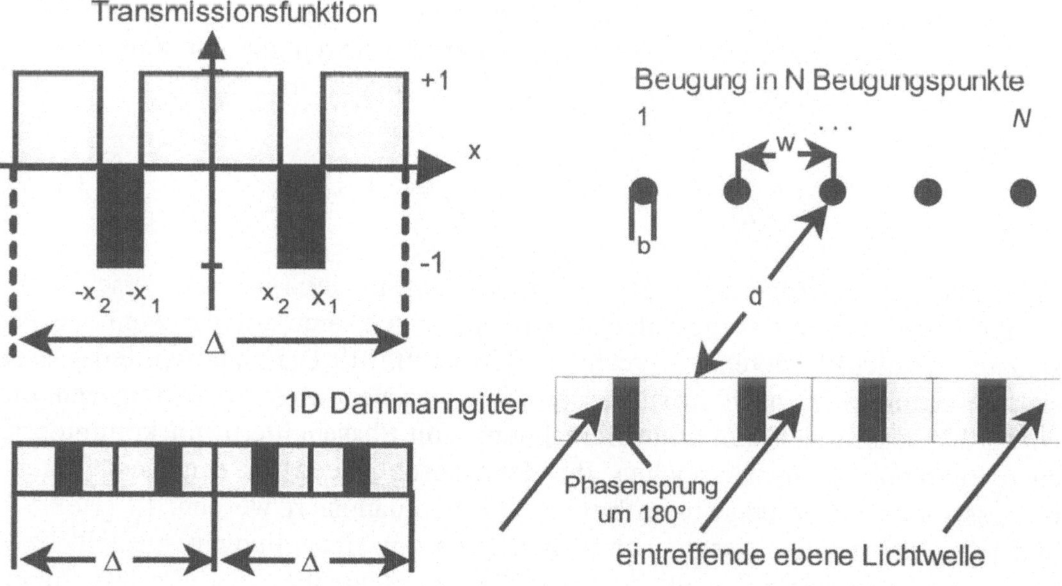

Abbildung 2.15: Erzeugung einer optischen Multipunkt-Verbindung mit einem 1-dimensionalen Dammann-Gitter

Schwieriger gestaltet sich die Situation für die Positionen x_i der Phasensprünge. Für die Amplituden A_m der einzelnen Beugungsordnungen m gilt, dass sie den Fourierkoeffizienten der Fouriertransformierten der durch x_i bestimmten Gitter-

---

[5] in Abbildung 2.15 nicht gezeigt; entspricht häufig dem halben Abstand d

funktion entsprechen. Die Fourierkoeffizienten lassen sich für die nullte und die
m.te Beugungsordnung gemäß (2.15) und (2.16) bestimmen.

$$A_0 = 4\sum_{n=1}^{N}(-1)^{n+1}x_n + (-1)^{N+1} \tag{2.15}$$

$$A_m = \frac{2}{m\pi}\sum_{n=1}^{N}(-1)^{n+1}\sin(2\pi x_n) \tag{2.16}$$

Für eine globale optische 1-auf-n-Verbindung wünscht man sich, dass alle Beugungspunkte die gleiche Intensität aufweisen. Für die Intensität I_m gilt wiederum,
dass sie gleich dem Betrags-Amplitudenquadrat sind, d.h. $I_m = |A_m|^2 = |-A_m|^2$.
Somit lässt sich die Suche nach geeigneten Positionen x_i für Phasensprünge als
Optimierungsproblem formulieren, in welchem man die geringste quadratische
Abweichung aller Amplitudenbeträge A_m vom Betrag der nullten Beugungsordnung A_0 berechnet. D.h., man sucht für die in (2.17) gezeigte Kostenfunktion
$C(x)$ einen Vektor $x = (x_1, x_2, \dots, x_n)$ derart, dass die zugehörigen Fourierkoeffizienten A_m $C(x)$ minimieren. Da es für x mehrere Lösungen gibt, ist man natürlich
an derjenigen Lösung mit der höchsten Beugungseffizienz interessiert.

$$C(x) = \sum_{m=1}^{N}\left(A_0 - \sigma_m A_m\right)^2 \qquad \sigma_m \in \{-1,\, 1\} \tag{2.17}$$

Es ergibt sich ein Optimierungsproblem, für das in der Literatur verschiedene
Verfahren als Lösung vorgeschlagen wurden, so u.a. eine auf der Methode des
steilsten Abstiegs basierende Berechnung [Krac89]. Mit Dammann-Gittern lassen
sich Beugungseffizienzen zwischen 60-70 % erzielen. Bessere Effizienzen mit
über 90 % lassen sich durch die Berechnung von Phasengittern mit kontinuierlichen Phasenübergängen erreichen, die dann anschließend für den Herstellungsprozess durch ein treppenstufenförmiges Profil quantisiert werden. In [HePr90]
und [Krac93] wurden entsprechende Verfahren zur Herstellung vorgestellt bzw.
umfangreiche Kataloge erstellt, in denen für unterschiedlich $N \times N$ große Punkt-
felder die für die Herstellung relevanten Parameter enthalten sind. In [Krac89] finden sich für verschiedene Größen $N \times N$ die auf eine normierte Periodenlänge von
1 berechneten zugehörigen Phasensprungstellen x_i.

Während Dammann-Gitter auf der Fraunhoferschen oder Fernfeld-Beugung beruhen, lassen sich durch Ausnutzung der Nahfeld- oder Fresnelschen-Beugung
über den sogenannten *Talbot-Effekt* ebenfalls Strahlvervielfältiger herstellen. Die
Fernfeld-Beugung gilt, wenn die Ausmaße des beugenden Objektes klein

gegenüber dem Abstand zwischen beugendem Objekt und der Beobachtungsebene sind. Die Auswirkungen der Fernfeld-Beugung könnten erst im Unendlichen beobachtet werden. Durch eine Sammellinse werden sie jedoch früher sichtbar gemacht. Das Nahfeld hingegen ist der Bereich unmittelbar hinter dem beugenden Objekt. Dadurch das man bei Talbot-Effekt das Nahfeld ausnutzt, lassen sich im Gegensatz zu Dammann-Gittern, bei denen man kleine Strukturen beleuchten muss, auch große Strukturen benutzen, was die Realisierung von Strahlvervielfältigern in einem OE-VLSI-System erleichtert.

Der Talbot-Effekt besagt, dass eine mit einer kohärenten ebenen Welle beleuchtete periodische Phasengitter-Struktur nach einer Talbot-Länge genannten Entfernung z_T ein mit exakt gleicher Gitterkonstante ausgestattetes Amplitudengitter erzeugt (2.18). Neben diesem ganzzahligen gibt es noch einen gebrochenzahligen Talbot-Effekt. Hierbei werden in bestimmten Abständen mehrere Kopien der ursprünglichen periodischen Struktur ineinander verschoben abgebildet, wobei sich neue periodische Strukturen mit veränderten Rasterabständen ergeben. Dieser gebrochenzahlige Talbot-Effekt kann für die Erzeugung von Feldbeleuchtern ausgenutzt werden [LoTh90].

$$z_T = \frac{2d^2}{\lambda}$$
(2.18)

2.3.3 Holographisch optische Elemente

Den bisher beschriebenen Elementen ist gemeinsam, dass ihr Aufbau im Computer errechnet wird und danach lithographische Herstellungs-Verfahren zur Anwendung kommen. Von holographisch optischen Elementen spricht man, wenn optische Elemente zur Strahlablenkung und Strahlformung mittels holographischer Aufnahmetechniken erzeugt wurden. Der Vorteil gegenüber lithographischen Elementen ist die bei interferometrisch hergestellten Hologrammen erzielbare höhere Auflösung (> 3000 Linien/mm). Die höhere Auflösung hat zur Folge, dass feinere Strukturen und damit höhere Ablenkwinkel erzeugt werden können. So sind mit photolithographisch hergestellten Strukturen mit einer Auflösung von ca. 1 µm Ablenkwinkel bis maximal nur etwa 25° möglich, während hingegen mit interferometrischen Ablenkgittern bis 80° Ablenkung erzielt werden können [Völk94].

Ein Hologramm ist ein Element, in dem ein Interferenzmuster aufgezeichnet ist, d.h. die Überlagerung der Intensitäten von zwei oder mehreren Wellen gleicher Wellenlänge und konstanter Phasenverschiebung − sogenannte kohärente Wellen. Dieses Interferenzmuster wird bei computergenerierten Hologrammen errechnet.

Bei interferometrischen Hologrammen wird das Interferenzmuster hingegen durch die auf Gabor zurückgehende Holographie experimentell erzeugt (s. Abbildung 2.16). Dabei erzeugt die energetische Verteilung des Interferenzmusters in einem photosensitiven Aufnahmematerial entweder eine Veränderung der Absorptionseigenschaften, was zu einem Amplitudenhologramm führt, bzw. es wird eine Brechungsindex-Modulation oder eine Veränderung der Schichtdicke herbeigeführt, was in beiden Fällen ein Phasenhologramm erzeugt.

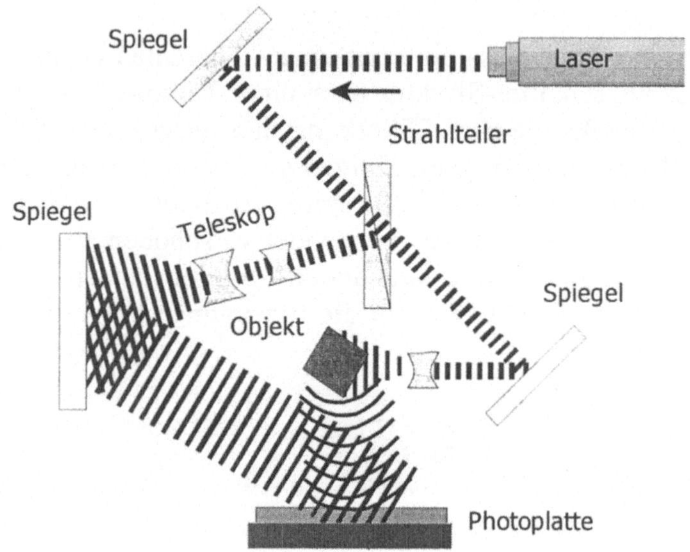

Abbildung 2.16: Herstellungsprinzip von interferometrisch erzeugten Hologrammen

Im folgenden wird die Situation für ein Phasenhologramm dargestellt [Herz97], das durch Überlagerung einer durch $A_0 e^{i\varphi_0}$ beschriebenen Objektwelle und einer durch $A_R e^{i\varphi_R}$ beschriebenen Referenzwelle in der Aufnahme- oder Hologramm-ebene hergestellt. Für die in der Hologrammebene auftretende Intensitätsvertei-lung $I(x,y)$ gilt (2.19).

$$I(x,y) = \left| A_0 \cdot e^{i\varphi_0} + A_R \cdot e^{i\varphi_R} \right|^2 = A_0^2 + A_R^2 + 2 A_0 A_R \cos\left(\varphi_0 - \varphi_R\right) \qquad (2.19)$$

Für ein Phasenhologramm beschreibt (2.20) die Transmissionsfunktion $t(x,y)$.

$$t(x,y) = e^{i\left(k_0 + k_1 \cos(\varphi_0 - \varphi_R)\right)} \qquad (2.20)$$

Das Auslesen des Hologramms mit einer Welle E_{in} erfolgt durch Multiplikation von E_{in} mit t (2.21), wobei die Konstante k_0 vernachlässigt werden kann.

$$E_{out} = A_{in}(x,y) \cdot e^{i \cdot \varphi_{in}(x,y)} e^{i \cdot k_1 \cos(\varphi_0 - \varphi_R)} \qquad (2.21)$$

Daraus lässt sich unter Zuhilfenahme von Bessel-Funktion m-ter Ordnung für die Phasen der jeweiligen Beugungsordnungen (2.22) m herleiten. Diese Herleitung ist umfangreicher, es wird dazu auf [Herz97] verwiesen.

$$\varphi_{out}^{m} = \varphi_{in} + m \cdot (\varphi_0 - \varphi_R) \qquad (2.22)$$

Von besonderer Bedeutung für optische Ablenkelemente ist die erste Beugungsordnung, d.h. $m = 1$. Wird nun das Hologramm beispielsweise mit der vorher verwendeten Referenzwelle ausgeleuchtet, d.h. $\varphi_{in} = \varphi_R$, dann gilt $\varphi^1_{out} = \varphi_0$. D.h., das Licht wird in Richtung der vorher verwendeten Objektwelle gebeugt. Diesen Effekt kann man für die Realisierung optischer Verbindungen zwischen OE-VLSI-Schaltkreisen ausnutzen. Beispielsweise könnte die Referenzwelle eine ebene Welle sein, die von einem links vor dem Hologramm angeordneten OE-VLSI-Schaltkreis stammt. Durch das Hologramm wird sie in Richtung einer dahinter angeordneten Schaltkreisebene gebeugt und zwar genau auf einen bestimmten Empfänger dieser Ebene. Um dies zu erreichen, muss während der Aufnahme aus der Richtung des gewünschten Empfängers eine Objektwelle übertragen werden, die exakt in der Hologrammebene mit einer ebenen Referenzwelle überlagert wird.

Interessant sind sogenannte dicke oder Volumenhologramme, die neben der mit der Referenzwelle identischen nullten Beugungsordnung nur eine weitere Beugungsordnung besitzen, was den unerwünschten Streulichtanteil höherer Beugungsordnungen eliminiert. Solche Gitter können als Reflexions- oder Ablenkgitter eingesetzt werden. Anschaulich kann man sich unter einem dicken Volumenhologramm übereinander gestapelte Ebenen von in der xy-Ebene regelmäßig angeordneten Atomen, den sogenannten Gitter- oder Netzebenen, vorstellen. Ein in z-Richtung durchlaufender Lichtstrahl wird nun an jeder Netzebene gebeugt. Ein Beugungsbild entsteht nur, wenn die von den einzelnen Netzebenen ausgehenden Elementarwellen miteinander konstruktiv interferieren. Dies ist dann der Fall, wenn Einfallswinkel und Wellenlänge die sogenannte Bragg-Bedingung erfüllen (2.23). Dabei ist n ein ganze Zahl, λ die Wellenlänge, D der Netzebenenabstand und θ der Einfallswinkel der Referenzstrahlen.

$$n \cdot \lambda = 2D \cdot \sin\theta \qquad (2.23)$$

Mit Hilfe des sogenannten Q-Faktors kann entschieden werden, ob ein Hologramm als dickes, somit als Volumenhologramm mit nur einer Beugungsordnung, oder als dünnes Hologramm mit mehreren Beugungsordnungen einzustufen ist. Der Q-Faktor errechnet sich nach (2.24), hierbei entspricht d der Dicke des Gitters in z-Richtung, n dem Brechungsindex des Materials und D wiederum dem Netzebenenabstand. Ist $Q > 10$ dann spricht man von dicken Volumenhologrammen.

$$Q = \frac{2\pi\lambda d}{nD^2} \tag{2.24}$$

2.3.4   Refraktive Strukturen

Refraktive Strukturen haben gegenüber diffraktiven den Vorteil, dass sie keine Wellenlängensensitivität kennen. Bei diffraktiven Strukturen kann es u.U. bei nicht stabilen Lasern mit driftender Wellenlänge dazu kommen, dass ein Lichtstrahl in Richtung eines anderen als den erwarteten Ort gebeugt wird. Sind refraktive Strukturen durch sphärische Oberflächen realisiert kann dies im Gegensatz zu diffraktiven Strukturen zu mehr Problemen bei der Integration mit optoelektronischen Schaltkreisebenen führen. Diffraktive Elemente sind dagegen zumeist flach. Durch Verwendung von Gradientindexstrukturen, d.h. Strukturen in denen nicht die Oberfläche, sondern der Verlauf des Brechungsindizes variiert, können jedoch auch refraktive Strukturen eine plane Oberfläche erhalten. Beispiele für miniaturisierte refraktive Bauelemente sind Mikrolinsen und Mikroprismen.

Refraktive Strukturen beruhen auf dem bekannten Gesetz der Brechung und Reflektion von Lichtstrahlen beim Übergang zwischen Medien mit verschiedenen Brechungsindex. Trifft ein Lichtstrahl unter einem Winkel α_1 zum Einfallslot aus einem optisch dickeres Medium 1 in ein optisch dünneres Medium 2, d.h. für die zugehörigen Brechzahlen gilt $n_1 > n_2$, so wird der Strahl im Medium 2 unter dem Winkel α_2 vom Einfallslot weggebrochen (s. Abbildung 2.17, Strahl a). Es gilt der Zusammenhang (2.25). Setzt man $\alpha_2 = 90°$, so kann man für α_1 den Grenzwinkel der Totalreflektion bestimmen (Abbildung 2.17, Strahl b). Wird dieser überschritten, so wird der Lichtstrahl ins Medium 1 zurückgebrochen, d.h. er wird an der Grenzschicht zwischen Medium 1 und 2 reflektiert (Abbildung 2.17, Strahl c).

$$\sin\alpha_1 \cdot n_1 = \sin\alpha_2 \cdot n_2 \tag{2.25}$$

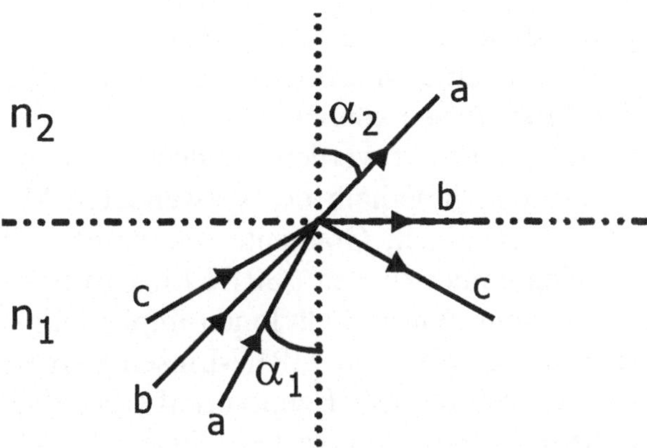

Abbildung 2.17: Erzeugung Reflektion und Brechung am Grenzübergang zweier Medien mit unterschiedlichen Brechzahlen

2.3.4.1 Mikrolinsen

Für die Kollimation von in einem Feld verteilten punktförmigen Senderquellen bzw. zur Fokussierung auf ebenfalls in einem Feld regulär angeordneten Empfängern ist der Einsatz von Mikrolinsen sinnvoll (s. Abbildung 2.18). Ferner lässt sich mit einem Paar von Mikrolinsen auch eine Lichtablenkung herbeiführen. Dabei muss die zweite Mikrolinse gegenüber der optischen Achse vertikal verschoben werden. Solche Linsen werden als "off-axis" bezeichnet. Sei Δx die laterale Verschiebung der Linse und f deren Brennweite, dann gilt für den Ablenkwinkel φ (2.26).

$$\tan \varphi = \frac{\Delta x}{f}$$

(2.26)

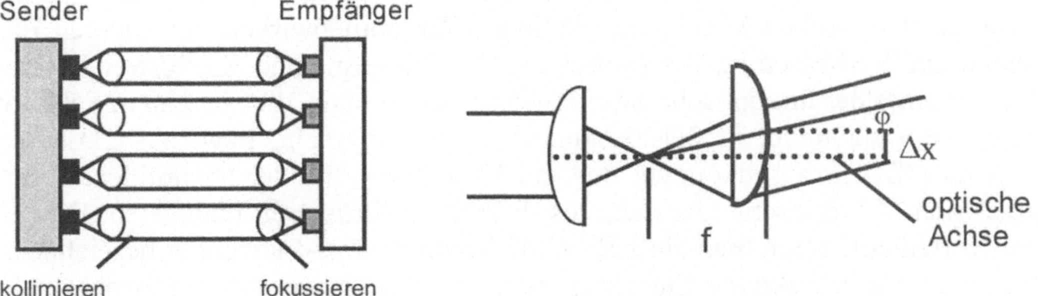

Abbildung 2.18: Realisierung einer Strahlablenkung durch „off-axis"-Linsenpaar

Abbildung 2.19 zeigt die Elektronenmikroskop-Aufnahme eines Feldes von konkaven Mikrolinsen. Jede einzelne Mikrolinse weist einen Durchmesser von ca. 100 µm auf. Refraktive Mikrolinsen können nicht nur durch ein sphärisches Profil in der Materialoberfläche hergestellt werden, sondern auch durch eine sphärische Variation des Brechungsindex innerhalb des verwendeten Materialsubstrates. In diesem Fall spricht man von einem Gradientenindexprofil. Die entsprechenden Linsen werden als Gradientenindexlinsen (GRIN-Linsen) bezeichnet. Die Variation des Brechungsindex kann man mittels Ionen-Implantations- oder Ionen-Diffusionsprozessen [BäBr96] herbeiführen. GRIN-Linsen werden z.B. in eindimensionalen Zeilenscannern eingesetzt. Der Hauptvorteil solcher GRIN-Strukturen ist die Herstellung refraktiver Optiken mit flacher Oberfläche. Dies erweist sich als sehr hilfreich für die Integration von GRIN-Komponenten sowohl untereinander als auch mit optoelektronischen Schaltkreisen.

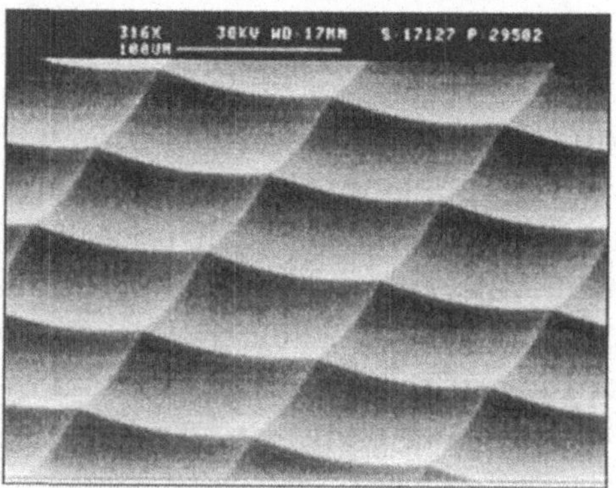

Abbildung 2.19: Aufnahme eines Feldes konkaver Mikrolinsen; (Quelle E.-B. Kley, Instituts für Angewandte Physik der Universität Jena [IAP]).

Die Bedeutung von Mikrolinsenfeldern für die Optik in der Rechentechnik liegt nicht so sehr in der Realisierung direkter optischer Verbindungen zwischen OE-VLSI-Schaltkreisen. Wichtig sind sie vor allem für das im Sinne der Funktionalität einer optischen Verbindung indirekte Zusammenwirken mit anderen Elementen zur Verbesserung der optischen Abbildungsqualität. So verwendet man Mikrolinsenfelder um optische zweidimensionale Signale, die aus einem Feld von Mikrolasern stammen, in 2D-Fasermatrizen einzukoppeln, bzw. aus 2D-Fasermatrizen effizient auszukoppeln und auf Photodetektorfelder abzubilden. Ferner lassen sich Mikrolinsenfelder auch als diffraktive Strukturen realisieren. Dies ist dann vorteilhaft, wenn man sie z.B. in als Kombinations-Elementen bezeichneten Strukturen mit diffraktiven Elementen vereinen will, um anstatt mit zwei Bauelementen mit einem einzigen Strahlablenkung bzw. -vervielfältigung und anschließende Fokussierung bzw. Kollimation durchzuführen.

2.3.4.2 Mikroprismen

Eine gezielte Strahlablenkung zwischen benachbarten OE-VLSI-Schaltkreisen lässt sich auch durch Felder von Mikroprismen erreichen. Abbildung 2.20 links zeigt die schematische Darstellung eines solchen Feldes zur Realisierung eines bestimmten Verbindungsmusters. Abbildung 2.20 rechts zeigt die Mikroskop-Aufnahme eines am Institut für Angewandte Physik der Universität Jena hergestellten Feldes identischer Mikroprismen [KlCu99], [GiHa99]. Die Herstellung verschiedener Mikroprismen auf dem gleichen Substrat ist mit lithographischen Techniken schwieriger als die Herstellung eines Feldes diffraktiver Ablenkgitter mit verschiedenen Ablenkwinkeln. Eine Möglichkeit besteht darin, einen Metallmaster, der als eine Art Stempel fungiert, herzustellen und mit diesem durch thermische Abformtechniken Mikroprismen in PMMA-Material zu formen [JaBr92].

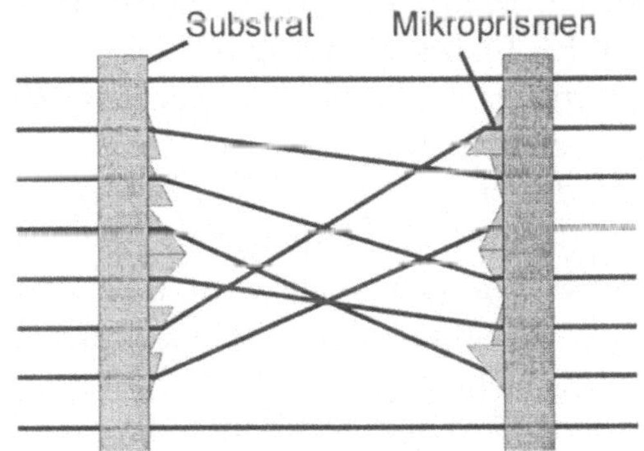

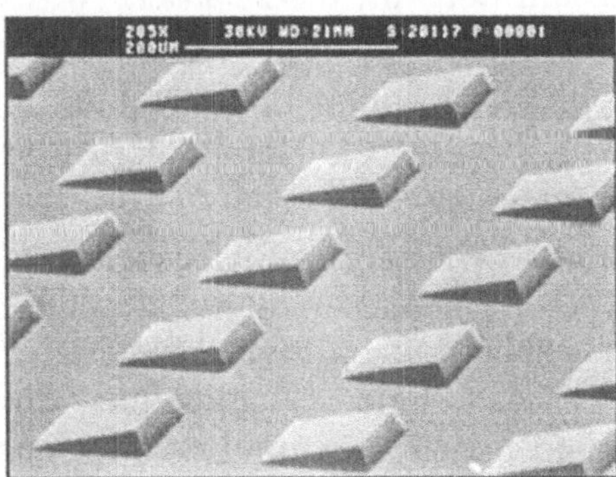

Abbildung 2.20: Schematische Darstellung und Mikroskop-Aufnahme eines Feldes von Mikroprismen; (Quelle E.-B. Kley Institut für Angewandte Physik, Uni Jena [IAP], [KlCu99], [GiHa99]).

2.4   Basiselemente von OE-VLSI-Schaltkreisen

Im folgenden Kapitel werden Aufbau und Funktionsweise optischer Detektoren (Kapitel 2.4.2) und optischer Sender (Kapitel 2.4.3) im Hinblick auf ihren Einsatz als externe optische Ein-/Ausgänge in OE-VLSI-Schaltkreisen beschrieben. Zuvor werden jedoch wichtige für das Verständnis notwendige physikalische Grundlagen erklärt (Kapitel 2.4.1), die für die Funktionsweise der im folgenden Kapitel beschriebenen Bauelemente entscheidend sind.

2.4.1 Physikalische Grundlagen: Absorption, spontane und stimulierte Emission

Die Funktionsweise optischer Sender und Modulatoren beruht auf den physikalischen Phänomenen der *Absorption*, der *spontanen Emission* und der *stimulierten* oder *induzierten Emission* (s. Abbildung 2.21) [Fouc94]. Die Absorption ist eine Folge des inneren Photoeffektes. Bei der Absorption wird ein Elektron von einem niedrigeren Energiezustand durch die Aufnahme der Energie eines Photons auf ein höheres Energieniveau angehoben. Damit dieser Effekt eintreten kann, muss die Photonenenergie der Differenz $E_2 - E_1$ des oberen und unteren Energieniveaus entsprechen. Der zur Absorption umgekehrte Vorgang ist die Emission. Ein angeregtes Elektron wird ohne weitere Energiezufuhr nicht dauerhaft in dem angeregten Zustand verbleiben. Es kann wieder spontan in den Grundzustand zurückfallen, um dort mit einem Loch zu rekombinieren. In diesem Fall spricht man von der spontanen Emission. Die Rekombination des Elektrons mit dem Loch erfolgt strahlend, d.h. unter Aussendung eines Photons. Die Energie des Photons wird dabei wieder der Differenz der Energieniveaus entsprechen. Wird die Rekombination nicht spontan, sondern durch ein anderes, durch spontane Emission erzeugtes Photon veranlasst, spricht man von der stimulierten oder induzierten Emission. Der Übergang vom höheren zum niedrigeren Energieniveau wird hier durch Wechselwirkung des elektrischen Feldes des stimulierenden Photons mit dem elektrischen Feld des angeregten Elektrons verursacht. Dadurch wird ein weiteres Photon induziert. Stimulierendes und induziertes Photon haben genau die gleiche Wellenlänge, Phase und Ausbreitungsrichtung, d.h. sie sind kohärent.

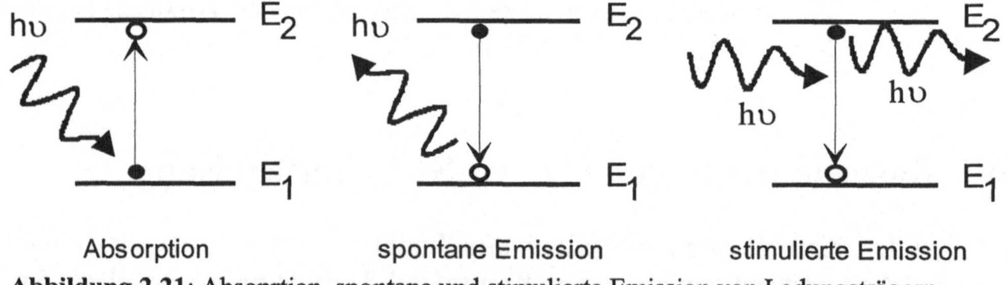

Abbildung 2.21: Absoprtion, spontane und stimulierte Emission von Ladungsträgern

2.4.2 Optische Detektoren

Optische Detektoren werden bereits zwei Jahrhunderte benutzt, um optische Leistung zu messen. Das bekannteste optische Detektorelement dürfte wohl das vor 200 Jahren entwickelte Thermometer sein. Seitdem ist die technische Entwicklung natürlich enorm vorangekommen und zwar bis zu einem Punkt, an dem die Detektionsleistung nur noch durch Quanteneffekte begrenzt wird. Drei grundlegende Parameter sind wesentlich, um die Leistungsfähigkeit eines für die opto-elektronische Rechentechnik geeigneten Detektors zu charakterisieren. Die erste Eigenschaft betrifft die *Empfindlichkeit* (engl.: *responsivity*). Sie drückt aus, wie groß das durch den Detektor aus dem empfangenen Lichtstrom gewandelte elektrische Signal pro eingestrahlter Lichtleistung ist. Diese Größe wird i.A. in Ampere pro Watt (A/W) angegeben. Die zweite Eigenschaft behandelt die *spektrale Empfindlichkeit*. Sie drückt die Empfindlichkeit von der Wellenlänge des auf den Detektor einstrahlenden Lichtes aus. Die dritte interessante Größe ist die *Antwortzeit*, die eine Aussage liefert, wie schnell der Detektor auf eine Signalveränderung am Eingang reagiert.

2.4.2.1 Äußerer und innerer Photoeffekt

Es gibt verschiedene Möglichkeiten, ein optisches Signal in ein elektrisches Signal zu konvertieren. Für die Rechentechnik besteht jedoch die Anforderung, dass diese Konvertierung sowohl sehr schnell als auch mit hoher Störsicherheit geschehen muss. Thermische Detektoren scheiden daher aus. Im Prinzip kommen zwei Phänomene für die optoelektronische Nachrichten- und Rechentechnik in Frage: der *äußere und der innere Photoeffekt*. Das Prinzip, das hinter beiden Detektionsarten steckt, ist dasselbe. Es muss ein ausreichendes Quantum an Energie geliefert werden, um einen Ladungsträger über eine bestimmte Schwelle anzuregen, bevor ein nennenswerter Stromfluss erzeugt wird.

Der äußere Photoeffekt tritt auf, wenn einem Elektron durch ein Photon soviel Energie zugeführt wird, dass dieses die Oberfläche eines Materials verlässt und dabei ein detektierbarer Strom erzeugt wird (s. Abbildung 2.22). Das Verlassen des Materials ist jedoch für einen OE-VLSI-Schaltkreis ungünstig.

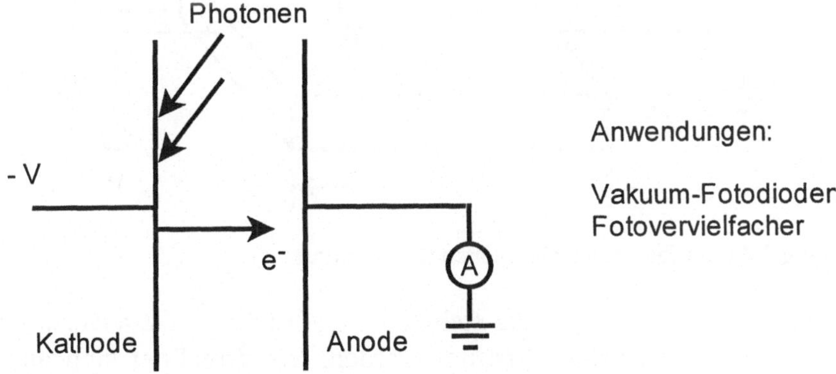

Abbildung 2.22: Darstellung des äußeren Photoeffektes

Der innere Photoeffekt (s. Abbildung 2.23) tritt auf, wenn ein Photon in einem Material einen freien Ladungsträger erzeugt, d.h. das Photon bewirkt, dass das Elektron vom Valenzband ins Leitungsband angehoben wird. Ein Photon muss dazu über ausreichend hohe Energie verfügen, um den Bandabstand zwischen Leitungsband und Valenzband zu überwinden. Dadurch werden zwei Ladungsträger (Elektron-Loch-Paar) erzeugt und damit die Leitfähigkeit des Materials geändert.

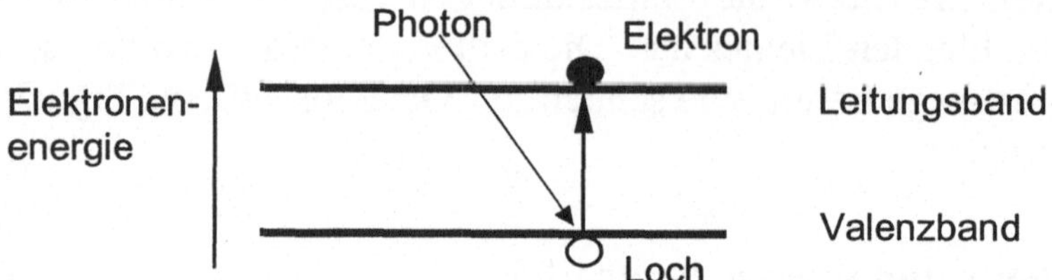

Abbildung 2.23: Der innere Photoeffekt

Im Folgenden werden die drei wichtigsten Kategorien optoelektronischer Detektoren beschrieben, die auf dem inneren Photoeffekt beruhen: Photoleiter, Sperrschichtdioden (PN- und PIN-Photodioden) und Avalanche-Photodioden. Ferner wird aufgezeigt, welche davon für ein OE-VLSI in Frage kommen.

2.4.2.2 Photoleitende Detektoren

Ausgangspunkt zur Ermittlung der Empfindlichkeit bei Photoleitern ist die in Abbildung 2.24 gezeigte Anordnung. Die zeitliche Veränderung des Anstiegs der Elektronendichte dn/dt wird durch (2.27) beschrieben [Poll95].

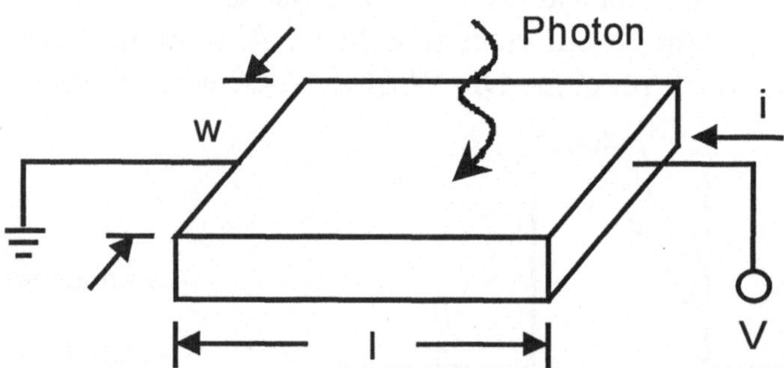

Abbildung 2.24: Aufbau eines photoleitenden Detektors

Dabei ist der in der Differenz links stehende Ausdruck die *Generierungsrate*, die angibt wie viele Ladungsträger erzeugt werden. Sie errechnet sich aus der einstrahlenden Lichtleistung P_{opt} dividiert durch die Energie eines einzelnen Photons $h\upsilon$. Dieser Quotient ergibt die Anzahl der einstrahlenden Photonen, die mit einer Wahrscheinlichkeit η ein Elektron erzeugen. Die derart errechnete Anzahl Ladungsträger wird noch bezüglich der Detektorfläche wl normiert. Von der Generierungsrate abgezogen wird die *Rekombinationsrate*, die bestimmt, wie viele der erzeugten Ladungsträger sofort wieder rekombinieren. Diese errechnet sich aus der augenblicklichen Änderung der Ladungsträgerkonzentration Δn dividiert durch die Lebensdauer der Elektronen τ.

$$\frac{dn}{dt} = \frac{\eta \cdot P_{opt}}{h\upsilon \cdot wl} - \frac{\Delta n}{\tau} \tag{2.27}$$

Generierungsrate   Rekombinationsrate

Im stationären Zustand, d.h. $dn/dt = 0$, gilt (2.28):

$$\Delta n = \frac{\eta \cdot P_{opt} \cdot \tau}{h\upsilon \cdot wl} \tag{2.28}$$

Falls eine Spannung an den Detektor angelegt wird, ändert sich die Situation. Es wirkt ein elektrisches Feld $E = V/l$ im Halbleiter. Jedes Elektron erfährt eine zustandsstabile Driftgeschwindigkeit v_n (2.29).

$$v_n = -\mu_n \cdot E \tag{2.29}$$

Für den erzeugten Strom i gilt (2.30), mit q gleich der Elektronenladung.

$$i = -\Delta n \cdot w \ \cdot \ q \cdot v_n \tag{2.30}$$

Anzahl erzeugter Elektronen   Strom pro erzeugtem
entlang der Längsachse   Elektron mal Längeneinheit

Löst man dies auf, erhält man (2.31):

$$i = \frac{\eta q}{h\upsilon} P_{opt} \ \cdot \ G = R P_{opt} \ \cdot \ G \quad \text{mit} \quad G = \frac{\mu_n \cdot \tau \cdot V}{l^2} \tag{2.31}$$

Der Term vor der Größe G beschreibt den erzeugten Photostrom i_{ph}. Er entspricht der erzeugten Anzahl an Elektronen-Loch-Paaren multipliziert mit der Elementarladung q. Die Anzahl der Elektronen-Loch-Paare errechnet sich aus der Zahl an einfallenden Photonen (P_{opt} / hv) multipliziert mit der Wahrscheinlichkeit η, dass ein Photon ein Elektron erzeugt. Der Ausdruck (ηq / hv) entspricht der in A/W angegebenen Empfindlichkeit R einer Photodiode, die üblicherweise in den Datenblättern angegeben ist.

Da G Werte größer eins annehmen kann ist G als Verstärkungsfaktor (engl.: *gain*) zu interpretieren. G drückt die Anzahl der "losgelösten" Elektronen für jedes empfangene Photon aus. D.h. im Gegensatz zum äußeren Photoeffekt, bei dem jeweils ein Photon nicht mehr als ein Elektron generieren kann, wird hier ein ganzer Elektronenstrom ausgelöst. Dieser Prozess stoppt erst bis die Ladungsträger allmählich rekombinieren. Auf diese Weise kann ein Photon Hunderte oder Tausende von Elektronen erzeugen. Der Nachteil allerdings ist, dass dieser Prozess sich auch noch fortsetzt, wenn der Lichtimpuls schon längst nicht mehr existiert. Dadurch ergeben sich für photoleitende Detektoren die typischen relativ hohen Antwortzeiten im Bereich von 1 µs bis 1 ms. Das ist sowohl für die Rechen- als auch für die Nachrichtentechnik zu langsam. Bauelemente in GaAs-Technik weisen zwar schnellere Antwortzeiten auf als solche in Silizium, dies geschieht aber auf Kosten eines schlechteren Signal- zu Rauschverhältnis und einer damit verbundenen höheren Bitfehlerrate. Die angesprochenen Nachteile können durch Detektoren vermieden werden, die PN-Übergänge besitzen.

2.4.2.3 PN- und PIN-Detektoren

Die meisten in der optoelektronischen Rechen- oder Nachrichtentechnik verwendeten Detektoren besitzen entweder PN- oder PIN-Struktur [Unge92], [Paul92]. Beide Strukturen bauen auf PN-Übergänge auf. Ein PN-Übergang bildet sich in einem Halbleitermaterial durch Dotierung benachbarter Regionen mit Donatoren und Akzeptoren [GrVi93]. Im N-Bereich entsteht ein Elektronenüberschuss, im P-Bereich ein Überschuss an Löchern oder Defektelektronen. Ein Teil der überschüssigen Elektronen und Löcher wandert in das jeweilige andere Gebiet und rekombiniert am PN-Übergang (s. Abbildung 2.25).

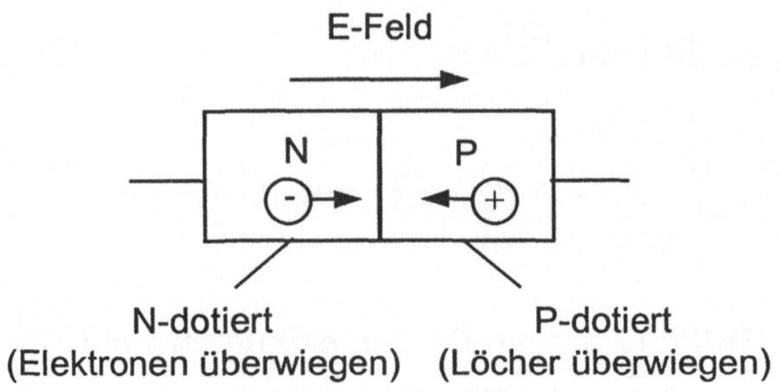

Abbildung 2.25: Ladungsträgerbewegung am PN-Übergang

Dadurch bildet sich in der Mitte des Bauelementes eine an Ladungsträgern verarmte Zone, die sog. Verarmungszone (engl.: *depletion zone*) oder auch Sperrzone. Durch eine negative Vorspannung wird die Sperrschicht verbreitert, d.h. der PN-Übergang ist in diesem Falle in Sperrrichtung vorgespannt. Bei einer positiven Vorspannung wird die Sperrzone verringert. Dadurch wird ein Elektronenfluss von der Kathode zur Anode eher ermöglicht. Der PN-Übergang ist somit in Flussrichtung vorgespannt (s. Abbildung 2.26).

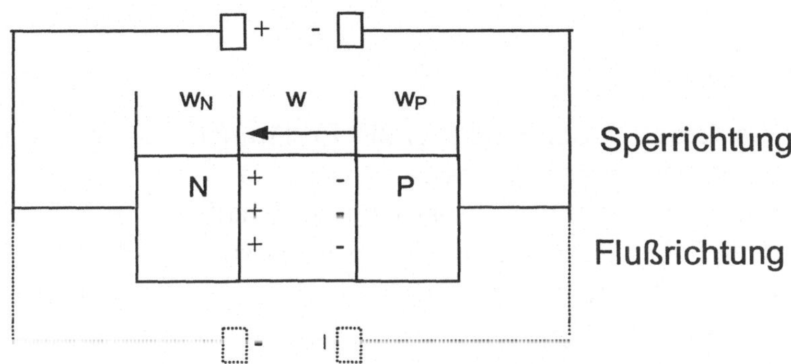

Abbildung 2.26: Sperr- und Flussrichtung eines PN-Übergangs

An den Rändern der Verarmungszone lagern sich nicht rekombinierte Ladungsträger an. Es bildet sich das sog. Sperrschichtpotential. Da in der Verarmungszone ein starkes elektrisches Feld wirkt, wird jedes in der Verarmungszone durch ein einstrahlendes Photon erzeugte Elektronen-Loch-Paar in zwei Ladungsträger getrennt, die durch das elektrische Feld in jeweils zwei getrennte Richtungen beschleunigt werden. Elektronen wandern in die N-Region, Löcher in die P-Region. An den ohmschen Kontakten ist ein Photostrom detektierbar. Im Gegensatz zum Photoleiter stoppt der Stromfluss aufgrund der in Sperrrichtung betriebenen Diode sofort, wenn der Photoneneinfall endet. D.h. der Faktor G in (2.31) wird gleich 1, der entstehende Strom i entspricht nur dem Photostrom, $i = i_{ph}$. Zudem sorgt das hohe elektrische Feld innerhalb der Sperrschicht für ein schnelles "Absaugen" der photogenerierten Ladungsträger, womit die in der Rechen- und Nachrichtentechnik erforderlichen Anforderungen an die Geschwindigkeit erfüllt sind.

Die Geschwindigkeit des Detektors ist durch drei Größen bestimmt. Die *RC-Konstante* $\tau_{RC} = 1\,/\,RC$, die sich aus der in der Sperrschicht bildenden Kapazität C und dem Bahnwiderstand R ergibt, der *Driftzeit* $\tau_{drift} = W/v_n$, die sich aus der Breite der Sperrschicht W und der Driftgeschwindigkeit[6] v_n ergibt, und der *Diffusionszeit*

---

[6] Die Driftgeschwindigkeit bestimmt, wie lange die Ladungsträger brauchen, um aus der Sperrzone zu gelangen.

τ_{diff}. Letztere betrifft Ladungsträger, die außerhalb der Sperrschicht jedoch innerhalb der sog. Diffusionslänge generiert werden. Diese Ladungsträger können zunächst zur Sperrschicht diffundieren, werden dort von dem starken elektrischen Feld erfasst und genauso beschleunigt wie innerhalb der Sperrschicht generierte Ladungsträger. Für die gesamte Antwortzeit des PN-Detektors gilt (2.32).

$$\tau = \sqrt{\tau_{RC}^2 + \tau_{diff}^2 + \tau_{drift}^2} \tag{2.32}$$

– Die Quanteneffizienz η

Bisher wurde die Größe η ohne allzu große Erklärungen benutzt. Bei in Sperrschicht betriebenen Photodioden ist es gewünscht, dass soviel Licht wie möglich in der Verarmungszone absorbiert wird, denn außerhalb davon werden diese nur langsam "abgesaugt". Die Quanteneffizienz η ergibt sich aus dem Produkt der internen und externen Quanteneffizienz (2.33). Die externe Quanteneffizienz η_{ext} entspricht dem in Prozent gegebenen in die Verarmungszone eintreffenden Anteils der auf den Detektor auftreffenden Lichtleistung P_{opt}. Die Zusammensetzung der externen Quanteneffizienz η_{ext} wird anhand von Abbildung 2.26 plausibel gemacht.

$$\eta = \eta_{int} \cdot \eta_{ext} = \eta_{int} \cdot (1-R) \cdot e^{-\alpha w_p} (1-e^{-\alpha w}) \tag{2.33}$$

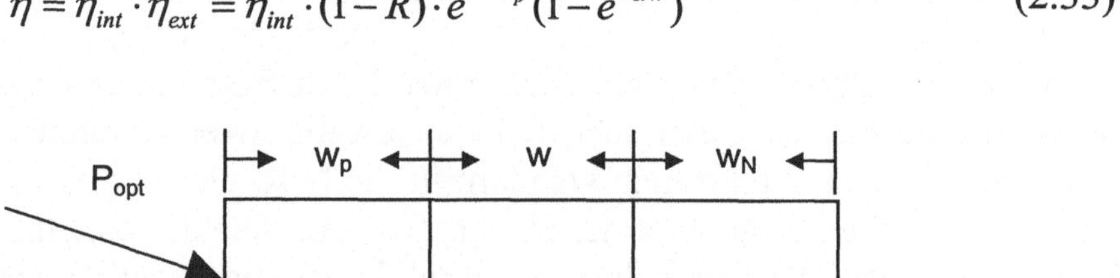
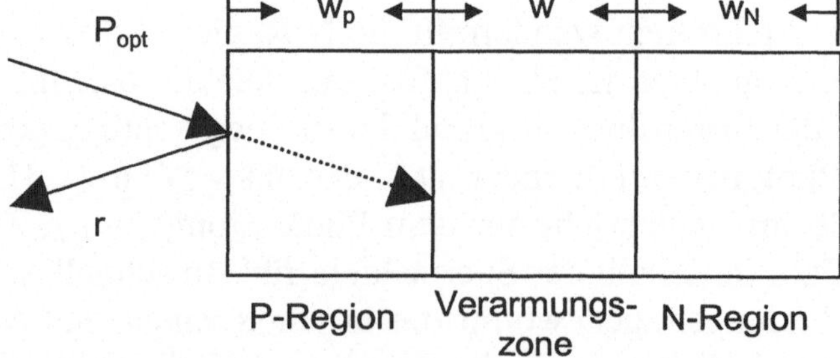

Abbildung 2.27: Bestimmung der externen Quanteneffizienz η_{ext} eines Photodetektors

Auf dem Weg in die Verarmungszone wird ein durch den Reflektionsfaktor r bestimmter Teil des Lichtes an der Materialoberfläche reflektiert. Innerhalb der P-Region werden Ladungsträger mit der Wahrscheinlichkeit $1-e^{-\alpha w_p}$ absorbiert, bzw. gelangen mit der Wahrscheinlichkeit $e^{-\alpha w_p}$ in die Verarmungszone, um dort mit der Wahrscheinlichkeit $1-e^{-\alpha w}$ absorbiert zu werden. Dabei entspricht w_p der Weite der P-Region, w der Weite der Verarmungszone und α dem Absorptionsfaktor des verwendeten Halbleitermaterials. Von den innerhalb der Verarmungszone angekommenen Ladungsträger rekombiniert ein durch η_{int} gegebener Anteil nicht wieder sofort und steht somit als Photostrom zur Verfügung. Um den Wirkungsgrad η zu maximieren, wird man versuchen, den Reflektionsfaktor r so niedrig wie möglich zu halten, und die P-Region ebenfalls so dünn wie möglich auszurichten. Probleme, die sich im Zusammenhang mit der Verwendung von PN-Dioden ergeben, betreffen die geringen Weiten w der Verarmungszone. Dadurch ergibt sich eine schlechte Empfindlichkeit. Eine Möglichkeit dies zu ändern, ist das Anlegen einer hohen Vorspannung in Sperrichtung. Dies ist jedoch u.U. schwierig, da die Diode dadurch leicht zerstört werden kann. Eine bessere Möglichkeit ist die Verwendung von PIN-Dioden.

– PIN-Dioden

Die gebräuchlichste Variante einer Photodiode ist die sogenannte PIN-Diode [Schr80], [HaGr84], [Paul92]. Sie ist der am weitesten verbreitete Detektor in optoelektronischen Systemen. Bei richtiger Optimierung erreicht man mit Photodioden eine Quanteneffizienz von 90 % [Poll95]. Für die Empfindlichkeit und den gewandelten Photostrom gelten für PIN-Dioden die gleichen Formeln (2.31) wie für PN-Dioden. Die Abkürzung PIN steht für P-Intrinsisch-N, was die aufeinanderfolgenden Schichten dieser Art von Photodiode beschreibt (s. Abbildung 2.28). Bei einer normalen PN-Diode ist es schwierig, die Weite w des inneren, der Sperrschicht zuzuordnenden Bereichs über 1 oder 2 µm zu dimensionieren. Wie bereits oben erwähnt und für kleine w in (2.33) zu sehen, führt die geringe Weite w zu einer geringen externen Quanteneffizienz η_{ext} und auch zu hohen Kapazitäten. Die beste Lösung dieses Problems besteht in der künstlichen Erweiterung der Verarmungszone durch Einfügen eines eigenleitenden, undotierten Halbleitermaterials zwischen den beiden dotierten Zonen. Der eigenleitende Bereich wird so dick gemacht, dass die meiste einfallende Strahlung darin absorbiert und somit auch dort die meisten freien Ladungsträger generiert werden. Die zu wählende Dicke hängt von der Eindringtiefe des Lichtes ab. Diese selbst wird durch die Wellenlänge des verwendeten Lichtes und dem Halbleitermaterial bestimmt. Ein ringförmiger elektrischer Kontakt an der Oberfläche sorgt für das Anbringen der Vorspannung in Sperrrichtung an der P-Zone. Das N-dotierte Substrat ist mit der positiven Versorgungsspannung des Chips verbunden. Um Reflektionen an der Oberfläche zu vermeiden, wird außerhalb des für die Lichteinstrahlung vorgesehenen Fensters häufig SiO_2 aufgetragen. Bei Anlegen einer Vorspannung entsteht, wie beabsichtigt, ein hohes elektrisches Potential in der inneren Zone.

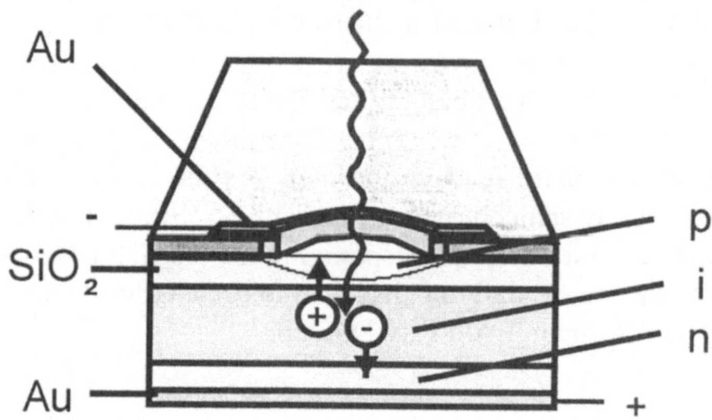

Abbildung 2.28: Struktur einer PIN-Photodiode

– Spektrale Empfindlichkeit

Die in (2.31) gezeigte Empfindlichkeit R einer Photodiode ist keine konstante Größe, sondern ist von der Wellenlänge λ abhängig, da der Wirkungsgrad η nicht unabhängig von der Wellenlänge ist. Die Abhängigkeit $R(\lambda)$ wird im Wesentlichen durch die Bandlücke E_{gap} und der von der Wellenlänge abhängigen Photonenenergie bestimmt. Es muss $E_{gap} > 1.24$ μm/λgelten. Mit zunehmender Wellenlänge steigt die Empfindlichkeit bis zu dem Punkt linear an, ab dem die Wellenlänge über hv genau der Bandlückenenergie entspricht, d.h. $E_{gap} = hc/\lambda$. Danach fällt die Empfindlichkeit wieder stark ab, da die Photonenenergie nicht mehr ausreicht, den Bandlückenabstand zu überwinden. Typische Werte der Empfindlichkeit für Silizium-Photodioden liegen im Bereich von 0.3 bis 0.5 A/W. Das Maximum wird bei etwa 850 nm erreicht.

2.4.2.4 Avalanche Photodioden

Avalanche Photodioden können als PN-Detektoren mit zusätzlicher Verstärkung aufgefasst werden [HaGr84], [Ebel89]. Die Verstärkung findet vor dem einer PN-Photodiode eventuell folgenden elektrischen Verstärker statt, um damit ein besseres Signal-zu-Rauschverhalten zu erzielen. Dies ist vorteilhaft, da gerade bei hohen Taktraten das Verstärkerrauschen die Hauptrauschquelle ausmacht. In einem Avalanche-Detektor wird die Verstärkung dadurch erreicht, dass ein durch Photonen angeregter Ladungsträger weitere Elektronen-Loch-Paare erzeugt, wenn er durch die Verarmungszone beschleunigt wird. Diese zusätzlichen Ladungsträger tragen zum Stromfluss bei und können selbst auch wieder neue Ladungsträger erzeugen (s. Abbildung 2.29).

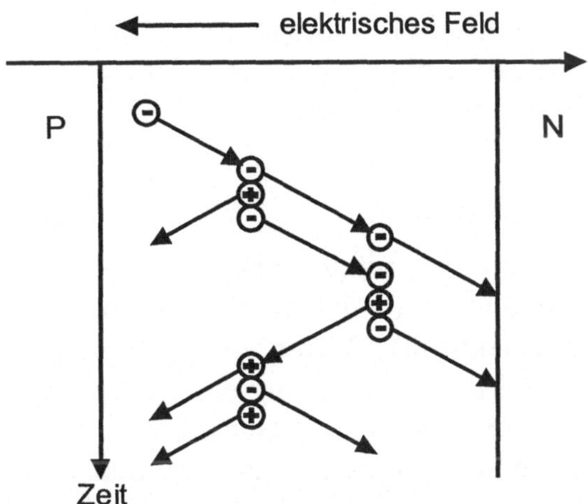

Abbildung 2.29: Ladungsträgervervielfachung durch Stoßionisation bei Avalanche-Dioden

Erreicht wird dies durch Stoßionisation eines durch Photonenabsorption injizierten Elektrons. Dieses Elektron wird durch das starke elektrische Feld ($\sim 10^5$ V/cm) derart beschleunigt, dass die daraus resultierende kinetische Energie ausreicht, eine solche Stoßionisation auszulösen. Um diese Feldstärke zu erreichen, muss eine Avalanche-Photodiode entsprechend stark in Sperrrichtung vorgespannt werden. Avalanche-Photodioden werden dazu nahe an der Durchbruchsspannung des PN-Übergangs betrieben. Bei der Herstellung ist ein höherer Aufwand als bei normalen Photodioden zu leisten, um das Bauelement vor Überspannung zu sichern. Avalanche-Photodioden werden durch einen Verstärkungsfaktor M charakterisiert, der angibt um wie viel der erzeugte Strom gegenüber dem primären Photostrom vervielfacht wurde (2.34). Der Faktor M errechnet sich zu $M = 1/1{-}p$, wenn p die Wahrscheinlichkeit dafür ist, dass ein neues Ladungsträgerpaar erzeugt wird. Der Preis, den man für die Verstärkung zu zahlen hat, ist ein erhöhter Schrotrauschstrom aufgrund erhöhter Schwankungen zwischen den Hell- und Dunkelphasen sowie eine geringere Bandbreite gegenüber normalen PN- und PIN-Detektoren.

$$i_{APD} = M \cdot i_{ph} \tag{2.34}$$

Zusammenfassend lässt sich folgendes sagen. Avalanche-Dioden sind aufgrund des höheren Rauschens, der geringeren Bandbreiten und den notwendigen hohen Vorspannungen für ein OE-VLSI ungeeignet. Avalanche-Photodioden sind eher für Anwendungen gedacht, wo es primär auf hohe Photoströme ankommt, wie dies z.B. in der Sensorik der Fall sein kann. Auch Photoleiter sind aufgrund des auch bei unterbrochenem optischen Eingangsimpuls immer noch aufrecht erhaltenen Elektronenstroms nicht für externe optische Empfänger in einem OE-VLSI-Schaltkreis verwendbar. PN- und PIN-Photodioden sind dagegen sowohl von der Funktionsweise als auch von der erreichbaren Modulationsfrequenz sehr gut geeignet. Speziell die monolithische Integration von PN-Dioden und CMOS-Schaltkreisen stellt prozesstechnisch kein Problem dar, was die Realisierung sogenannter smarter Detektoren unterstützt.

2.4.2.5 Empfängerschaltungen

Eine wichtiger Gesichtspunkt bei monolithischen OE-VLSI-Schaltkreisen ist die Kopplung von Photodioden mit Feldeffekttransistoren bzw. mit einer digitalen oder analogen Auswerteelektronik. Dafür sind geeignete optische Empfänger-schaltungen notwendig. Bei der Realisierung einer optischen Empfängerschaltung muss man grundsätzlich von zwei verschiedenen Situationen ausgehen. Die eine Situation ist gegeben, wenn die empfangene Lichtleistung ausreicht, um einen Inverter bzw. eine Kaskade von Invertern direkt zu schalten. Im anderen Fall muss der empfangene Lichtstrom vor der logischen Weiterverarbeitung erst noch ver-stärkt werden.

Der Vorteil der Variante mit hoher Lichteingangsleistung ist die wesentlich einfachere Empfängerschaltung und der geringe Platzbedarf. Im einfachsten Fall wird der Photostrom direkt zum Aufladen der Eingangskapazität eines Inverters benutzt. Der Nachteil sind die Anforderungen an die Lichtquelle. Diese muss eine hohe Ausgangsleistung besitzen, so dass hier fast nur Laser in Frage kommen. Ferner sind die Anforderungen an den Wirkungsgrad des optischen Abbildungs-systems hoch. Die Vor- und Nachteile im Falle geringer Lichteingangsleistungen sind dazu gerade komplementär. Die Eingangsschaltung ist hier wesentlich kom-plizierter, dafür sind die Anforderungen an die Lichtquelle und das Abbildungs-system geringer. Der Aufwand, der im Vergleich zur ersten Variante bei der Optik gespart wird, muss durch einen Mehraufwand in der Elektronik kompensiert werden.

– Optischer Eingang mit Verstärkung

Hier hat man es mit einem System zu tun, in dem die auf den Eingängen eintref-fende Lichtleistung gering ist. Geringe Lichtleistung bedeutet, dass hier etwa we-niger als 100 pJ an Energie pro Bit zur Verfügung stehen [Zürl92]. Dabei ist gemeint, dass ein optischer Eingang exakt den Empfang eines Bits realisiert. Der daraus resultierende Photostrom liegt in der Größenordnung von fA-nA. Um ei-nen CMOS-Inverter in akzeptabler Zeit umzuschalten, ist jedoch ein Strom im Be-reich von µA erforderlich. Der Photostrom muss also verstärkt werden. Den Aufbau einer solchen Schaltung zeigt grob skizziert Abbildung 2.30. Der Strom wird durch einen Verstärker erhöht. Durch einen anschließenden Komparator erhält man ein digitales Signal zur weiteren Verarbeitung.

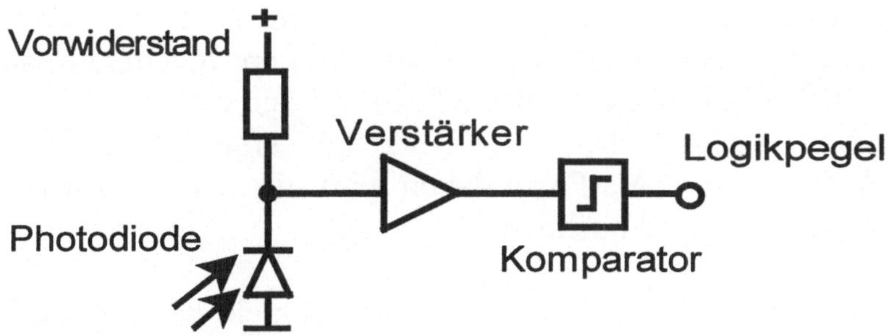

Abbildung 2.30: Empfängerschaltung mit Verstärker

Diese Art Empfänger sind bezüglich der Empfangsrate begrenzt durch das Rauschen im Verstärker. Speziell bei hohen Frequenzen ist zudem die Verlustleistung im Verstärker problematisch. Das bedeutet, gibt man sich mit kleinen Lichtleistungen bei den Sendern zufrieden, verlagert sich bei hohen Frequenzen das Problem der ansonsten bei den Sendern auftretenden hohen Verlustleistung auf die Empfänger.

– Optischer Eingang ohne Verstärkung

Im Folgenden wird davon ausgegangen, dass die auf den Detektor auftreffende Lichtleistung ausreichend ist, um die Eingangskapazität eines Gatters so weit aufzuladen, dass ein Transistor schaltet. Der dafür notwendige Photostrom sollte mindestens 100 µA aufweisen. Die einfachste Eingangsschaltung zeigt Abbildung 2.31. Der im Bild gezeigte Lasttransistor fungiert dabei als Vorwiderstand für die Photodiode.

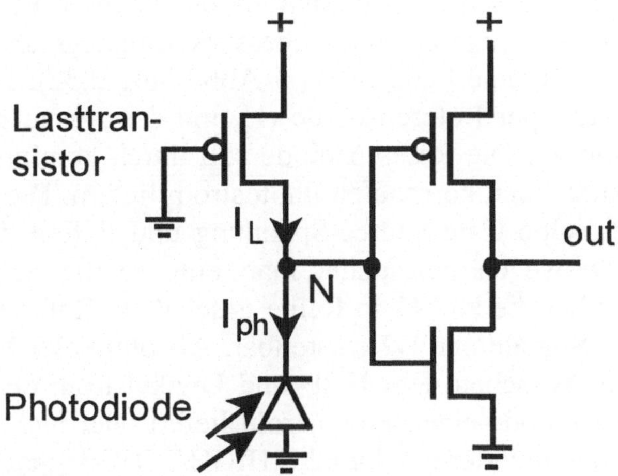

Abbildung 2.31: Direkte optische Empfängerschaltung

Zu Beginn soll kein Lichteinfall gegeben sein. Dann wird über den Lasttransistor die Eingangskapazität des Inverters aufgeladen und am Inverterausgang stellt sich der logische Zustand LOW ein. Anschließend soll durch Beleuchten der Photodiode ein entsprechender Photostrom $I_{ph} > I_L$ erzeugt werden. Dabei entspricht I_L dem vorherigen Aufladestrom. Als Folge davon wird die Eingangskapazität entladen, der Ausgang geht von LOW nach HIGH.

Leider erweist sich diese Schaltung im Betrieb als nicht unproblematisch. Um ein symmetrisches Tastverhältnis zu erzielen, d.h. gleich lange LOW/HIGH-Phasen, müssen die Anstiegs- und Abfallzeiten ungefähr gleich lang sein. Dies bedeutet, dass $I_{ph} \approx 2I_L$ sein muss. Kann dies nicht garantiert werden, wird die Eingangskapazität der Inverter-Transistoren evtl. nicht ganz oder zu stark entladen. Folgende Schwierigkeiten tauchen dadurch auf. Die Schaltung zeigt sich empfindlich gegenüber Lichtschwankungen. Die Hell-/Dunkelzeiten müssen größer sein als die entsprechende Umladezeit der durch die Eingangskapazität des Inverters definierten Lastkapazität. Dadurch ergibt sich ein weiteres Problem. Aufgrund langer Hellphasen kann der in Abbildung 2.31 markierte Knoten N aufgrund des Entladestroms negativ werden. Die Diode befindet sich dadurch in Vorwärtsrichtung. In der anschließenden Dunkelphase müssen die durch den Vorwärtsstrom eingespeisten Minoritätsträger erst wieder „ausgeräumt" werden, bevor die Diode wieder in die für die Lichtwandlung notwendige Sperrrichtung gehen kann. Das Ausräumen dauert verhältnismäßig lang. Die Empfangsfrequenz sinkt z.B. für einen 0.8 μm CMOS-Prozess auf ungefähr 10 MHz und liegt damit unter dem was mit externen elektrischen Chip-Eingängen bereits möglich ist [BeSt97a].

Als Fazit lässt sich folgendes feststellen. Die einfache Empfangsschaltung macht es schwierig, ein symmetrisches Tastverhältnis einzuhalten. Ferner ergeben sich relativ lange Antwortzeiten. Durch eine verbesserte Eingangsschaltung lassen sich die angesprochenen Probleme beseitigen (s. Abbildung 2.32). Die Verbesserung beinhaltet den Einsatz einer Referenzdiode D1 und das Ausnutzen einer Stromspiegelschaltung [TiSc78]. Die Referenzdiode soll durch kontinuierliche Bestrahlung gleicher Intensität einen konstanten Photostrom liefern. Die Transistoren M1 und M2 besitzen dieselbe Gate-Source-Spannung und liefern dadurch den gleichen Drainstrom. Deswegen bezeichnet man eine solche Schaltung auch als Stromspiegel. D.h., über die zu M1 in Reihe geschaltete Referenzphotodiode D1 ist der Laststrom der Signaldiode D2 einstellbar. Als optimales Verhältnis erweist sich genau die Mitte zwischen dem Hell- und Dunkelstrom der Signaldiode. Je nachdem ob die Signaldiode einen Photostrom liefert oder nicht, erzeugt der aus M3 und M4 bestehende Inverter ein digitales HIGH/LOW-Signal am Ausgang.

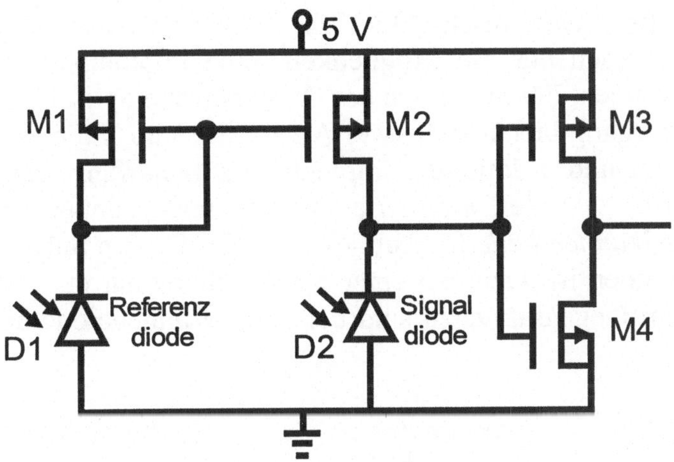

Abbildung 2.32: Verbesserte optische Empfängerschaltung durch Stromspiegel

Diese Schaltung verbessert gegenüber der vorherigen Situation das Tastverhältnis.
Die Schaltung ist dadurch ideal für Taktsignale geeignet. Das Problem der kurz-
zeitigen Spannung in Vorwärtsrichtung am Knoten N bleibt jedoch bestehen. Wie
mit SPICE-Simulationen gezeigt werden kann, ist dies bis 100 MHz jedoch unproblematisch. Auch das zuletzt genannte Problem lässt sich durch einen weiteren
Stromspiegel für die Signaldiode beseitigen. Dies erlaubt Eingangsfrequenzen bis
200 MHz. Durch Einsatz einer BiCMOS-Technologie ließ sich die Schaltung
weiter stabilisieren. In der Praxis wurden damit Eingangsfrequenzen bis 800 MHz
demonstriert [BeSt97b]. In der Literatur wurde viele weitere Eingangsschaltungen
veröffentlicht, die auf Stromkomparatoren und analogen Schaltungen mit Trans-
impedanz- und Differenzen-Verstärkern beruhen und zum Teil Eingangsfrequenzen von über 1 GBit/s lieferten. Einen guten Überblick sowie weitere Details
zu dieser Thematik sind in [Zim00] einzusehen.

2.4.2.6 Herstellung von Photodioden in CMOS-Prozessen

Bei der Realisierung von Photodioden in einem kostengünstigen Standard-CMOS-
Prozess ergibt sich das Problem, dass das Einbringen einer undotierten, eigenleitenden intrinsischen Schicht nicht vorgesehen ist. Üblicherweise sind in einem
CMOS-Prozess nur die Schichten p-Substrat, eine als n^+ bezeichnete Schicht für
das Source-/Drainimplantat zum Aufbau des n-Kanals, eine als n bezeichnete
Schicht für die n-Wanne, die den p-Kanaltransistor aufnimmt, und eine als p^+ bezeichnete Schicht für das Source-/Drainimplantat zum Aufbau des p-Kanaltran-
sistors gegeben. Eine, wie in Abschnitt 2.4.2.3 beschrieben, gewünschte Aufwei-
tung der Raumladungszone zum Erzeugen einer PIN-Photodioden-Struktur ist
damit nicht ohne weiteres möglich.

Es bleibt somit für monolithische OE-VLSI-Schaltkreise auf der Basis von Standard-CMOS-Prozessen nur die Möglichkeit, eine Photodiode durch einen PN-Übergang zu erzeugen. Für einen von der Chipoberseite optisch erreichbaren horizontalen PN-Übergang bieten sich zwei Alternativen an. Zum einen zwischen p-dotiertem Substrat und n-dotiertem Implantat zur Schaffung einer *Substratdiode* und zum anderen zwischen n-dotierter Wanne und p-dotiertem Implantat zur Schaffung einer *Wannendiode* (s. Abbildung 2.33). Da das Substrat meistens fest mit Masse verbunden ist, kann bei einer Substratdiode nur ein Anschluss frei gewählt werden. Im Gegensatz dazu sind bei einer Wannendiode beide Anschlüsse verfügbar.

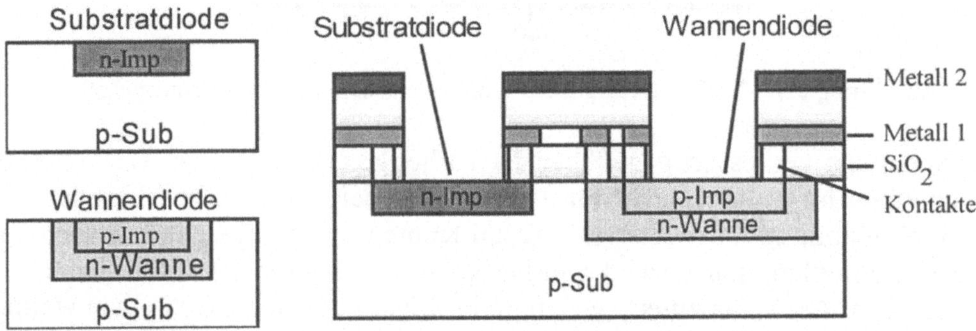

Abbildung 2.33: Querschnitt durch einen Standard-CMOS-Prozess mit Substrat- und Wannendiode

Abbildung 2.34 zeigt die zugehörigen Layoutstrukturen. Das Layout der Substratdiode (links) besteht aus der lichtempfindlichen aktiven Schicht in der Mitte. Da die aktive Schicht in einem p-Substrat liegt, wird das Entwurfsprogramm das zugehörige Rechteck, wie beabsichtigt als n^+-Region dotieren. Am Rand der aktiven Schicht befinden sich reihum Kontaktpunkte zur Metallschicht, über die der Kathodenanschluss erfolgt. Der äußere Ring bildet den fest auf Masse liegenden Anodenanschluss. Die aktive Schicht einer Wannendiode ist die gleiche wie die einer Substratdiode, nur dass sie in einer n-Wanne liegt. Dadurch interpretiert das Entwurfsprogramm das entsprechende Rechteck automatisch als p^+ dotierte Schicht. Der innere Kontaktring stellt den Anodenanschluss zu dieser p^+ dotieren Schicht her. Der äußere Kontaktring besorgt den Anschluss zur n-Wanne und damit den Kathodenanschluss.

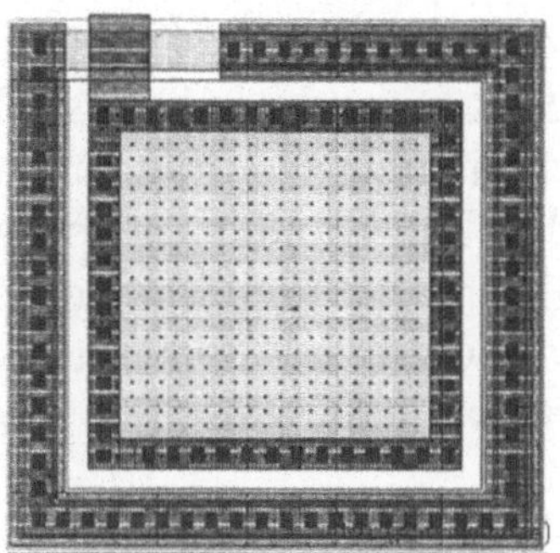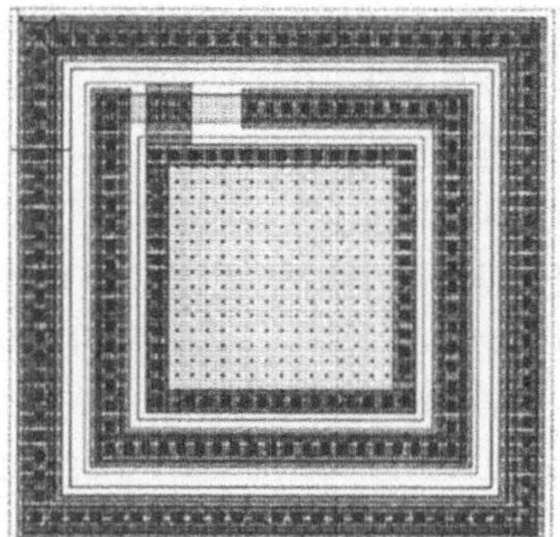

Abbildung 2.34: Substrat- und Wannendiode mit Schutzring im Layout

Um zu verhindern, dass durch Streulicht oder auch durch Dejustierung Licht auf benachbarte Regionen der Photodiode trifft und dort befindliche Schaltungen stört, wird die Photodiode von einer möglichst großen Schutzmaske überzogen, für die z.B. die oberste Metallschicht verwendet werden kann. Diese besitzt in der Mitte, dort wo sich der eigentliche PN-Übergang befindet, einen Fensterausschnitt. Eine weitere Schutzvorkehrung betrifft das Einbringen von sogenannten Schutzringen. Dabei wird um die Diode herum eine rechteckige n-Wanne in das Substrat eindiffundiert. Die sich ausbildenden PN-Übergänge verhindern das seitliche Eindringen von photoinduzierten Ladungsträgern aus dem Substrat zu benachbarten Schaltungen.

2.4.3 Optische Sender

Im Folgenden werden die für die optische Nachrichten- und Rechentechnik wichtigsten optischen Senderelemente beschrieben: die Leucht- (Kapitel 2.4.3.1) und die Laserdiode (Kapitel 2.4.3.2) [HaGr84], [Fouc94]. Für die Realisierung eines optischen Senders ist die Verwendung eines lichtemittierenden Materials notwendig. Lichtemittierendes Material ist beispielsweise ein direkter Halbleiter wie Gallium-Arsenid. Beim direkten Halbleiter weisen die benachbarten Energiezustände des Leitungs- und Valenzbandes die gleiche Wellenzahl k auf (s. Abbildung 2.35). D.h., dass sich die Wellenfunktionen der Elektronen im Leitungsband und der Löcher im Valenzband räumlich überlappen. Dies ist notwendig, da beim Elektronenübergang der Impuls des Elektrons erhalten bleiben muss.

Beim indirekten Halbleiter besitzen die gegenüberliegenden Energiezustände des Valenz- und Leitungsbandes nicht die gleiche Wellenzahl. Der Zustandsübergang erfolgt über Zwischenstufen und nicht strahlend. Silizium, das am weitesten verbreitete Material in der Schaltkreistechnik, ist leider ein indirekter Halbleiter. Es lassen sich in Silizium Photodetektoren realisieren, aber keine Sender. In der Vergangenheit ist es zwar gelungen, durch poröse Substratoberflächen auch Silizium zum Leuchten zu bringen [Canh92], [GöLe94]. Diese Forschungsrichtung ist aber noch im Grundlagenstadium und es ist derzeit noch zu früh, um mit Siliziumschaltkreisen zu planen, die optisches Senden und Empfangen mit elektronischer Verarbeitung monolithisch integrieren. Will man die hohe Integrationsdichte von Silizium mit der hohen Verbindungsdichte der Optik kombinieren, ist man derzeit gezwungen, hybride Aufbautechniken zu verwenden, die z.B. GaAs- und Siliziumtechnologien miteinander vereinen.

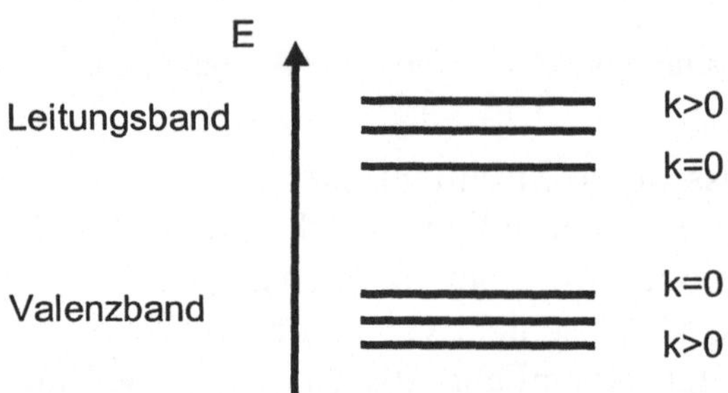

Abbildung 2.35: Ordnung der Energiebänder im direkten Halbleiter

2.4.3.1 Lumineszenzdioden

Lumineszensdioden [Schr80] bestehen aus einer P- und N-dotierten Schicht. Die Lichterzeugung beruht auf dem Prinzip der spontanen Emission. Befindet sich die Wellenlänge des emittierten Lichtes im sichtbaren Bereich, d.h. zwischen 400 und 700 nm, so spricht man i.A. von einer Leuchtdiode (LED, *light emitting diode*). Die emittierte Wellenlänge errechnet sich über den Bandabstand E_g, also der Energiedifferenz zwischen Leitungs- und Valenzband (2.35).

$$\lambda = \frac{hc}{E_g}$$

$$(2.35)$$

Die durch strahlende Rekombination von Löchern und Elektronen bedingte Emission ist dort am Wahrscheinlichsten, wo mehr Minoritätsträger zur Verfügung gestellt werden. Da im P-Gebiet ein Überschuss an Löchern und im N-Gebiet ein Überschuss an Elektronen vorherrscht, ist dort die Wahrscheinlichkeit für eine Rekombination gering. Diese erfolgt zumeist am PN-Übergang. Um dort die Zahl der Minoritätsträger zu erhöhen, werden Ladungsträger injiziert, weshalb die PN-Diode in Flussrichtung vorgespannt wird (s. Abbildung 2.36).

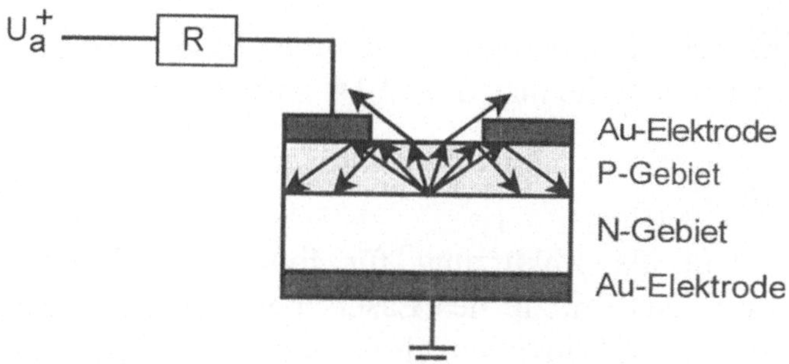

Abbildung 2.36: Aufbau einer Leuchtdiode

Die von der Diode abgegebene Lichtleistung P_{opt} ist proportional zu dem Injektionsstrom I_{LED} (2.36). Dieser wird durch die Diodengleichung bestimmt.

$$P_{opt} = \eta_{LED} \cdot \frac{hc}{\lambda q} \cdot I_{LED} \; ; \qquad I_{LED}(U_a) = I_{sat} \cdot (e^{-\frac{qU_a}{kT}} - 1) \qquad (2.36)$$

Dabei ist I_{sat} der thermische Rekombinationsstrom und η_{LED} der Wirkungsgrad für die Strom-Lichtwandlung. Letzterer liegt bei LEDs nur bei wenigen Prozent. Der Grund dafür ist zum einen die sofortige Absorption des Photons und zum anderen der kleine Winkel der Totalreflexion am Übergang vom P-Gebiet zu Luft. Dieser ergibt sich aufgrund des Brechungsindex der in LEDs häufig zum Einsatz kommenden Materialen wie GaAs ($n = 3.6$) oder Gallium-Phosphid ($n = 3.3$). Da der Brechungsindex von Luft ungefähr $n = 1$ ist, erhält man kritische Winkel von arcsin(1/3.6) = 16.2° oder arcsin(1/3.3) = 17.7°. Sämtliche Lichtstrahlen, die unter größerem Winkel auf die Grenzschicht zwischen Luft und P-Region auftreffen, werden wieder ins Innere zurück reflektiert. Ein weiteres Charakteristikum für LEDs ist das Abstrahlungsprofil. Im Gegensatz zu Lasern ist die Intensitätsverteilung des abstrahlenden Lichtes nicht gaussförmig, sondern erfolgt gleichmäßig verteilt im gesamten Halbraum.

Gegenüber einer Laserdiode besitzen LEDs folgende Nachteile. Das Abstrahlungsprofil ist für hohe Kanaldichten aufgrund des daraus resultierenden optischen Übersprechens eher ungeeignet. Der Wirkungsgrad beträgt bei einer LED, wie bereits erwähnt, zumeist nur wenige Prozent. Ferner liegt die Modulationsfrequenz nicht wie bei Lasern im GHz-Bereich. LEDs besitzen jedoch den Vorteil eines wesentlich einfacheren Aufbaus, was sich in einer kostengünstigeren Herstellung niederschlägt. Zudem lassen sich auch LEDs mit Bandbreiten bis zu 200 MHz modulieren. Mit besonderen Aufbautechniken in sogenannten *Resonant-Cavity LEDs*, die den bei Lasern verwendeten Resonator-Prinzipien ähneln, kann man sogar bis 500 MHz erzielen. D.h., überall dort, wo man die genannten Nachteile tolerieren kann, sollte man auf LEDs zurückgreifen.

2.4.3.2 Laserdiode

Das Wort Laser steht als Abkürzung für light amplification by stimulated emission of radiation. Das Prinzip des Lasers beruht auf der stimulierten Emission. Jeder Laser besteht im Prinzip aus drei Grundelementen (s. Abbildung 2.37): einem Resonatorspiegel, einer Pumpe und einem aktiven Medium [Fouc94].

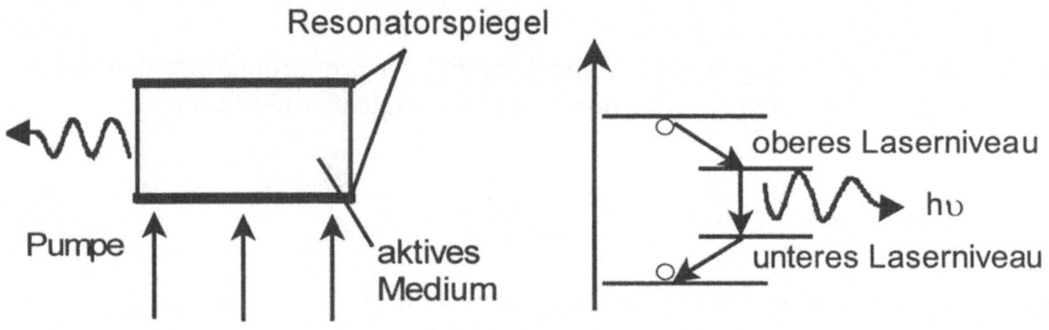

Abbildung 2.37: Vereinfachte Darstellung des Laseraufbaus und des Pumpvorgangs

Der Resonatorspiegel sorgt für die Rückkopplung der Photonen, um deren Aufenthaltswahrscheinlichkeit im aktiven Medium zu erhöhen und damit für mehr stimulierte Emission zu sorgen. Das aktive Medium muss aus einem Material bestehen, das Licht emittieren kann, also einem direkten Halbleiter wie z.B. GaAs. Aufgabe der Pumpe ist es, ausreichend Elektronen anzuregen. Die Pumpe selbst kann wiederum auf drei verschiedene Arten realisiert sein. Entweder als optische Pumpe, d.h. Elektronen werden durch einen Lichtblitz angeregt, eine Anregung durch Stöße mit freien Elektronen aus einer Gasentladung oder durch einen Injektionsstrom am PN-Übergang. Nur die letztgenannte Variante kommt für die optoelektronische Rechentechnik in Frage. Durch das Pumpen werden Elektronen aus dem Grundniveau ins Pumpniveau angehoben. Von dort fallen sie zurück auf das obere Laserniveau. Durch Rekombination mit einem Loch aus dem unteren Laserniveau erfolgt die Emission eines Photons. Ist das unterste Laserniveau identisch mit dem Grundniveau so spricht man von einem 3-Niveau-Laser ansonsten von einem 4-Niveau-Laser. Grundvoraussetzung für den Lasereffekt ist die sogenannte Besetzungsinversion, d.h. im oberen Laserniveau sind mehr Elektronen angereichert als im unteren. Ist dies nicht der Fall, tritt praktisch nur spontane Emission auf, d.h. der Laser funktioniert dann im Prinzip wie eine LED.

2.4.3.3 VCSEL-Felder

Von besonderem Interesse für die optoelektronische Rechentechnik sind oberflächenemittierende Felder von Mikrolasern, sogenannten VCSELs (*engl.: vertical cavity surface emitting laser*) [JuKi98], [Mich98]. Der Grund dafür ist, dass diese Elemente die Möglichkeit zum Aufbau 3-dimensionaler optischer Chip-to-Chip Verbindungen bieten, da das Licht nicht seitwärts, wie bei der z.B. im CD-Player üblicherweise eingesetzten kantenemittierenden Laserdiode, sondern vertikal zur Substratoberfläche abgegeben wird (s. Abbildung 2.38). Ferner weisen Oberflächen-emittierende Mikrolaser kein elliptisches, sondern ein engeres kreisrundes Abstrahlungsprofil auf, was u.U. das Anbringen von Abbildungsoptiken beim Einkoppeln in Wellenleiterstrukturen wie Fasern überflüssig machen kann. Zudem besitzen Oberflächen-emittierende Laser gegenüber Kanten-emittierenden weitere Vorteile wie eine höhere optische Ausgangsleistung, geringere Treiberströme, niedrigere Kosten bei der Herstellung, da VCSELs aufgrund der vertikalen Emission direkt auf dem Wafer getestet werden können, die zugehörigen Gehäuse müssen nicht hermetisch abgeschlossen sein und schließlich ist die Ausbeute bei der Produktion höher.

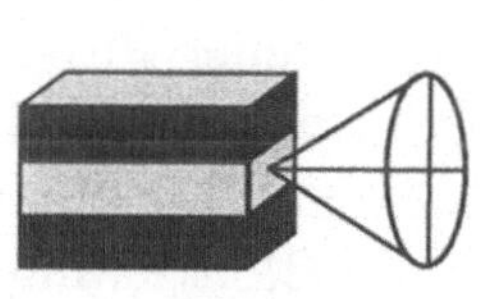

Abbildung 2.38: Elliptisches und zirkulares Abstrahlprofil bei Kanten-emittierender und Oberflächen-emittierender Laserdiode

Bei Mikrolasern handelt es sich um quantenmechanische Strukturen, die in Molekularstrahl-Epitaxie-Anlagen hergestellt werden. In einer solchen Anlage können nacheinander sehr dünne Schichten von reinen und gemischten Halbleitermaterialien aufgetragen werden. Ein VCSEL besteht aus einer Folge solcher Schichten. In diesen Schichten ist in der Mitte der extrem kurze PN-Übergang eingeschlossen (Abmessungen ~ 2-30 nm), der wie bei den LEDs für die Injektion des Pumpstroms genutzt wird. Durch die kleinen Ausmaße des PN-Übergangs erhält man eine Quantenstruktur, in der die Ladungsträger in ihrer Beweglichkeit extrem eingeschränkt werden. Man erreicht dadurch höhere Zustandsdichten, aus der eine stärkere Besetzungsinversion resultiert. Dies erlaubt geringere Schwellströme, ab denen der Lasereffekt einsetzt und damit geringere Verlustleistungen.

Der für den Lasereffekt notwendige Resonator wird bei einem VCSEL durch in der Epitaxie-Anlage aufgetragene Folgen von GaAs und GaAlAs erzeugt. An deren Grenzschicht existiert ein Reflexionsfaktor von 90 %. Der Schichtabstand wird dabei so gewählt, dass die an den einzelnen Grenzschichten reflektierten Wellen konstruktiv miteinander interferieren. Man spricht in diesem Zusammenhang von einem verteilten Bragg-Reflektor (engl.: *distributed bragg reflector* (*DBR*)) Durch die vielen Schichten, ca. 20 bis 40 Schichtpaare werden verwendet, erreicht man schließlich den erforderlichen hohen Reflektionsfaktor von 99 % auf der unteren Seite. Auf der oberen Seite wird i.a. ein etwas geringerer Reflektionsgrad angestrebt, um die Lichtauskopplung nach oben zu erleichtern. Neben diesen zur Oberfläche emittierenden VCSELn gibt es auch Formen, in denen das Licht zur Substratunterseite abgegeben wird (engl.: *bottom emitter*) .

Ferner unterscheiden sich VCSEL hinsichtlich der Art, wie die aktive Laserschicht von dem DBR eingeschlossen wird. Dies ist wichtig, da man erreichen will, dass der Injektionsstrom möglichst in dem Abschnitt des aktiven Bereiches wirkt, der direkt unter dem optischen Austritts-Fenster der VCSEL-Diode liegt. Man unterscheidet zwischen chemisch geätzten, durch Implantation von Protonen und durch Oxidation realisierten Varianten [Krop01]. Bei der ersten wird nach dem Auftragen der Quantenschichten mittels chemischer Prozesse bis auf den aktiven Bereich herunter geätzt, so dass der obere Spiegel einschließlich elektrischem Kontakt als Mesa entsteht . Es handelt sich somit um einen nicht planaren Herstellungsprozess, die Lichteffizienz ist durch die Blockierung des Lichtes am oberen Ringkontakt eingeschränkt, die Herstellung ist jedoch einfacher als bei den beiden anderen Verfahren. Beim zweiten Verfahren werden im Bereich des oberen Spiegels an den Rändern durch Protonenbeschuss Molekülketten aufgebrochen und dadurch eine elektrische Isolation erreicht. Es lässt sich dadurch ein sehr geringer Durchmesser für den Lichtaustritt erreichen (ca. 5-10 µm). Man hat einen planaren Herstellungsprozess zur Verfügung, aber durch die Protonen-Implantation können die Zuverlässigkeit der VCSEL-Diode beeinflussende Schäden in den Schichten herbeigeführt werden. Die hinsichtlich des epitaktischen Aufbringens anspruchvollste Variante ist die seitliche Oxidation im oberen Spiegel. Damit werden VCSEL-Dioden realisiert, welche die höchste optische Ausgangsleistung erzielen und die niedrigsten Schwellströme benötigen.

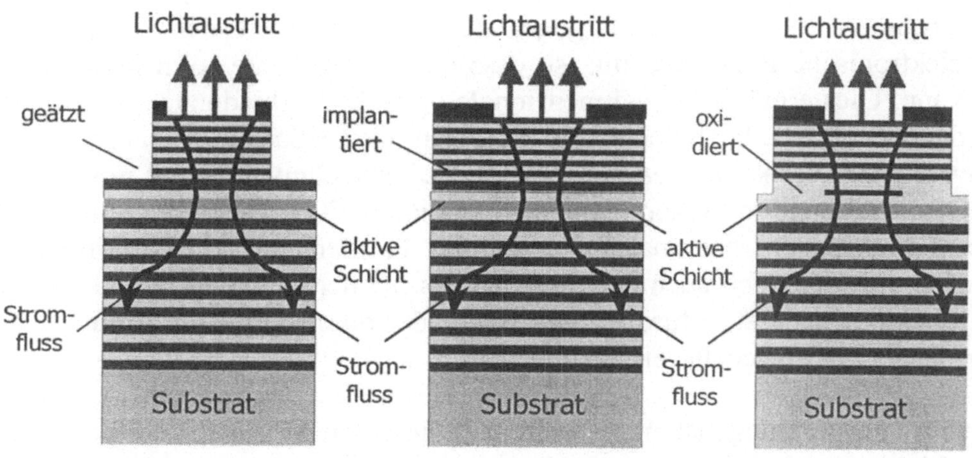

Abbildung 2.39: Grundlegende Herstellungsverfahren von VCSELs: links, Ätztechnik; Mitte, Protonenimplantation; rechts, Oxidation (Quelle J.Krop [Krop01])

Abbildung 2.40 zeigt ein Beispiel für ein Feld von Mikrolasern, wie es Ende der 80er Jahre erstmalig mittels Ätztrechnik in den Bellcore-Laboratorien hergestellt wurde [JeHa91]. Jedes der im Bild zu sehenden "Türmchen" ist eine Oberflächen-emittierende Mikrolaserdiode. Hergestellt wurde dieses Feld aus einer großen planen Schichtfolge, also im Prinzip aus einer einzigen großen Laserdiode, aus der die einzelnen Lasertürmchen über eine aufgebrachte Maske herausgeätzt wurden. Die unterschiedliche Größe der Dioden rührt daher, dass die Entwickler herausfinden wollten, wie klein einzelne Dioden herstellbar sind. Regelmäßige 2D-Anordnungen von VCSELs lassen sich auch durch Protonenimplamantation oder durch chemische Oxidation erzeugen.

Abbildung 2.40: In den Bellcore-Laboratorien hergestelltes Feld von VCSELn [JeHa91]

Der große Vorteil der VCSEL gegenüber kantenemittierenden Dioden für die optoelektronische Rechentechnik ist, dass man diese Elemente in Feldern anordnen kann. Dies ermöglicht, 3-dimensionale optische Verbindungen zu realisieren, mit denen sich z.B. hochdichte Verbindungen über benachbarte Baugruppen aufbauen lassen. Dies kann über eine diskrete Aufbautechnik erfolgen, in welcher ein CMOS-Schaltkreis mit einem daneben platzierten VCSEL-Feld verbunden ist. In diesem Fall besteht aber nach wie vor das Problem der Pin-Limitierung. Der Idealfall, mit dem sich auch der Flaschenhals bei der Chip-to-Chip Kommunikation überwinden lässt, erfordert, VCSEL-Felder durch Flip-Chip-Montage direkt über einen CMOS-Schaltkreis anzubringen.

Die Flip-Chip-Montage ist eine bewährte Technik zur hybriden Verbindung unterschiedlicher Halbleitermaterialen, z.B. zur Verbindung eines Mikrolaserfeldes und eines Siliziumschaltkreises über auf jeweils gegenüberliegenden Seiten angebrachte Lötkugeln (engl.: *solder bumps*). Abbildung 2.41 zeigt das Prinzip des Verfahrens. Zunächst werden die beiden Schaltkreise einigermaßen übereinander ausgerichtet. Durch kurzzeitiges Erhitzen der Lötkugeln verfließt das Lötmaterial ineinander. Der Prozess hat den Vorteil, dass das Verschmelzen des Lötmaterials selbstjustierend ist, was die eventuelle Anbringung weiterer Abbildungsoptiken vereinfacht. Die beiden Halbleiterschaltkreise werden durch die Lötkugeln nicht nur passgenau mechanisch verbunden, sondern auch elektrisch miteinander kontaktiert. Der CMOS-Schaltkreis kann dann über diese Kontaktstelle die ihm zugeordneten Mikrolaser als Ergebnis seiner Berechnung ein- bzw. ausschalten oder, im Falle eines mit Photodioden kombinierten Feldes, den an der Photodiode generierten Photostrom auswerten.

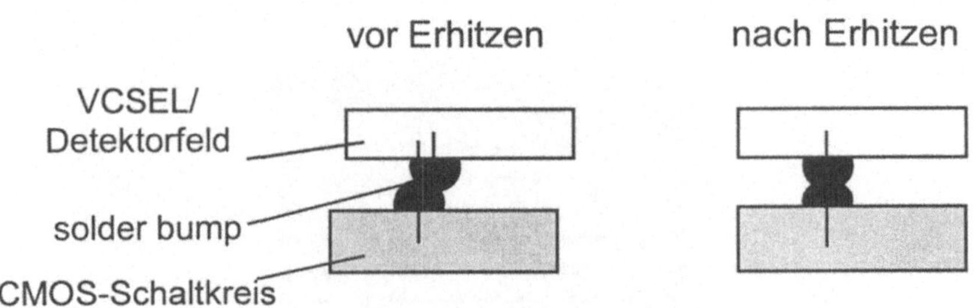

Abbildung 2.41: Flip-Chip-Montage eines VCSEL/MSM-Feldes auf einem CMOS-Schaltkreis

Diese Technik erlaubt weitaus höhere Verbindungsdichten als externe elektrische Anschlüsse, da die Kommunikation aus der gesamten Schaltkreisfläche heraus erfolgt. Ferner lassen sich die Verbindungen zu den externen Anschlüssen mittels kurzen und damit durch niedrigen RC-Wert und geringen Signallaufzeiten charakterisierten Leitungen umsetzen. Diese Technik stellt jedoch die höchsten technologischen Anforderungen. So müssen geeignete analoge Treiber-Schaltkreise für die VCSEL-Dioden in dem digitalen CMOS-Schaltkreis integriert werden. Ferner benötigt man zum Substrat emittierende VCSEL-Dioden, die über die Lötkugeln "kopfüber" (engl.: *bottom-up*) mit dem CMOS-Schaltkreis verbunden werden.

Dies ist notwendig, um die oben sitzenden P-Kontakte, über welche das Ein-/Ausschalten der Diode gesteuert wird, direkt mit dem CMOS-Schaltkreis zu verbinden. Das Substrat der VCSEL-Dioden kann über den CMOS-Schaltkreis und den Flip-Chip-Kontakten an *Vss* angeschlossen werden, womit alle VCSEL-Dioden den notwendigen Anschluss in Flussrichtung erhalten. Analog werden die Anoden der Photodioden über den CMOS-Schaltkreis angeschlossen. Abbildung 2.42 zeigt eine vereinfachte Darstellung des Querschnitts durch einen solchen OE-VLSI-Chip. Photodioden und VCELs werden in GaAs-Technologie hergestellt. Dabei werden zunächst Schicht für Schicht die VCSELs erzeugt und anschließend wird auf der letzten Schicht die Photodiode aufgetragen, so dass diese die VCSEL etwas überragt. Aus Gründen der Vereinfachung ist dies in Abbildung 2.42 nicht dargestcllt.

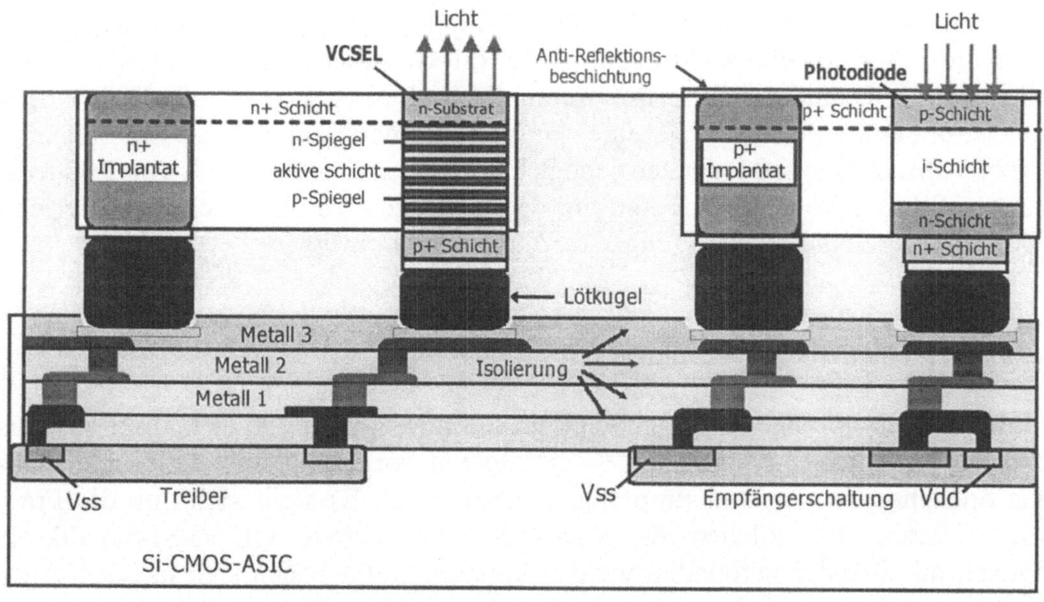

Abbildung 2.42: Querschnitt durch einen OE-VLSI-Chip, der ein Feld von VCSEL-Dioden als externe optische Ausgänge und ein Feld von Photodioden als externe optische Eingänge benutzt.

Abbildung 2.43 zeigt einen von Honeywell realisierten GaAs-Chip von oben betrachtet, der abwechselnd angeordnete Photodioden und VCSELs enthält, die jedoch über eine Drahtbondung über die Seite kontaktiert werden. Die runden Kreise entsprechen den Öffnungen der VCSELs, die rechteckigen Formen enthalten die Photodioden. Mehrerer solcher für Flip-Chip-Montage geeignete Bauelemente wurden in einer FAST-Net genannten Architektur verwendet, um damit ein Multi-Chip-Cluster von Smart-Pixel-Prozessoren für ein Terabit-Netzwerk aufzubauen [HaCh00], [LiSt00].

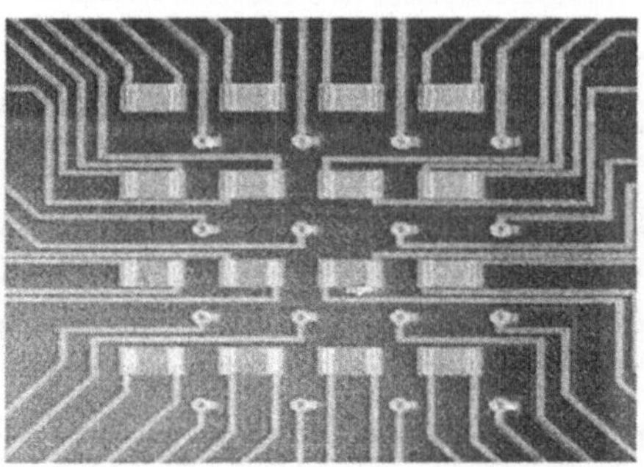

Abbildung 2.43: 4×4-Feld von VCSELs und Photodioden von Honeywell (Quelle: [HTC])

Ferner bedarf die Verlustleistung einer VCSEL-Diode (~ 1 mW) unter Umständen besonderer Maßnahmen, wie z.B. eine Peltier-Kühlung, um für eine rasche Wärmeabfuhr zu sorgen. Um eine VCSEL-Diode schnell einzuschalten, d.h. schnell über die Laserschwelle zu bringen, an der die stimulierte Emission einsetzt, wird häufig ein konstanter, sich knapp unterhalb der Laserschwelle befindlicher Injektionsstrom eingespeist, was für eine ständige Stromaufnahme sorgt. Sind die angestrebten Modulationsfrequenzen jedoch geringer, z.B. im Bereich von 200 MHz, kann auf diesen konstanten Vorstrom, wie in einigen Veröffentlichungen berichtet [SCC97], verzichtet werden (engl.: *zero bias modulation*) .

2.5   Integrationstechniken

In den beiden vorangegangenen Kapiteln 2.3 und 2.4 wurden die Funktionsweise und der Aufbau der wichtigsten Komponenten vorgestellt, mit denen vom Chip aus optisches Senden und Empfangen möglich ist. Es stellt sich nun die Frage, wie mehrere mit solchen Komponenten ausgestattete OE-VLSI-Schaltkreise optisch miteinander verbunden werden können. Dafür haben sich in der Vergangenheit zwei verschiedene Ansätze herausgebildet. Die sogenannte *gesteckte Optik* (2.5.1), in der die Schaltkreise durch mikro-mechanische Steckvorrichtungen hinter- oder übereinander eng verbunden werden, und die *planare Optik* (2.5.2), bei der ein optisches 3-D System in eine 2-D Geometrie gefaltet und z.B. in ein Glassubstrat integriert wird. Beide Techniken beruhen auf Freiraumoptik und sind ideal geeignet für eine Übertragung über sehr kurze Distanzen, im Bereich von cm. Für größere Entfernungen im Bereich von 1 dm bis 1 m ist es aus

Zuverlässigkeitsgründen ratsamer, von der Freiraumoptik wegzugehen, und das Licht in Wellenleiterstrukturen, wie z.B. *Faserfeldern* (2.5.3) zu führen.

2.5.1 Gesteckte Optik

Die gesteckte Optik, in der englischsprachigen Literatur als *"stacked optics"* bezeichnet, wurde 1984 von Iga et. al. vorgeschlagen [IKO84]. Abbildung 2.44 veranschaulicht allgemein das Prinzip. Optische Komponenten, wie z.B. Faser- oder Linsenarrays, oder auch optoelektronische Schaltkreisebenen oder einfache Abstandselemente werden Ebene für Ebene justiert und zusammengebaut. Auf diese Weise erhält man ein 3-dimensionales optisches Freiraumsystem.

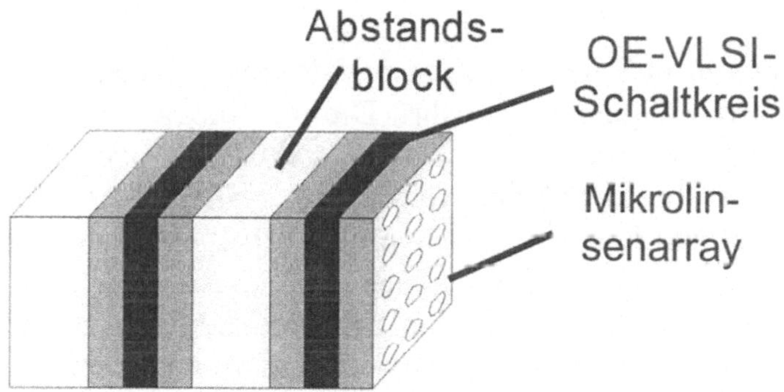

Abbildung 2.44: Prinzip der gesteckten Optik [IKO84]

Die Technik der gesteckten Optik mit Hilfe von mikromechanischen und mikro-optischen Bauelementen wurde beispielsweise angewandt, um damit 3-dimensio-nale gestapelte optoelektronische Prozessoren aufzubauen. Im Rahmen des in USA durchgeführten Projekts „3D Optoelectronic Stacked Processors" wurden einfache OE-VLSI-Schaltkreise auf diese Weise über eine gefaltete Optik mit-einander verbunden [OESP], [ZhMa00] (s. Kap. 1.5.3.6).

Konkret sei diese Technik anhand einer an der Universität Mannheim [MoPa97] entwickelten Kopplung von Faserbündeln erklärt. Dort wurde ein kleiner, kom-pakter Faserstecker hergestellt, dessen Ausmaße wesentlich geringer sind als die von sogenannten gebräuchlichen Pigtail-Steckern. Abbildung 2.45 zeigt den prin-zipiellen Aufbau. Oben und unten befinden sich die in Silizium-V-Nuten steckenden Fasern, die miteinander gekoppelt werden sollen.

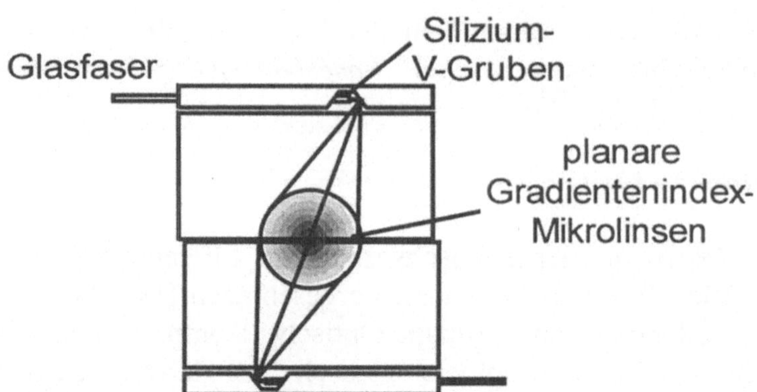

Abbildung 2.45: Konzept für die optische Steckverbindung mit planaren Gradientenindexlinsen und Silizium V-Gruben [MoPa97]

Die Verwendung von in Silizium geätzten V-förmigen Nuten hat sich als passive
Justierung für Fasern allgemein bewährt. Die mit Silber verspiegelten Enden der
V-Nuten sorgen für die Ablenkung des aus den Glasfasern austretenden Lichtes in
das Glassubstrat. In dieses Substrat wurde eine planare GRIN-Linse (s. 2.3.4.1)
integriert, die durch ein Ionenaustauschverfahren hergestellt wurde. Werden zwei
solcher GRIN-Linsen exakt an ihrer planen Seite positioniert und mittels Photo-
kleber übereinandergebracht, so bilden sie eine perfekte Sphäre. Durch eine
optische off-axis Abbildung wird das aus den Fasern austretende Licht kollimiert
und auf die gegenüberliegende V-Nut fokussiert, von wo aus es in das zugehörige
Faserbündel eingekoppelt wird.

Die optische Abbildung sorgt ferner für eine Strahlaufweitung, was das gesamte
System justagetoleranter macht. Ein aus 10 Fasern bestehendes System wurde erfolgreich getestet. Der Rasterabstand betrug 250 µm, was einer Packungsdichte
von 40 Verbindungen pro Zentimeter entspricht. Die Höhe des Blockes, in dem
sich die GRIN-Linse befand, war 2 mm. Der Block mit der GRIN-Linse, den
V-Nuten und einem parallelen Faserbändchen wurde in einen Stecker eingebaut.
Als maximale Koppeleffizienz dieser Anordnung lassen sich bei perfekter Justierung über 90 % erreichen.

2.5.2   Planare Optik

Die grundlegende Idee der planaren Optik [Jahn94], [AcJa94], [JaSi97] ist es, ein
3-D optisches System in eine 2-D Geometrie zu falten und diese in einem Substrat
zu integrieren. Ein 2-D Layout ist in diesem Zusammenhang wichtig, da es die
Optik kompatibel zu in der Mikroelektronik etablierten planaren Herstellungsverfahren macht, wie z.B. Trockenätzen, Lithographie und Dünnfilmschichttechnik

(engl.: *thin-film deposition*). Es war ein erklärtes Ziel der planaren Optik, ausschließlich Gebrauch von in der Mikroelektronik erprobten Standard-Herstellungsverfahren zu machen. Ferner kann man Aufbau- und Verbindungstechniken, wie die Flip-Chip-Montage ausnutzen, um passive Mikrooptiken mit optoelektronischen und elektronischen Schaltkreisen zu koppeln (s. Abbildung 2.46).

Die Komponenten, OE-VLSI-Schaltkreise oder Steckeranschlüsse, werden z.B. auf ein Glassubstrat aufgebracht, welches als Trägermaterial fungiert. Innerhalb des Glassubstrates erfolgt eine durch Totalreflektion bedingte Freiraumübertragung zwischen den einzelnen Komponenten. Es sei an dieser Stelle ausdrücklich betont, dass es sich dabei um eine Freiraumübertragung handelt, da die Lichtwelle nicht in Wellenleiterstrukturen geführt wird. Zur gerichteten Übertragung und Formung der Lichtstrahlen können z.B. durch Anwendung lithographischer und anderer in der Mikroelektronik etablierter Techniken mikrooptische Abbildungssysteme in die Oberfläche des Glassubstrates monolithisch integriert werden. Alle optischen Abbildungselemente werden in einem Schritt, d.h. durch Herstellung einer Maske auf das Glassubstrat aufgebracht. Dadurch ist das Problem der Dejustage der optischen Komponenten untereinander praktisch beseitigt.

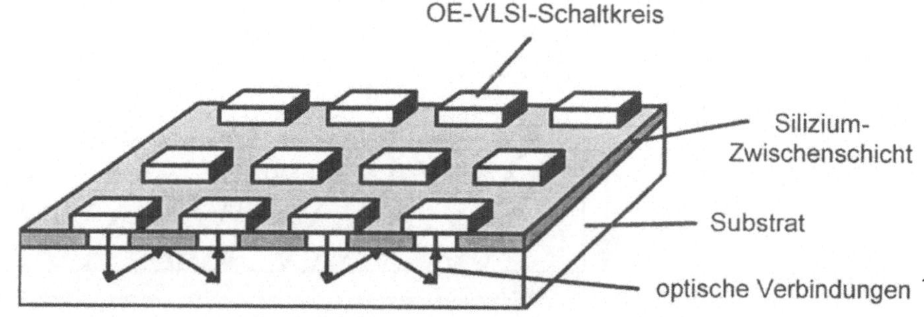

Abbildung 2.46: Optisches Multi-Chip-Modul mit planarer Optik [Jahn94]

In einem Experiment konnten Jahns und Sinzinger [JaSi97] zeigen, dass durch Integration eines hybriden optischen Abbildungssystems in einem planaren optischen System die Übertragung von 2500 parallelen optischen Kanälen realisiert werden kann. Ein hybrides optisches Abbildungssystem besteht aus einem nach einer Empfänger- und vor einer Senderebene vorhandenen Mikrolinsenfeld und einer dazwischen befindlichen konventionellen Linse (s. Abbildung 2.47). Das bewirkt eine gezielte Beleuchtung von Empfängerorten, die gleichmäßig und im festen Abstand voneinander in einem Feld angeordnet sind (engl.: *dilute arrays*). Eine Abbildung der Empfängerebene mit einer „großen" Linse würde dagegen zu einer konstanten Auflösung über das gesamte Bildfeld und einer damit verbundenen Verschwendung von Ortsbandbreite führen. Andererseits ist aufgrund der Beugung an den Pupillen der Mikrolinsen und dem damit verbundenen optischen

Übersprechen die Verbindungsdistanz begrenzt. Dies lässt sich durch Einsatz einer nachgeschalteten konventionellen Linse beheben. Abbildung 2.47 zeigt den zugehörigen planar optischen Aufbau zu diesem hybriden Abbildungssystem. Die Substratdicke betrug 6 mm, die Übertragungsstrecke 8.6 mm; über diese kann ein 50×50 Feld optischer Kanäle mit 50 µm Abstand zwischen zwei OE-VLSI-Schaltkreisen übertragen werden. Die einzelnen optischen Kanäle wurden über eine in xy-Richtung verschiebbare Monomodefaser angesprochen. Die einzelnen abgebildeten Bildpunkte wurden mit einer CCD-Kamera aufgenommen.

Ein Problem bei dieser Technik stellen die auftretenden Lichtverluste dar. Insgesamt kamen im Experiment nur 3.75 % der eingekoppelten Lichtleistung am Empfänger an. Dies hat zwei Gründe. Zum einen die häufig auftretenden Totalreflektionen an den oberen und unteren Substratgrenzen, bei der pro Reflektion nur 85 % des Lichtes zurück reflektiert werden. Zum anderen die geringe Einkoppeleffizienz bei den einkoppelnden Mikrolinsen. Eine Erhöhung der Stufenanzahl bei den durch mehrstufige Phasenprofile erzeugten einkoppelnden Linsen und ein durch Metallbeschichtung des Substrates höherer Reflektionsfaktor können eine Verbesserung von 20 bis 50 % pro Kanal bewirken.

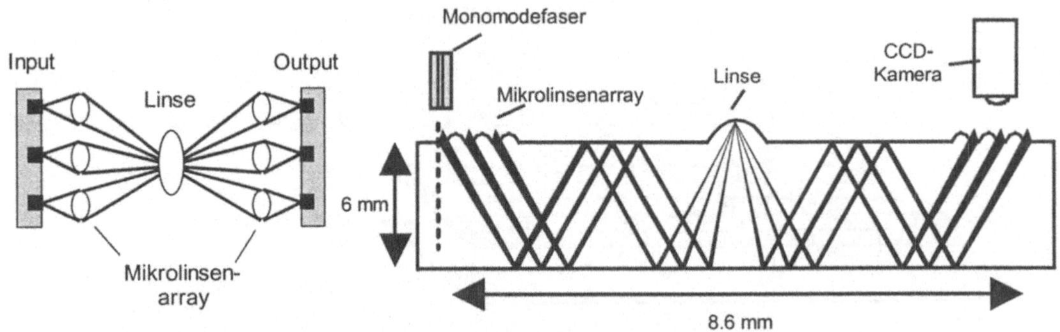

Abbildung 2.47: Schema des Experimentieraufbaus; links optisches System, rechts zugehörige planar optische Lösung in Seitenansicht [JaSi97]

Insgesamt stellt sich die planare Optik als eine sehr attraktive Technologie für die Realisierung optischer Multi-Chip-Module dar, die hochdichte und schnelle optische Verbindungen zum Aufbau 3-dimensionaler OE-VLSI-Systeme bereitstellt. Abbildung 2.49 links zeigt ein Beispiel für ein solches Multi-Chip-Modul. Die drei dunkel gefärbten Rechtecke oben, links und rechts entsprechen Fresnelzonenlinsen und metallischen Spiegeln zur Realisierung einer optischen Übertragung. Der hellere Fleck in der Mitte entspricht der Position, auf der ein OE-VLSI-Schaltkreis aufgebracht werden kann. Das Bild rechts zeigt den Gesamtaufbau mit elektrischen Leitungen und Kontakten, die direkt auf die Substratoberseite aufgebracht werden, um notwendige elektrische Signale zu übertragen, wie z.B. die

Spannungsversorgung für die optoelektronischen Chips oder Signale von Probe-
nadeln für Testzwecke.

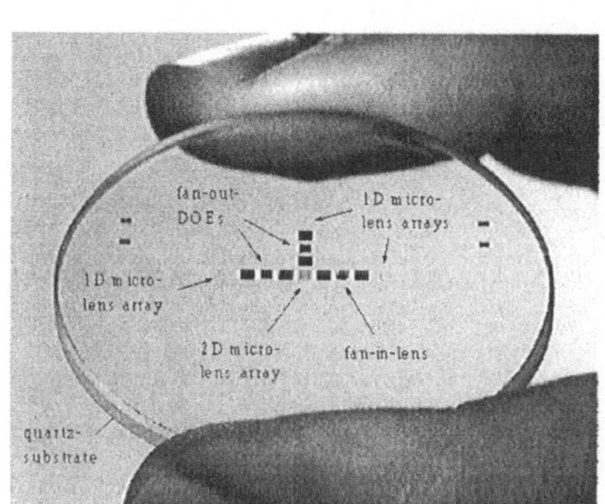

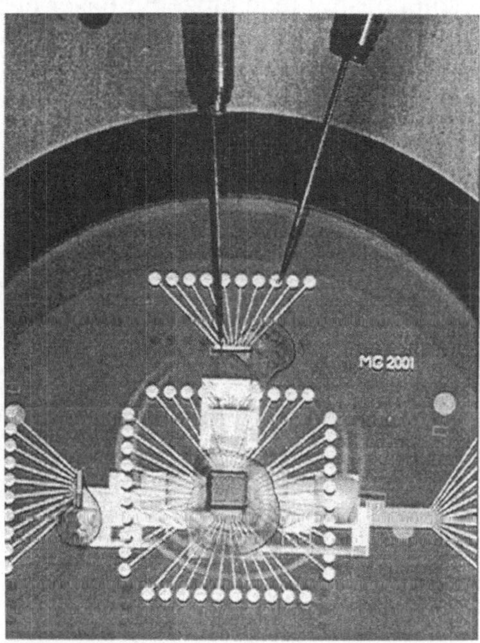

Abbildung 2.48: Optisches Multi-Chip-Modul in planar optischer Aufbautechnik (links);
Elektrische Anschlüsse mit Mikrooptik integriert auf der Glasoberfläche
(rechts); (Quelle M. Gruber, FernUniversität Hagen, [GSJ01]).

2.5.3　Faserfelder

Bei Übertragungen mit einer Entfernung von mehr als zwei bis drei Zentimetern,
z.B. zwischen OE-VLSI-Schaltkreisen auf benachbarten Baugruppen, empfiehlt
sich der Einsatz von Faserfeldern (s. Abbildung 2.49). Damit kann z.B. ein kom-
binierter optoelektronischer Sender-/Empfängerbaustein, in dem als optische Ausgänge fungierende VCSEL und als optische Eingänge fungierende Dektektoren
abwechselnd angeordnet sind, mit einem CMOS-Chip, der z.B. ein Prozessorfeld
enthält, verbunden und in diskreter Aufbautechnik auf einer Platine aufgebaut[7]
werden. Ferner können viele solcher Faserfelder auch für Verbindungen über
benachbarte Platinen hinweg benutzt werden, was eine höhere Verbindungsdichte
als mit elektronischen Bussen ermöglicht. Über den optischen Sender-/Empfän-
gerchip werden die trichterförmig aussehenden Faserfelder montiert. Auf der Un-

---

[7]　Die diskrete Lösung ist als Zwischenlösung zu verstehen. Langfristig wird man eine gestapelte
Lösung anstreben, in der das Faserfeld auf einem CMOS-Schaltkreis mit Flip-Chip-montierten
Sender-/Empfängerbaustein aufgesetzt wird.

terseite dieses "Trichters" befindet sich das eigentliche Faserfeld. Auf der oberen Seite kommen die Fasern als Bündel heraus. In dem in Abbildung 2.49 skizzierten Beispiel besitzt jede einzelne Faser des in der Mitte angeordneten Faserfeldes eine 1-auf-2 Aufspaltung. Damit lässt sich z.B. ein schneller Fan-Out realisieren.

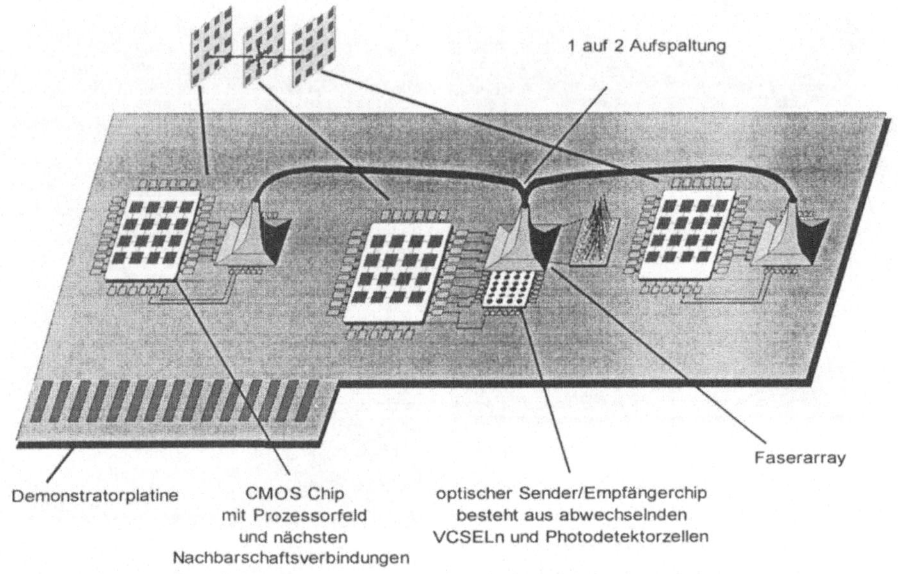

Abbildung 2.49: Optische Chip-to-Chip Verbindung mit Faserfeldern

Am Institut für Physikalische Hochtechnologie Jena hergestellte Faserfelder [HHB97] haben beispielsweise den in Abbildung 2.50 skizzierten Aufbau. Um die einzelnen Fasern arretieren zu können, bedarf es Halteelemente, die z.B. durch tiefengeätzte Fenster in Siliziumstrukturen hergestellt werden. Diese Öffnungen wurden im Raster von 500 µm realisiert. Nach Einführen und Arretieren der Fasern wurde die Struktur vergossen. Die Stirnfläche der entstandenen Anordnung wurde plan geschliffen und poliert.

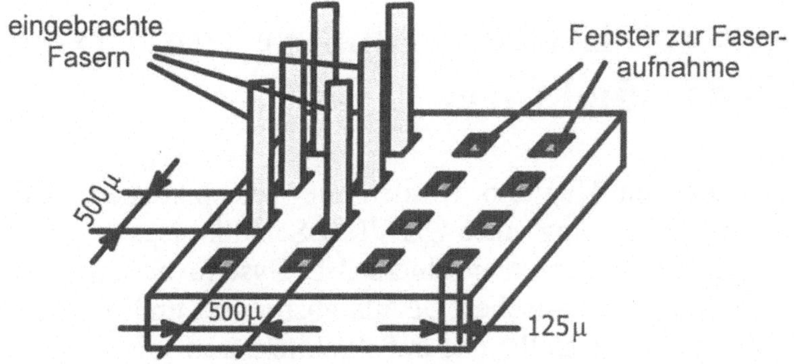

Abbildung 2.50: Aufbau eines Faserarrays [HHB97]

Bei den realisierten Arrays wurde mit 25 Fasern eine Positioniergenauigkeit von ±2 μm erreicht. Die Schwankung der Transmissionswerte für die einzelnen Fasern lag unter 7 %. Ein Übersprechen benachbarter Fasern war messtechnisch nicht nachweisbar. Abbildung 2.51 links zeigt einen von der Stirnseite des Halteelementes aufgenommenen Ausschnitt eines Faserarrays mit 500 μm Raster.

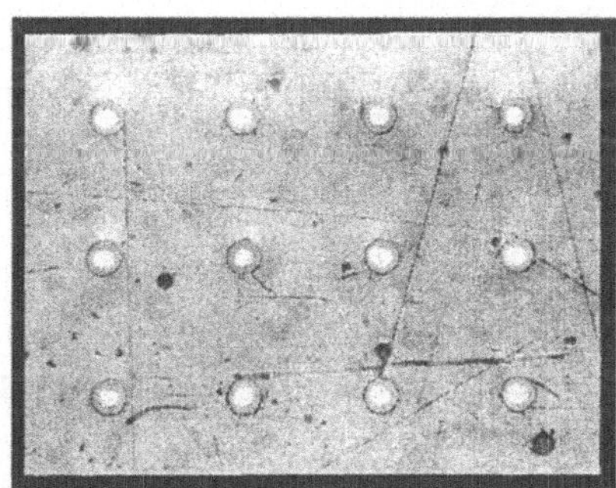

Abbildung 2.51: Ausschnitt aus einem Faserarray in Si-Ätztechnik (links) [HHB97] und in PMMA (rechts) [BaSc99] (Quelle L. Hoppe IPHT/Uni Jena)

Bei nachfolgenden Entwicklungen wurde das Rastermaß auf 250 μm halbiert und das Rasterfeld in PMMA realisiert. Da sich hierbei die Justierung der Fasern schwieriger gestaltete, wurde die Herstellung der Halterungen geändert. Die neue Struktur besteht aus einem entlang Spalten und Zeilen verlaufenden V-förmigen Schlitzraster. An den Kreuzungspunkten entstehen punktförmige Öffnungen, wo die Faser eingefädelt wird. Damit könnte man prinzipiell 1600 optische Pads an einen OE-VLSI-Schaltkreis mit 1 cm² Fläche anschließen. Ferner ist in Zukunft geplant, solche Faserfelder mit einer Chip-size Opto-Koppler genannten mikromechanischen, steckbaren Verbindung zu versehen, die über einem Fenster in der Mitte eines gehäusten optoelektronischen Chips angebracht wird.

3 Allgemeine Leistungsanalyse von 3-D OE-VLSI-Architekturen

In den vorangegangenen Kapiteln wurden die verschiedenen technologischen Möglichkeiten der Realisierung eines OE-VLSI-Schaltkreises und dessen Integration mit optischen Bauelementen in einem 3-D System beschrieben. In diesem Kapitel wird von den physikalischen Details abstrahiert und ein Modell für 3-D OE-VLSI-Schaltkreise aufgestellt, das auf Architekturen mit bestimmten Eigenschaften zugeschnitten ist. Mit Hilfe der aus diesem Modell abgeleiteten mathematischen Formeln kann für konkrete Architekturen eine *parametrisierte Leistungsanalyse* durchgeführt werden. Die Aufgabe der im Rahmen dieser Arbeit entwickelten parametrisierten Leistungsanalyse ist es, anhand von Kurven

- die zu erwartende Rechenleistung einer spezifizierten 3-D OE-VLSI-Architektur bereits vor dem konkreten Entwurf in erster Näherung zu berechnen,
- Schnittpunkte anzugeben, ab denen der Einsatz der Optik in einer Architektur im Vergleich zu rein elektronischen Schaltkreisen eine Leistungssteigerung ergibt (engl. "*break-even-points*"),
- schnell und flexibel Spezifikationen für optische und optoelektronische Bauelemente abzuleiten, die von der Informatik als Empfehlung an die Entwickler von Bauelementen weitergegeben werden und die, sofern sie erfüllt werden, eine signifikante Leistungssteigerung garantieren.

Bei der Herleitung der Formeln wird eine Unterscheidung zwischen logischen und technologischen Größen vorgenommen. Die logischen Größen lassen sich direkt aus der Architektur ableiten. Die technologischen Größen werden dagegen als Parameter behandelt, die bestimmte Eigenschaften der optischen und optoelektronischen Bauelemente betreffen. Erst bei der Abbildung auf eine konkrete Hardware, also z.B. einem VCSEL-basierten Schaltkreis bzw. einem gesteckten oder planar optischen System, werden diese mit konkreten Werten versehen.

Eine parametrisierte Leistungsanalyse erlaubt Vergleiche mit rein-elektronischen Architekturlösungen. Dies unterstützt nachhaltig das primäre Ziel der Forschungsrichtung "Optik in der Rechentechnik", nämlich nennenswerte Verbesserungen der Rechenleistung gegenüber rein-elektronischen Architekturen zu erzielen. Zunächst wird in Kapitel 3.1 ein abstraktes Architekturmodell eingeführt, das den Ausgangspunkt für die parametrisierte Leistungsanalyse darstellt. Anschließend werden in Kapitel 3.2 anhand dieses Architekturmodells die für die Leistungsbewertung notwendigen mathematischen Formeln aufgestellt. Im Kapitel 4 werden die für die Bewertung verschiedener Architekturbeispiele abgeleiteten Formeln angewandt.

3.1 Abstraktes Architekturmodell für 3-D OE-VLSI-Systeme

Das durch die Verbindung von Optik und Elektronik in 3-D OE-VLSI-Systemen gegebene Potential fordert die Informatik und hier speziell die Rechnerarchitektur heraus, neue Architekturkonzepte zu entwickeln, die optimal auf die neue Situation zugeschnitten sind. Maßgabe ist dabei, durch konsequente Ausnutzung der dritten Dimension eine deutliche Leistungssteigerung gegenüber existierenden rein-elektronischen und planar aufgebauten Architekturen zu erzielen. Dafür reicht es nicht aus, einfach bestehende Architekturen um optische oder optoelektronische Anschlüsse zu erweitern. In diesem Falle würde man sich "nur" die hohe Zeitbandbreite der Optik zu Nutze machen und den Vorteil der hohen Ortsbandbreite, also der hohen Kanaldichte, verschenken. Um die Leistungsfähigkeit einer hochdichten parallelen optischen Kommunikationsschnittstelle, die z.B. direkt aus dem Schaltkreis herausführt, auch effizient zu nutzen, muss dies in der Architektur speziell berücksichtigt werden. Der Vorteil kurzer Verbindungswege vom optischen off-chip Anschluss bis zum Bestimmungsort auf dem Chip darf nicht durch eine unpassende Architektur wieder verloren gehen. Zusammen mit der zu entwerfenden Architektur sind geeignete in Hardware zu implementierende Algorithmen erforderlich. Beim Entwurf von 3-D OE-VLSI-Systemen stehen dabei sowohl Universal- als auch Spezialarchitekturen mit den nachstehend aufgelisteten acht Eigenschaften im Blickfeld, welche in konventionellen Architekturen zumeist nicht zu finden sind.

1. Vorrangiges Entwurfsziel ist die *Realisierung von Parallelprozessoren* auf Chipebene. Nur durch den Einsatz paralleler Systeme lassen sich gewünschte und geforderte Rechenleistungen im TFLOP-Bereich realisieren. Setzt man die Parallelität auf Chipebene durch Felder von Prozessorchips auf Leiterplattenebene fort, sind damit prinzipiell aufgrund hochdichter optischer Verbindungssysteme auf kleinstem Raum Rechenleistungen möglich, die früher ausschließlich platzintensiven Supercomputern vorbehalten waren.

2. Ferner werden *einfach aufgebaute PEs* angestrebt, um massiv-parallele Systeme mit Zehn- bis Hunderttausenden von PEs zu realisieren, die in sequentiell gestapelten und mit optischen Verbindungen gekoppelten Ebenen verteilt sind.

3. *Skalierbare Architekturen* sind wünschenswert, um einerseits der Systemgrenze des parallelen Rechensystems keine topologischen Grenzen aufzuerlegen und andererseits auf die durch die optische und optoelektronische Hardware gegebenen Rahmenbedingungen flexibel reagieren zu können.

4. Um diese enorme Parallelität zu erzielen, sind *fein-granulare oder mikro-granulare Strukturen* notwendig. Während in rein-elektronischen Architekturen der Vorteil fein-granularer Strukturen, nämlich eine sehr hohe Arbeitstei-

lung bei der Berechnung eines Problems anzubieten, häufig durch zu hohen Kommunikationsaufwand wieder zunichte gemacht wird, stellt die Optik in 3-D OE-VLSI-Systemen prinzipiell genügend Bandbreite bereit. Im Idealfall wird das in rein-elektronischen massiv-parallelen Systemen notwendige Einhalten eines guten Volume-to-Surface-Verhältnisses[8] hinfällig.

5. Ferner sollte man sich bei der Prozessorarchitektur auf eine regulär strukturierte, *SIMD-(single instruction multiple data)-"ähnliche" Hardware* orientieren. Dies vereinfacht Entwurf, Herstellung und Test der OE-VLSI-Schaltkreise sowie der mikrooptischen Bauelemente, da sich die Regularität der Prozessorarchitektur auch in der Verbindungstopologie widerspiegelt, die durch mikrooptische Bauelemente realisiert wird.

6. Auch wenn die Hardware SIMD-ähnlich aufgebaut sein soll, bedeutet dies nicht, dass es sich um klassische SIMD-Architekturen handelt, in der zu einem Zeitpunkt alle Prozessoren nur den gleichen Befehl auf unterschiedlichen Daten ausführen können. Vielmehr ist die parallele Prozessorarchitektur durch eine *VLIW-(very long instruction word)-Befehlsstruktur* gekennzeichnet. D.h., durch ein langes Befehlswort, das z.B. als ein Vektor zeitlich vor den Daten auf die erste Ebene einer 3-D OE-VLSI-Struktur übertragen wird, können die einzelnen von der Hardware identisch aufgebauten Rechenwerke unterschiedliche Operationen ausführen.

7. Die verschiedenen Operationen werden jedoch alle zur gleichen Zeit gestartet und beendet. Durch diese *parallele synchrone Bearbeitung* bedarf es nur eines einzigen externen Steuerwerkes.

8. Wann immer möglich soll durch konsequente Anwendung der Mechanismen bei der Datenverarbeitung nach dem *Fließbandprinzip (Pipelineverarbeitung)* eine Optimierung des Durchsatzes herbeigeführt werden.

Abbildung 3.1 zeigt das abstrakte Modell einer 3-D Architektur, welche die oben aufgelisteten Eigenschaften besitzt. Auch wenn die abgebildete Struktur zunächst an die in Kapitel 2.4 vorgestellte Integrationstechnik der gesteckten Optik erinnert, wird an dieser Stelle völlig offengelassen, ob die Verbindung zwischen OE-VLSI-Schaltkreisen mit gesteckter Optik oder mit planarer Optik erfolgt bzw., ob die OE-VLSI-Schaltkreise als VCSEL- oder FLC-basierte Systeme realisiert sind. Dies ist eine Frage, die bei der Abbildung eines konkreten Architekturvorschlags auf die Bauteileebene zu beantworten ist. An dieser Stelle ist vielmehr wichtig, dass es sich um eine 3-D Struktur mit einem in einer Richtung stattfindenden Signaltransport handelt, in der die gestapelten Prozessorebenen durch ein

---

[8] Unter Volume-to-Surface versteht man das Verhältnis von der Anzahl der Rechenoperationen zur Zahl der Ein- und Ausgabegrößen, welches möglichst ausgewogen sein sollte, um durch Kommunikationsengpässe bedingte Leistungseinbußen zu vermeiden.

paralleles, die gesamte Schaltkreisfläche nutzendes Verbindungssystem kommunizieren.

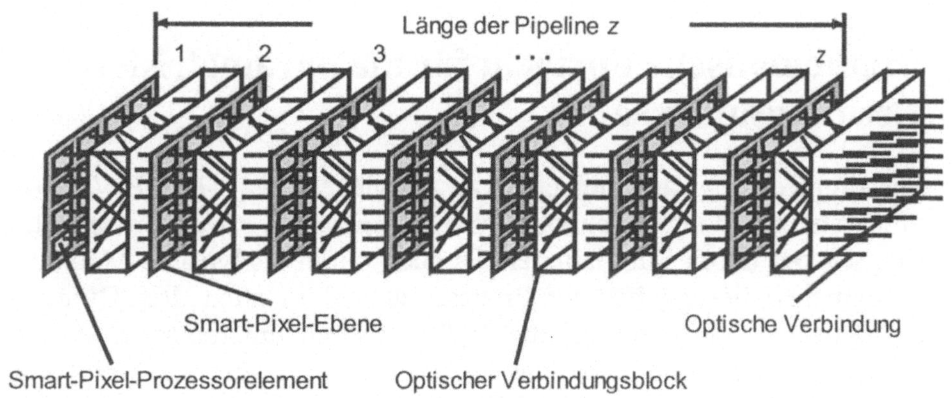

Abbildung 3.1: Allgemeine Struktur eines 3-D OE-VLSI-Systems

Kernelemente einer Prozessorebene sind optoelektronische PEs, die aus optischen Ein-/Ausgängen und einer dazwischen befindlichen Digital- oder Analogelektronik bestehen. Betrachtet man die optischen Ein-/Ausgänge als Bildpunkte (*pixels*), die durch die Elektronik mit einer einfachen, lokalen Intelligenz ausgestattet sind, so spricht man in diesem Zusammenhang in der Literatur auch häufig von *Smart Pixels*. Zunächst verband man mit Smart Pixels häufig die Vorstellung, dass die Logik sehr einfach, in der Regel nur aus wenigen Gatterstufen aufgebaut sei. Um trotz dieser einfachen Logik dennoch effiziente Architekturen aufzubauen, wäre sowohl eine sehr hohe Pixelanzahl als auch eine große Anzahl hintereinander angeordneter Smart-Pixel-Ebenen erforderlich. Dies erweist sich für eine kurz- bis mittelfristige angelegte Realisierung als hinderlich.

Es ist daher sinnvoller, zu komplexeren Prozessorstrukturen überzugehen, die zwar deutlich weniger Komplexität besitzen als Prozessoren wie der DEC Alpha oder der INTEL Pentium, aber mehr Funktionalität bieten als die wenigen Gatter, die sich in den ersten in der Literatur als Smart Pixels bezeichneten Architekturen befanden. Entscheidend für die Architekturphilosophie eines Smart Pixels ist die Orientierung an einer fein-granularen Prozessorstruktur und insbesondere die Beibehaltung des Prinzips der Lokalität von Prozessorschaltkreis und optischen Ein-/Ausgängen. Solange diese beiden Prinzipien gewahrt bleiben, werden im Folgenden die Begriffe optoelektronisches PE und Smart Pixel synonym verwendet.

Man wird bestrebt sein, möglichst viele Smart Pixels in einem OE-VLSI-Schaltkreis zu integrieren. Eine Smart-Pixel-Ebene besteht aus einem solchen OE-VLSI-Schaltkreis bzw. mehreren in einem Feld angeordneten OE-VLSI-Schaltkreisen.

Mehrere solcher Ebenen werden als 3-D OE-VLSI-System gestapelt und benachbarte Ebenen werden durch optische Verbindungsmodule optisch miteinander verbunden.

3.2 Mathematische Formeln für die parametrisierte Leistungsanalyse

Um zu bestimmen, ab wann bei einer zu entwickelnden 3-D OE-VLSI-Architektur ein Leistungsgewinn gegenüber rein-elektronischen Lösungen eintritt, ist es notwendig, sowohl durch Simulationen als auch durch analytische Methoden die benötigte Dimensionierung bei der Prozessoranzahl in allen drei Dimensionen sowie die optische "Verdrahtung" dieser Prozessoren untereinander zu spezifizieren. Ausgangspunkt bildet dabei das in Abbildung 3.1 gezeigte Architekturmodell. Wir charakterisieren einen OE-VLSI-Schaltkreis anhand *technologischer* und *logischer* Größen (s. Abbildung 3.2). Die logischen Größen sind durch den in der Architektur implementierten Algorithmus gegeben. Die technologischen Größen hingegen stammen aus der Physik, sie spezifizieren die verwendeten Bauteile.

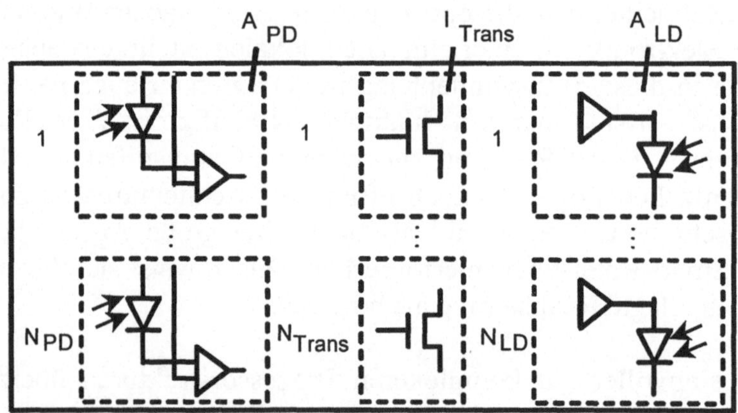

Abbildung 3.2: Logische und technologische Größen eines optoelektronischen PEs

Zu den logischen Größen, die ein optoelektronisches PE spezifizieren, gehören die Anzahl der im PE benötigten Transistoren N_{Trans} und die Anzahl der optischen Ein-/Ausgänge N_{PD} bzw. N_{LD}. Zu den technologischen Größen, die den Platzbedarf des PEs innerhalb einer Ebene spezifizieren, gehören die Größe eines als optischer Eingang fungierenden optischen Empfängers A_{PD}, die in Transistoren pro mm² gemessene Integrationsdichte des elektronischen Schaltkreises I_{Trans} und die Größe eines als optischer Ausgang fungierenden Transmitters A_{LD}, also z.B. einer Laserdiode oder LED oder einem FLC-Modulator. Dabei beinhalten die Größen der optischen Sender und Empfänger nicht nur die Flächen der Dioden

bzw. Modulatoren, sondern auch den Platz eventuell dazugehörender Treiber-
schaltkreise. Bei der Leistungsabschätzung einer bestimmten Architektur wird
deren Durchsatzleistung für konkrete logische Werte und in Abhängigkeit von den
technologischen Größen bestimmt.

Diese Größen erlauben uns, den Flächenbedarf A_{PE} für ein einzelnes PE zu berechnen (3.1) und damit auch die maximale Anzahl integrierbarer Prozessorelemente $\#PE$ in einem einzelnen Chip der Fläche A_{chip} (3.2).

$$A_{PE} = N_{PD} \cdot A_{PD} + \frac{N_{Trans}}{I_{Trans}} + N_{LD} \cdot A_{LD} \tag{3.1}$$

$$\#PE = \frac{A_{Chip}}{A_{PE}} \tag{3.2}$$

Tabelle 3.1 zeigt typische Werte für die technologischen Größen I_{Trans} und A_{Chip}
gängiger CMOS-Prozesse mit verschiedenen Strukturbreiten, wie sie in der
Roadmap der Semiconductor Industry Association [SIA97] veröffentlicht wurden.
Ferner sind für die einzelnen CMOS-Prozesse typische Werte für die in Mikro-
prozessoren erreichbaren Taktfrequenzen angegeben. Auf diese Werte wird im
Verlauf der durchgeführten Leistungsanalysen zurückgegriffen.

Tabelle 3.1: Technologiedaten für verschiedene CMOS Prozesse [SIA97]

Struktur-breite	Integration density I [10^6 transistors/cm²]	area A_{chip} [cm²]	clock frequency f [MHz]
0.7 µm	0.5	1	100
0.5 µm	1	2	200
0.35 µm	2	2.5	300

Ein weiterer wichtiger technologiespezifischer Parameter ist das Rastermaß
(*pitch*) bzw. die Pixeldichte p_x und p_y der optischen Empfänger und Sender in x-
und y-Richtung (s. Abbildung 3.3).

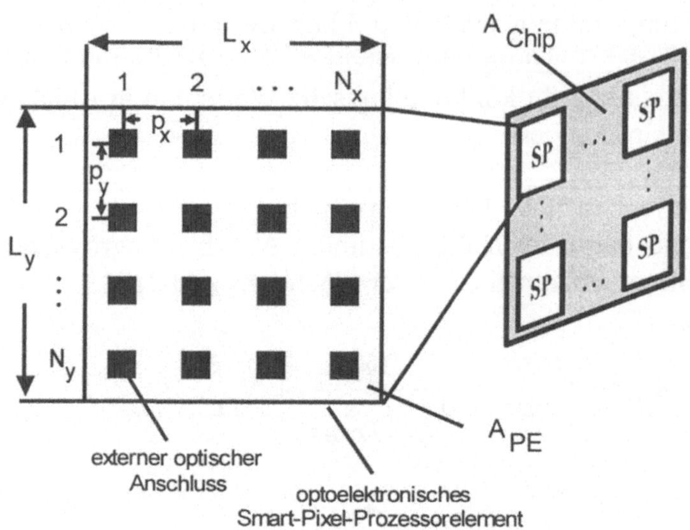

Abbildung 3.3: Geometrie eines optoelektronischen Smart-Pixel-PEs

Mit Hilfe der Größe eines einzelnen PEs und der Anzahl der optischen Ein- und Ausgänge pro PE läßt sich der minimale Rasterabstand der optischen Ein-/Ausgänge spezifizieren. Für die folgende Herleitung des minimalen Rasterabstandes ist es unerheblich, zwischen optischen Ein- und Ausgängen zu unterscheiden. Entscheidender ist die Anzahl der externen optischen Anschlüsse eines optoelektronischen PEs in x- und y-Richtung, N_x bzw. N_y. Das Produkt von N_x und N_y entspricht genau der Anzahl optischer Ein- und Ausgänge in einem PE (3.3).

$$N_x \cdot N_y = N_{PD} + N_{LD} \qquad (3.3)$$

Wie man in Abbildung 3.3 einfach erkennen kann, lassen sich die Seitenlängen L_x und L_y des PEs leicht aus den Rasterabständen und der Anzahl der Anschlüsse in beiden Dimensionen bestimmen (3.4).

$$L_x = N_x \cdot p_x \qquad L_y = N_y \cdot p_y \qquad (3.4)$$

Da aus den Seitenlängen sofort auf die Fläche geschlossen werden kann (3.5), lässt sich aus der z.B. in (3.1) bestimmten Fläche des optoelektronischen PEs der minimale Rasterabstand p_{min} ableiten (3.6). Dazu wird vereinfachend der gleiche Rasterabstand in x- und y-Richtung angenommen, d.h. $p_x = p_y$.

$$A_{PE} = L_y \cdot L_x = N_x \cdot p_x \cdot N_y \cdot p_y \tag{3.5}$$

$$p_{min} = \sqrt{\frac{A_{PE}}{N_x \cdot N_y}} \tag{3.6}$$

Der minimale Rasterabstand ist ein Beispiel dafür, wie nach der erfolgten Abbildung der Architektur eines optoelektronischen PEs auf ein Schaltkreislayout eine Spezifikation für die notwendigen mikro- und optoelektronischen Bauelemente abgeleitet wird. Dabei wird angenommen, dass die Fläche des PEs so kompakt wie möglich ist, und dass das Raster der optischen externen Anschlüsse daran angepasst werden muss.

Nun kann es in der Praxis durchaus zu einer Situation kommen, z.B. bei der Verwendung eines modernen 0.25 µm CMOS-Prozesses, in der die resultierende Fläche des PEs so klein wird, dass sich die notwendige Rasterdichte nicht realisieren lässt. Dann macht es Sinn, den umgekehrten Weg beim Design des Chips zu verfolgen. D.h. man geht nicht von dem Flächenmaß des PEs aus und versucht, in dieses die externen optischen Anschlüsse "reinzuzwängen", sondern ausgehend von einer realisierbaren Fläche für die externen optischen Anschlüsse wird die zugehörige Schaltkreisfläche möglichst vollständig ausgefüllt. Wird das in Kapitel 3.1 formulierte Entwurfsziel einer in allen drei Dimensionen skalierbaren 3-D Architektur eingehalten, so ist eine solche Maßnahme leicht durchzuführen. Anstatt mehrere PEs in aufeinander folgenden optisch miteinander verbundenen Schaltkreisebenen zu verteilen, werden mehrere Stufen der Pipeline in einem Chip integriert und nur die erste und letzte Stufe mit einer optischen Verbindungsschnittstelle ausgestattet. Abbildung 3.4 zeigt dieses Vorgehen für das Beispiel einer aus sechs Schaltkreisebenen bestehenden Pipeline, bei der jeweils drei aufeinanderfolgende Ebenen zu einer Ebene zusammengefasst werden.

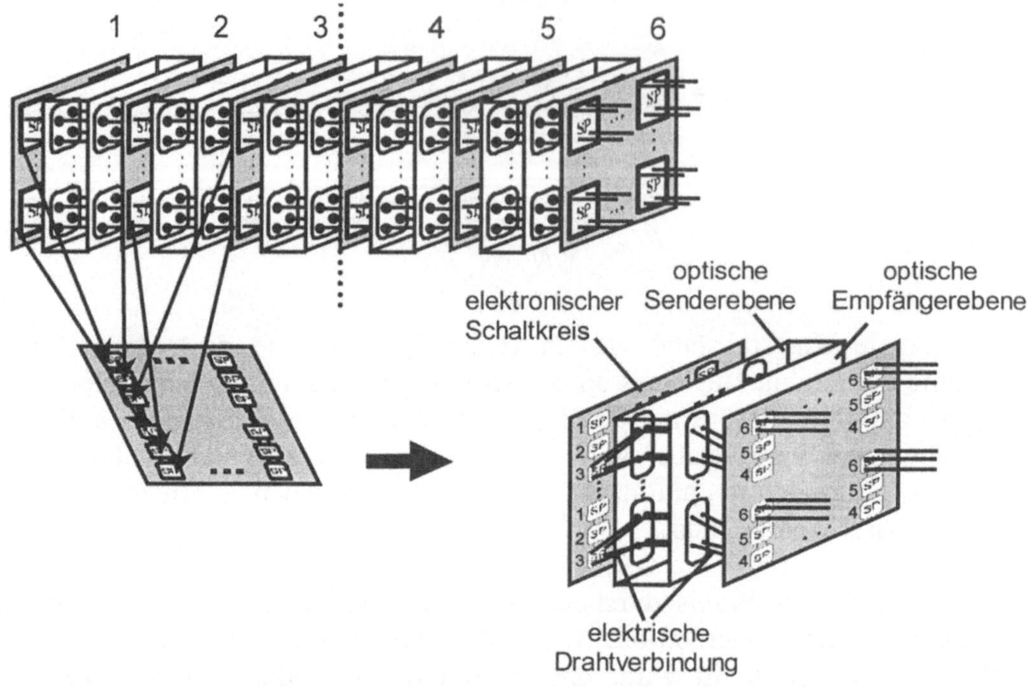

Abbildung 3.4:   Zusammenfassen einer fein-granularen Struktur zu einer grob-körnigeren
Architektur mit größerem Rasterabstand

Die Verdrahtung zur Verbindung der Zwischenstufen erfolgt dann elektronisch
auf dem Chip. Diese Vorgehensweise führt einerseits zu einem erweiterten und
damit eher realisierbaren Rasterabstand. Ferner verringert sich auch die Anzahl
der optisch miteinander zu verbindenden Schaltkreisebenen. Andererseits wird
aber auch die Anzahl der parallelen Pipelinestufen innerhalb des 3-D Systems abnehmen, da wir uns weg von einer fein-granularen und mehr hin zu einer gröb-
körnigen Granularität der PEs bewegen. Wo im besten Fall der Schnitt in der fein-
granularen 3-D Struktur zu machen ist, hängt von verschiedenen Faktoren ab, so
z.B. dem Stand der Technik bei den optischen und optoelektronischen Bauelementen und schließlich nicht zuletzt auch von der angestrebten Rechenleistung
des elektronischen Schaltkreises. Im folgenden Kapitel wird dies anhand von konkreten Architekturbeispielen noch genauer aufgezeigt.

Zuvor werden jedoch noch zwei wichtige Formeln abgeleitet, die in Kapitel 4 für
die Leistungsanalyse von Architekturen benötigt werden. Dazu sind zunächst
noch die Anzahl der Stufen *#stages* zu bestimmen, die in einem Chip integrierbar
sind. Diese Größe ergibt sich durch den Quotienten aus der Fläche für die externen optischen Anschlüsse und der Chipfläche für ein einzelnes optoelektronisches
PE (3.7).

$$\# stages = \frac{N_x \cdot N_y \cdot p_x \cdot p_y}{A_{PE}} \tag{3.7}$$

Eine weitere wichtige Größe, die eine Aussage über die Komplexität eines 3-D OE-VLSI-Systems zulässt, ist die Anzahl notwendiger Schaltkreisebenen *#circuits*. Sie errechnet sich aus dem Quotienten der Länge der Pipeline z und der Anzahl der in einem Schaltkreis zusammengefassten Stufen *#stages* (3.8).

$$\# circuits = \frac{z}{\# stages} = \frac{z \cdot A_{PE}}{N_x \cdot N_y \cdot p_x \cdot p_y} \tag{3.8}$$

Eine für die Bestimmung der Rechenleistung weitere wichtige technologiespezifische Größe ist die Taktfrequenz f. Diese gibt an, mit welcher Frequenz jede einzelne Ebene aus Abbildung 3.1 getaktet werden kann. Entscheidend dafür ist der kritische Pfad, also der Pfad mit der längsten Signallaufzeit zwischen zwei getakteten Speicherelementen innerhalb des PEs. Da wir von weitestgehend gleich aufgebauten Schaltkreisebenen ausgehen, ist es gerechtfertigt, die gleiche Taktfrequenz für alle Ebenen anzunehmen. Sollten dennoch Abweichungen unvermeidbar sein, so bestimmt die Ebene mit der größten Durchlaufzeit den Takt f. In jedem Fall ist unter dieser Annahme f zugleich identisch mit der maximalen Durchsatzrate der Fließbandarchitektur.

Die Gesamtrechenleistung, ausgedrückt als der maximal erreichbare Durchsatz, errechnet sich nun mit Hilfe von (3.9) aus der Anzahl integrierbarer Pipelines pro Chip multipliziert mit der Taktfrequenz f und einem Skalierungsfaktor k, in welchem die zu verarbeitende Wortlänge eingeht (3.9). Der Wert von k hängt vor allem davon ab, wie viele Bits in einem einzelnen PE verarbeitet werden. Handelt es sich beispielsweise um einen 1-Bit Prozessor, so müssen, um die Leistung in Verarbeitung von 32-Bit Ganzzahlworten auszudrücken, genau 32 1-Bit Prozessoren zusammengefasst werden. In diesem Falle wäre der Skalierungsfaktor k gleich 32, um mit (3.9) die Leistung in Anzahl Instruktionen pro Sekunde auszudrücken, wobei sich in diesem Falle eine Instruktion auf die Verarbeitung eines 32-Bit Wortes bezieht.

$$P = \frac{\text{Chipfläche}}{\text{Fläche pro Stufe}} \cdot f \cdot \frac{1}{k} = \frac{A_{chip}}{\# stages \cdot A_{PE}} f \cdot \frac{1}{k} = \frac{A_{chip}}{N_x \cdot N_y \cdot p_x \cdot p_y \cdot k} f \qquad (3.9)$$

Mit Hilfe der in diesem Kapitel entwickelten Formeln lassen sich Kurven ableiten, aus denen schnell die zu erwartende Rechenleistung eines 3-D OE-VLSI-Systems abgelesen werden kann. Dies kann in Abhängigkeit bestimmter auf den Abszissen definierter Bereiche geschehen, die von besonderem Interesse sind (engl.: *regions of interest*) . Ein solcher interessierender Bereich ist z.B. ein Rasterabstand von 125 µm bis 250 µm bei den externen optischen Anschlüssen, da es sich bei diesen Werten um in der Faserübertragungstechnik verwendete Standardmaße handelt. Schnittpunkte mit Geraden, die der Leistung existierender Rechensysteme entsprechen, helfen ferner die Wendepunkte zu spezifizieren, ab denen der Einsatz optischer und optoelektronischer Technologie eine Durchsatzverbesserung gegenüber rein-elektronischen Lösungen bringt. Beispiele, wie mit Hilfe der in diesem Kapitel vorgestellten Formeln aussagekräftige Bewertungen für konkrete Architekturen vorgenommen werden können, folgen im anschließenden Kapitel.

4 Architekturbeispiele für effiziente 3-D OE-VLSI-Schaltkreise

Im folgenden Kapitel werden einige Universal- und Spezialarchitekturen vorgestellt, die ideal für eine optoelektronische Realisierung geeignet sind. Die Vorschläge werden dabei weitestgehend bis auf die Bauteilebene spezifiziert.

Bei den Universalarchitekturen handelt es sich um
- eine superskalare 3-D Recheneinheit für Ganzzahlarithmetik (Kapitel 4.1) und
- eine Festpunktarchitektur auf der Basis von CORDIC und Bitalgorithmen, die z.B. für parallel arbeitende Signalprozessoren geeignet sind (Kapitel 4.2).

Bei den Spezialarchitekturen handelt es sich um
- dynamisch rekonfigurierbare Architekturen (Kapitel 4.3) und
- einen parallelen digitalen Bildverarbeitungsprozessor für Binärbilder (Kapitel 4.4).

Aus folgenden Gründen wurden genau diese Architekturen ausgewählt. (i) Allgemein gilt für alle Architekturen, dass sie einen hohen Bedarf an Bandbreite bei der Kommunikation zwischen dem Speicher und dem Prozessor bzw. zwischen benachbarten Prozessorebenen benötigen. Dies spricht für einen Einsatz optischer Verbindungen im Chip-to-Chip-Bereich. (ii) Ferner gilt für alle Architekturen, dass sie mit Hilfe eines parallelen Ein-/Ausgabefeldes zur externen Kommunikation sehr hohe Durchsatzleistungen erreichen. Die Architekturen benötigen dafür als elementare Dateneinheit nicht Worte, sondern binäre Datenebenen, die entweder zwischen Prozessorebenen untereinander oder zwischen einer Prozessor- und einer Speicherebene parallel übertragen werden müssen. Diese Anforderung lässt sich aufgrund der inhärenten Parallelität der Optik bei der Übertragung von Information optisch ideal erfüllen. (iii) Neben der hochdichten parallelen Übertragung benötigt die Architektur für Festpunktarithmetik Chip-externe Fan-Out-Strukturen, die sehr günstig mit optischen Verbindungen realisierbar sind. Die Information wird auf optischem Wege direkt zu der Stelle auf dem Schaltkreis übertragen, wo sie gebraucht wird, und muss nicht umständlich lange auf dem Schaltkreis verdrahtet werden. (iv) Ferner treffen auf alle Architekturen die in Kapitel 3.1 acht aufgelisteten Merkmale zu, die aus den dort erwähnten Gründen für eine Realisierung als 3-D OE-VLSI-System sprechen.

Bei allen folgenden Architekturvorschlägen werden zunächst die Architektur und die zugehörigen rechnerarithmetischen bzw. algorithmischen Verfahren beschrieben. Anschließend wird die Architektur auf eine entsprechende optoelektronische

Hardware abgebildet. Daraus lässt sich der notwendige Hardwareaufwand spezifizieren und mit Hilfe der Formeln aus Kapitel 3 ist eine allgemeine von bestimmten technischen Parametern abhängige Leistungsanalyse durchführbar. Falls für einzelne Architekturvorschläge bereits Demonstratorobjekte entwickelt wurden, werden diese kurz vorgestellt.

4.1 Ein optoelektronischer superskalarer 3-D Prozessor für Ganzzahlarithmetik

Wie bereits erwähnt, setzt die effiziente Nutzung der Vorteile hochdichter optischer Verbindungen für massiv-parallele 3-D OE-VLSI-Systeme die Entwicklung geeigneter Low-level-Algorithmen voraus. Bei einem Prozessor für Ganzzahlarithmetik ist es notwendig, zunächst die Möglichkeit einer schnellen Addition zu untersuchen. Die Addition binärer Zahlen ist die grundlegende Operation einer jeden Arithmetikeinheit, da alle weiteren Operationen wie die Subtraktion, die Multiplikation oder die Division auf die Addition zurückgeführt werden. Der hier ausgewählte Additionsalgorithmus basiert auf einem redundanten Zahlensystem. Dies ermöglicht die Ausführung einer Addition unabhängig von der Wortlänge n in einer konstanten Anzahl von Schritten [Aviz61].

Der große Vorteil eines redundanten Zahlensystems wird jedoch nicht ohne Preis erkauft. Als nachteilig erweist es sich, dass man zur Kodierung einer redundanten Ziffer, sofern man das bewährte digitale Prinzip nicht aufgeben will, mehr als ein Bit benötigt. Innerhalb des Rechenwerkes mag dies noch tolerierbar sein. Für den Speicher gilt dies jedoch nicht mehr, da sich ansonsten der Aufwand für die Speicherung von numerischen Werten mindestens verdoppeln würde. Somit ist vor dem Abspeichern eine Rückkonvertierung in die übliche 2-er Komplementdarstellung erforderlich. In den üblichen Verfahren zeigt sich hier jedoch wieder eine Abhängigkeit von der Wortlänge n, womit der Vorteil der Unabhängigkeit von der Wortlänge bei der Addition redundanter Zahlen wieder verloren gehen würde. Dieser Nachteil lässt sich jedoch durch das sogenannte *on-the-fly* Verfahren zur Rückkonvertierung von Ercegovac und Lang [ErLa87] kompensieren. Dieses Verfahren eignet sich sehr gut für Pipeline-Architekturen, da es die Rückkonvertierung in ohnehin notwendige Berechnungsschritte einbaut und somit keinen zusätzlichen Zeitaufwand verursacht. Genau diese Situation ist bei dem im Folgenden vorgeschlagenen 3-D OE-VLSI-System gegeben [FeDe00]. Es sei an dieser Stelle ausdrücklich betont, dass dieses Beispiel sehr gut zeigt, was mit der in der Motivation formulierten Forderung des optimalen Zusammenspiels von Algorithmus und 3-D OE-VLSI-Technologie gemeint ist.

4.1.1   Vorzeichenbehaftete Zahlendarstellung

Das redundante Zahlensystem, welches für die Arithmetikeinheit ausgewählt wurde, nutzt eine vorzeichenbehaftete Zifferndarstellung zur Basis 2. In Anlehnung an die englischsprachige Bezeichnung *signed-digit* (SD) wird eine solche Zahl im Weiteren als SD-Zahl bezeichnet. Eine SD-Zahl a zur Basis 2 hat folgende Form $a = \left(a_{n-1}, \ldots, a_0\right), a_i \in \{-1, 0, 1\}$. Der Wert von a wird durch die in (4.1) gezeigte Funktion $w(a)$ bestimmt.

$$w(a) = \sum_{i=0}^{n-1} a_i \cdot 2^i \tag{4.1}$$

Ferner wird im Folgenden die Notation $\overline{1}$ für die negative Ziffer -1 verwendet und SD-Zahlen mit Kleinbuchstaben und Binärzahlen mit Großbuchstaben bezeichnet. Weiterhin definieren wir gemäß (4.2) den positiven und negativen Teil, a^+ bzw. a^-, einer SD-Zahl a.

$$
\begin{aligned}
&\text{Sei } a = \left(a_{n-1}, \ldots, a_0\right) \text{ eine SD - Zahl zur Basis 2} \\
&a^+ = \left(a_{n-1}^+, \ldots, a_0^+\right) \text{ und } a_i^+ = 1 \Leftrightarrow a_i = 1 \ \wedge \ a_i^+ = 0 \Leftrightarrow a_i \neq 1 \\
&a^- = \left(a_{n-1}^-, \ldots, a_0^-\right) \text{ und } a_i^- = 1 \Leftrightarrow a_i = \overline{1} \ \wedge \ a_i^- = 0 \Leftrightarrow a_i \neq \overline{1}
\end{aligned}
\tag{4.2}
$$

Da das bewährte digitale Prinzip weiterhin gelten soll, benötigt man zur Speicherung einer vorzeichenbehafteten Binärziffer mindestens zwei Bits. Dazu wird die in Abbildung 4.1 gezeigte und auf Duprat und Muller [DuMu91] zurückgehende Kodierung gewählt, in welcher der positive und negative Teil einer SD-Zahl a zur Basis 2 in verschiedenen Bits gespeichert wird.

a_i^+	a_i^-	a
0	0	0
0	1	$\overline{1}$
1	0	1
1	1	X

X: nicht definiert

Abbildung 4.1: Kodierung einer SD-Zahl

Diese Art der Kodierung vereinfacht die Architektur aufgrund folgender Punkte:

- Jeder Wert hat eine einheitliche Darstellung. Dies vereinfacht Vergleiche größer und kleiner gleich 0, was in dem Algorithmus zur Division benötigt wird.

- Aufgrund der gewählten Kodierung sind a_i^+ and a_i^- niemals beide gleich logisch 1. Dies vereinfacht die Implementierung des entsprechenden logischen Schaltkreises.

- Die Negation von a kann einfach durch das Vertauschen des positiven und negativen Teils erfolgen.

- Ferner vereinfacht sich die Rückkonvertierung ins 2-er Komplement, da der negative und der positive Teil bereits getrennt sind.

4.1.2   Addition und Subtraktion

Eine weitere Vereinfachung der Hardwarerealisierung einer Addition und Subtraktion ist möglich, wenn einer der beiden Operanden in konventioneller Binärdarstellung gegeben ist. Das in Abbildung 4.2 gezeigte Schema zeigt den Additionsprozess für eine SD-Zahl a und eine Binärzahl B. Die Addition erfordert zwei Schritte. Zunächst werden die Zwischensumme z und die Übertragsbits c_i erzeugt. Anschließend kann die endgültige Summe direkt berechnet werden, da der Einfluss eines eventuell erzeugten Übertrages sich stets nur auf die direkt links benachbarte Bitposition, aber nicht darüber hinaus auswirkt. Die rechte Seite in Abbildung 4.2 zeigt die Funktionstafel zur Berechnung von c und z.

a_i^+	a_i^-	B_i	c_i^+	c_i^-	z_i^+	z_i^-
1	0	1	1	0	0	0
1	0	0	1	0	0	1
0	0	1	1	0	0	1
0	0	0	0	0	0	0
0	1	1	0	0	0	0
0	1	0	0	0	0	1

Abbildung 4.2:   2-stufige Addition einer SD-Zahl a und Binärzahl B mit zugehöriger Funktionstabelle

Wie man aus der Funktionstabelle erkennen kann sind die Werte c_i^- and z_i^+ stets gleich 0. Folglich müssen sie nicht berechnet und auch nicht gespeichert werden. Somit sind die folgenden Gleichungen (4.3) und (4.4) ausreichend, um die Zwischensumme und die Übertragsbits zu berechnen.

$$c_i^+ = a_i^+ \vee \left(B_i \wedge \overline{a_i^-} \right) \qquad \wedge: \text{and} \quad \vee: \text{or} \tag{4.3}$$

$$z_i^- = \left(a_i^+ \vee a_i^- \right) \oplus B_i \qquad \oplus: \text{exor} \tag{4.4}$$

Die Berechnung der Summenbits s_i gestaltet sich gemäß der in Abbildung 4.3 gezeigten Funktionstafel. Da die Werte c_{i-1}^+ und z_i^- stets gleich 0 sind, erhält man die relativ einfachen Booleschen Gleichungen (4.5) und (4.6).

z_i^+	z_i^-	c_{i-1}^+	c_{i-1}^-	s_i^+	s_i^-
0	0	0	0	0	0
0	0	1	0	1	0
0	0	0	1	x	x
1	0	0	0	x	x
1	0	1	0	x	x
1	0	0	1	x	x
0	1	0	0	0	1
0	1	1	0	0	0
0	1	0	1	x	x

$$s_i^+ = \overline{z_i^-} \wedge c_{i-1}^+ \tag{4.5}$$

$$s_i^- = \overline{c_{i-1}^+} \wedge z_i^- \tag{4.6}$$

x: don't care

Abbildung 4.3: Funktionstafel für die Addition zweier SD-Zahlen

Mit Hilfe der Beziehung aus (4.7) lassen sich für die Subtraktion die Formeln zur Berechnung der Bits der Zwischensumme (4.8) und der endgültigen Summe (4.9) ableiten. Man sieht, dass sich die Booleschen Gleichungen für die Subtraktion einfach durch wechselseitiges Vertauschen von a_i^+ mit a_i^- in (4.3) und (4.4) und s_i^+ mit s_i^- in (4.5) und (4.6) ermitteln lassen.

$$a - B = (-1) \cdot \left((-1) \cdot a + B \right) \tag{4.7}$$

$$c_i^+ = a_i^- \vee \left(B_i \wedge \overline{a_i^+} \right) \qquad z_i^- = \left(a_i^- \vee a_i^+ \right) \oplus B_i \tag{4.8}$$

$$s_i^+ = \overline{c_{i-1}^+} \wedge z_i^- \qquad s_i^- = \overline{z_i^-} \wedge c_{i-1}^+ \tag{4.9}$$

4.1.3 Realisierung der Multiplikation

Der für die Multiplikation verwendete Algorithmus arbeitet nach der bekannten "Stift-und-Papier Methode". D.h., die Multiplikation wird auf mehrfache Additionen zurückgeführt. Die Bits des Produktes werden beginnend ab der höchstwertigen Stelle (im folgenden abgekürzt mit MSB; engl.: *most significant bit*) erzeugt. In diesem Falle können die Produktbits, die als SD-Zahl gegeben sind, in das *on-the-fly* Rückkonvertierungsverfahren der Division integriert werden, wie später noch gezeigt wird. Den Algorithmus für die Multiplikation zweier Zahlen A und B einschließlich dem schematischen Ablauf zeigt Abbildung 4.4. In jeder Stufe einer Addition wird eventuell die Addition einer SD-Zahl s mit einer mit B identischen Binärzahl ausgeführt. Der Wert der Bitstelle A_{n-1} bestimmt, ob eine Addition auszuführen ist oder nicht. Eigentlich könnte man auf die Addition verzichten für den Fall, dass A_{n-1} gleich 0 ist. Es ist vom Hardwareaufwand jedoch einfacher stattdessen eine Addition von s mit 0 durchzuführen.

Da die Addition gleichzeitig in allen Bitpositionen ausgeführt wird, muss der Wert der Bitposition A_{n-1} an alle Prozessorzellen in einer Stufe übertragen werden. Jede Zelle innerhalb einer Stufe ist verantwortlich für die Berechnung genau eines Summenbits. Ferner müssen die Bits für A und die Zwischensumme s während der Signalübertragung von einer Stufe zur nächsten nach links verschoben werden. Diese Bitverschiebung kann jedoch leicht durch reguläre optische Verbindungen übernommen werden, die zwischen benachbarten Stufen verlaufen.

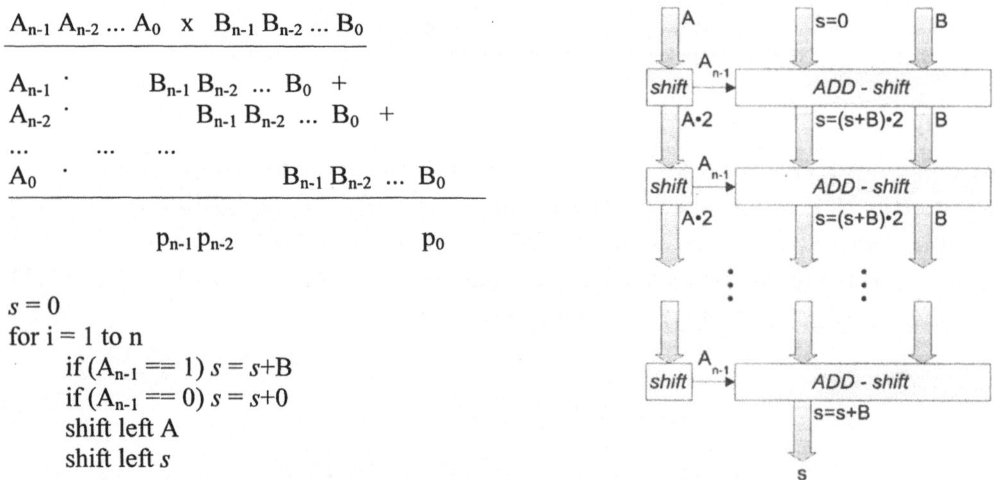

$$A_{n-1}\ A_{n-2}\ ...\ A_0\quad \times\quad B_{n-1}\ B_{n-2}\ ...\ B_0$$

$$
\begin{array}{ll}
A_{n-1}\ \cdot & B_{n-1}\ B_{n-2}\ ...\ B_0\ + \\
A_{n-2}\ \cdot & B_{n-1}\ B_{n-2}\ ...\ B_0\ + \\
...\qquad ...\qquad ... & \\
A_0\ \cdot & B_{n-1}\ B_{n-2}\ ...\ B_0 \\
\end{array}
$$

$$p_{n-1}\ p_{n-2}\qquad\qquad\qquad p_0$$

```
s = 0
for i = 1 to n
     if (A_n-1 == 1) s = s+B
     if (A_n-1 == 0) s = s+0
     shift left A
     shift left s
```

Abbildung 4.4: Algorithmenbeschreibung und Ablaufschema der Multiplikation

4.1.4 Realisierung der Division

Analog zur Multiplikation wird die Division auf mehrfache Subtraktionen und Additionen zurückgeführt. Die hierbei verwendete Methode wurde in [TaKu87] vorgeschlagen und basiert auf der nach Sweeney, Robertson [Robe58] und Tocher

[Toch58] benannten SRT Division, die unabhängig voneinander dieses Verfahren entwickelten. Diese Methode gehört zur Klasse der nicht-wiederherstellenden (engl.: *non-restoring*) Divisionen. In nicht-wiederherstellenden Divisionen werden negative Teilreste toleriert und durch eine unmittelbar darauffolgende Addition kompensiert. Insbesondere die SRT Division ist für die geplante Ganzzahlenarchitektur sehr gut geeignet, da der Rest r und die Bits des Quotienten q in SD-Zahlendarstellung berechnet werden. Dies vereinfacht den Hardwareaufwand. Ferner kann dieses Verfahren sehr gut in das Smart-Pixel Konzept von 3-D OE-VLSI-Systemen integriert werden. Damit das Verfahren funktioniert wird allerdings vorausgesetzt, dass der Dividend A und der Divisor B normalisiert sind. D.h., bevor der Algorithmus startet, müssen beide Operanden solange nach links verschoben werden, bis das MSB beider Operanden gleich 1 ist. Dieses Schieben der Bits nach links muss nach Beendigung der Division durch ein Verschieben der Quotientenbits nach rechts wieder rückgängig gemacht werden. Die Anzahl der nach rechts zu verschiebenden Bitpositionen entspricht exakt der Differenz der Bitpositionen, um die vorher die Operanden nach links verschoben wurden. In der Praxis kann dieses Normalisieren einschließlich der Nachkorrektur der Quotientenbits z.B. durch den Compiler besorgt werden, der entsprechende Befehle in den Befehlskode einbaut. Abbildung 4.5 zeigt den Algorithmus und das entsprechende Datenflussschema der Division. Abhängig vom Wert des Quotientenbits q_i wird in jedem Schritt entweder eine Subtraktion oder Addition ausgeführt.

```
r = A
for i = 1 to n
        if (r_{n-1},r_{n-2},r_{n-3}) < 0 then q_{n-i} = 1̄
        if (r_{n-1},r_{n-2},r_{n-3}) = 0 then q_{n-i} = 0
        if (r_{n-1},r_{n-2},r_{n-3}) > 0 then q_{n-i} = 1

        r = 2 · (r − q_{n-i}·B)

        if (i == 1) then shift right B
```

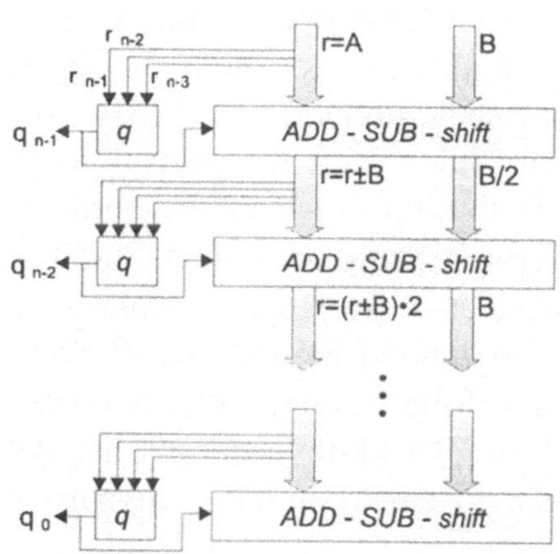

Abbildung 4.5: Algorithmenbeschreibung und Ablaufschema der Division

Bei jedem Übergang von einer Stufe zur nächsten werden die Bits des Teilrestes r nach links geschoben. Das Vorzeichen des Teilrestes r entscheidet sowohl über das Quotientenbit q_i als auch darüber, ob in der nächsten Stufe eine Addition oder eine Subtraktion durchzuführen ist. Um das Vorzeichen von r und vor allem alle

Quotientenbits q_i richtig zu bestimmen, reicht es aus, die ersten drei Bits des Teilrestes zu untersuchen, wie in [Schm95] gezeigt wird. Um das Entstehen eines Überlaufes im Teilrest nach der ersten Stufe zu vermeiden, verzichtet man auf das Verschieben der Bits des Teilrestes nach links nach der ersten Stufe. Dadurch ist gesichert, dass alle nachfolgenden Teilreste im erlaubten Zahlenbereich liegen. Um dennoch korrekte Ergebnisse zu erhalten, ist es erforderlich, den Divisor B nach dem ersten Schritt um eine Bitposition nach rechts zu schieben. Als Konsequenz dieser Vorgehensweise müssen in den folgenden Stufen die ersten vier höchstwertigen Bits zur Berechnung der Quotientenbits q_i herangezogen werden.

4.1.5 Rückkonvertierung einer SD-Zahl ins 2er-Komplement

Die in Abbildung 4.4 und in Abbildung 4.5 gezeigten schematischen Ablaufdarstellungen deuten bereits auf den Modus der Fließbandverarbeitung als Ablaufschema für die Arithmetikeinheit hin. Dadurch lässt sich auch in idealer Weise die Konvertierung einer SD-Zahl in Binärdarstellung *on-the-fly* in den normalen Ablauf einer Multiplikation und Division einbauen. Die Bezeichnung *on-the-fly* drückt dabei aus, dass die Konvertierung gleichzeitig zu den normalen Berechnungen in jeder Stufe ausgeführt wird. So wird der üblicherweise auftretende Nachteil von SD-Zahlensystemen vermieden, noch eine abschließende Subtraktion des positiven und negativen Teils der Endsumme durchzuführen.

Für die Rückkonvertierung verwenden wir einen von [ErLa87] veröffentlichten Algorithmus. Diese Methode eignet sich für Algorithmen, welche die Bits der Ergebnisse beginnend vom MSB aus erzeugen. Dies ist für die von uns favorisierten Algorithmen zur Division und Multiplikation gegeben. Im Falle der Addition/Subtraktion ist das Ergebnis bereits nach der ersten Stufe verfügbar. Da, um die Abarbeitung nach dem Fließbandprinzip nicht zu unterbrechen, ohnehin noch weitere $n-1$ Stufen auszuführen sind, kann die Rückkonvertierung schrittweise und beginnend beim MSB starten. Damit das Additionsergebnis nicht verfälscht wird, erfolgt in den verbleibenden Stufen eine Addition mit 0. Dadurch lässt sich auch die Rückkonvertierung der Addition/Subtraktion ohne Zusatzaufwand in den *on-the-fly* Rückkonvertierungsprozess einbetten.

Das Verfahren benötigt zwei Register, $A[k]$ und $B[k]$, in denen iterativ die gesuchte 2-er Komplementdarstellung bestimmt wird. Beide Register sind zu Beginn gleich 0. Der Index k gibt die Iterationsstufe an. Das Berechnungsverfahren zeigt (4.10). Abhängig vom Wert des Quotientenbits q_i wird entweder $A[k]$ oder $B[k]$ ausgewählt, um die gegebene SD-Zahl allmählich in eine konventionelle Binärzeichenfolge umzuwandeln. Da $A[k]$ und $B[k]$ zur Ausführung der Multiplikation mit der Zahl zwei stets um eine Bitposition nach links verschoben werden, kann das Inkrementieren, dass manchmal notwendig ist, durch einen Lichtstrahl zwischen benachbarten Ebenen erfolgen. Das binäre Endergebnis ist dann nach n Schritten in $A[0]$ zu finden.

$$A[n-1]=1 \quad B[n-1]=0$$

$$A[k-1]=\begin{cases} 2\cdot A[k]+1 & \text{if } q_{k-1}=1 \\ 2\cdot A[k] & \text{if } q_{k-1}=0 \\ 2\cdot B[k]+1 & \text{if } q_{k-1}=\overline{1} \end{cases} \quad B[k-1]=\begin{cases} 2\cdot A[k] & \text{if } q_{k-1}=1 \\ 2\cdot B[k]+1 & \text{if } q_{k-1}=0 \\ 2\cdot B[k] & \text{if } q_{k-1}=\overline{1} \end{cases} \qquad (4.10)$$

Genauere Details hinsichtlich der Korrektheit des Verfahrens können in [ErLa87] eingesehen werden. Hier soll es ausreichen, an einem Beispiel zu sehen, wie das Verfahren funktioniert.

Beispiel 4.1: Darstellung der *on-the-fly* Konvertierung
Gegeben sei eine SD-Zahl $Q_k = 1\,\overline{1}\,010$, die in eine Binärzahl zu transformieren ist.

k	Q_k	A[k]	B[k]
4	1	1	0
3	$\overline{1}$	01	00
2	0	010	001
1	1	0101	0100
0	0	01010	01001

4.1.6 Abbildung auf eine optoelektronische 3-D Architektur

Im folgenden Unterkapitel werden die obigen Low-level-Algorithmen auf ein geeignetes 3-D OE-VLSI-System abgebildet. Dies geschieht zunächst mit den Schaltkreisebenen, danach wird das notwendige optische Verbindungssystem zwischen diesen Ebenen spezifiziert.

4.1.6.1 Spezifikation optoelektronischer Schaltkreise

Den Kern der Arithmetikeinheit bildet eine Prozessorzelle, welche genau eine SD-Ziffer, d.h. 1, 0 oder $\overline{1}$, des Ergebnisses berechnet. Abbildung 4.6 zeigt schematisch den Aufbau der Prozessorzelle. Die Zelle besitzt sechs Eingangssignale *add/sub*, a_i^-, a_i^+, B_i, *zero* und c_{i-1}^+. Abhängig vom Wert des Signals *add/sub* werden die Eingänge a_i^+ and a_i^- eventuell durch einen 2×2 Austauschschalter *E/B switch* (*exchange/bypass switch*) vertauscht, wie dies im Falle einer Subtraktion geschehen muss.

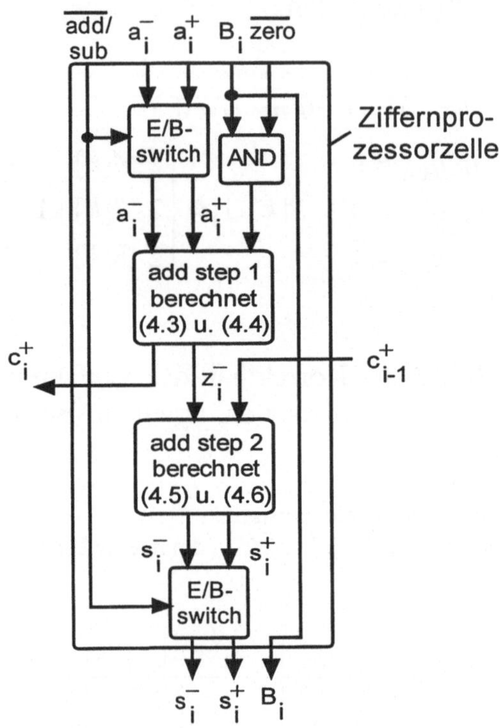

Abbildung 4.6: Addiererzelle für eine SD-Zahl und eine Binärzahl B

Das Signal *zero* zeigt an, ob der zweite Operand B_i gleich 0 sein muss. Wie oben beschrieben, ist dies dann der Fall, wenn eine Additions- oder Subtraktionsoperation die erste Stufe verlassen hat oder wenn das Bit A_{n-1} während einer Multiplikation gleich 0 wird. Die Addition selbst wird in zwei zeitlich aufeinanderfolgenden Schritten ausgeführt. Im Block *add_step*_1, welcher dem ersten Schritt zugeordnet ist, werden (4.3) und (4.4) berechnet. Am Ausgang dieses Blocks wird das Übertragsbit c_i^+ zur linken Nachbarprozessorzelle geleitet. Die zweite Ausgabe, das Zwischensummenbit z^- wird genauso wie der sechste Eingang der Ziffernaddiererzelle c_{i-1}^+, der von der rechten Nachbarzelle stammt, in den zweiten logischen Block *add_step*_2 eingegeben, der (4.5) und (4.6) ausführt. Der negative und positive Teil der Endsumme, s_i^+ und s_i^-, wird im Falle einer Subtraktion nochmals mit Hilfe eines weiteren Austauschsschalters *E/B switch* vertauscht, bevor diese die Prozessorzelle verlassen.

Um ein möglichst kompaktes Layout zu bekommen, wurden für diese Ziffernaddiererzelle Transistornetzlisten entwickelt, die in Abbildung 4.7 und Abbildung 4.8 dargestellt sind. Abbildung 4.7 zeigt eine auf CMOS Transmissions-Gattern basierende Lösung für den 2×2 Austauschschalter. Einschließlich der Eingangsinverter benötigt man dafür insgesamt 10 Transistoren. Abbildung 4.8 zeigt eine u.a. auf CMOS Komplexgattern aufbauende Lösung mit insgesamt 24 Transistoren für den Block *add_step_*1 und 12 Transistoren für den Block *add_step_*2. D.h., einschließlich der in CMOS-Technik nötigen sechs Transistoren für das logische AND-Gatter am Eingang, lässt sich die gesamte Ziffernaddiererzelle mit nur 62 Transistoren realisieren.

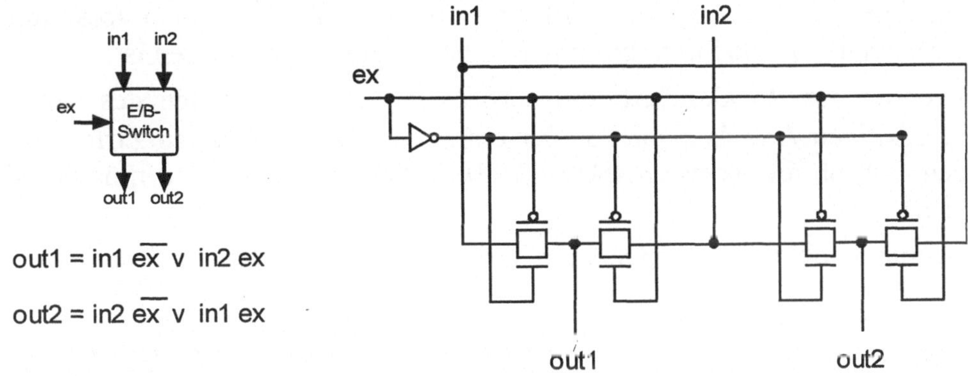

$$out1 = in1\ \overline{ex}\ v\ in2\ ex$$

$$out2 = in2\ \overline{ex}\ v\ in1\ ex$$

Abbildung 4.7: Transistorlayout für den Austauschschalter E/B switch

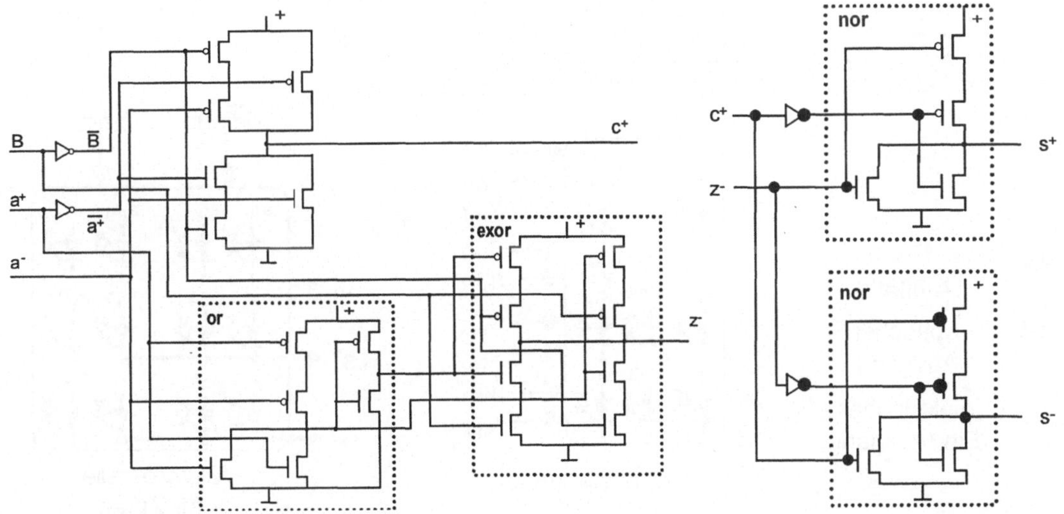

Abbildung 4.8: Transistorlayout für den ersten (links) und zweiten (rechts) Additionsschritt

Die gesamte Lösung für den in einer Stufe angeordneten Addierer zur Durchführung eines Additions-/Subtraktionsschrittes zeigt Abbildung 4.9. Dieses Blockschaltbild entspricht exakt einer der in Abbildung 4.4 und Abbildung 4.5 gezeigten Pipelinestufen. Möglichst viele davon werden mehrfach auf eine optoelektronische Schaltkreisebene abgebildet. Aufeinanderfolgende Stufen werden auf aufeinanderfolgende Schaltkreisebenen abgebildet, die untereinander optisch verbunden sind. Die Architektur einer Stufe besteht aus n Addiererzellen und einer Kontrolleinheit. Sowohl die Kontrolleinheit als auch die Addiererzelle besitzen optische und elektronische Eingänge, wobei die optischen Ein-/Ausgänge zur Kommunikation zwischen den Stufen dienen. Die Kontrolleinheit hat die folgenden drei Aufgaben zu erfüllen:

- Auswerten der Eingangsbits $op1$ und $op2$ des Funktionsoperators, um zu entscheiden, ob eine Subtraktion oder eine Addition auszuführen ist.

- Steuerung des Rückkonvertierungsprozesses durch Auswerten des negativen und positiven Anteils s^+ und s^- der ersten vier höchstwertigen Ziffern. Diese legen fest, ob die Register $A[k]$ und $B[k]$ inkrementiert werden müssen (siehe (4.10)).

- Bestimmen, ob der zweite Operand in den folgenden Stufen zu löschen ist.

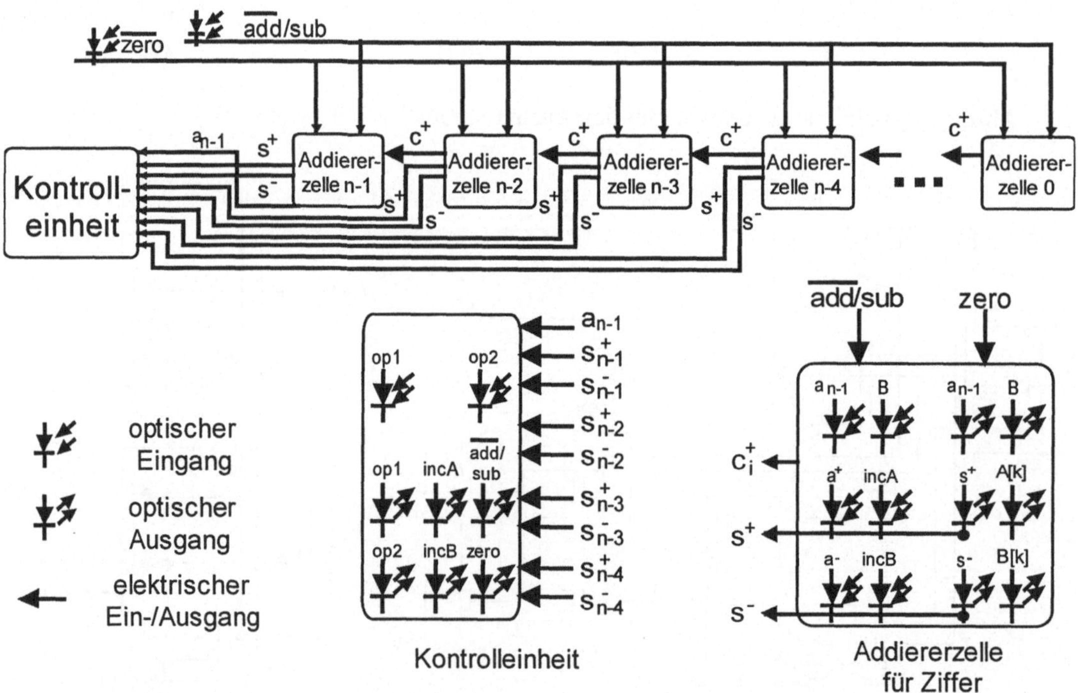

Abbildung 4.9: Schema des Prozessorlayouts zur Ausführung eines Additions-/Subtraktionsschrittes

Wie in Abbildung 4.9 zu sehen, benötigt die Kontrolleinheit zwei optische Eingänge $op1$ und $op2$. Die Operatoreingänge $op1$ und $op2$ werden ausgewertet, um die Kontrollsignale für die Ziffernaddiererzellen der nächsten Stufe zu bestimmen.

Wie bereits angesprochen, werden aufeinanderfolgende Stufen in aufeinanderfolgende, optisch miteinander verbundene Schaltkreisebenen abgebildet. Folglich müssen die optischen Eingänge direkt zu den entsprechenden optischen Ausgängen weitergereicht werden, um den Operator auch zur nächsten Stufe zu transportieren. Der elektrische Eingang a_{n-1} entspricht dem linken Randpixel derjenigen Pixelzeile, die den Multiplikanden a enthält. Ist er gleich 0, so kann der zweite Operand B im Falle einer Multiplikation gelöscht werden.

Die Ausgangssignale der Kontrolleinheit *add/sub, incA,* and *incB* dienen zugleich als Kontrollsignale für die nächste Stufe. Zu Beginn einer jeden Stufe werden die über die optischen Eingänge empfangenen Signale *zero* und *add/sub* in elektrische Signale gewandelt und dienen als Eingänge für alle Ziffernaddiererzellen, wie in Abbildung 4.9 gezeigt. Zuvor jedoch müssen (4.11) und (4.12) berechnet werden.

$$q^+ = s^+_{n-1} \lor s^+_{n-2} \cdot \overline{s^-_{n-1}} \lor s^+_{n-3} \cdot \overline{s^-_{n-1}} \cdot \overline{s^-_{n-2}} \lor s^+_{n-4} \cdot \overline{s^-_{n-1}} \cdot \overline{s^-_{n-2}} \cdot \overline{s^-_{n-3}} \qquad (4.11)$$

$$q^- = s^-_{n-1} \lor s^-_{n-2} \cdot \overline{s^+_{n-1}} \lor s^-_{n-3} \cdot s^+_{n-1} \cdot s^+_{n-2} \lor s^-_{n-4} \cdot \overline{s^+_{n-1}} \cdot \overline{s^+_{n-2}} \cdot \overline{s^+_{n-3}} \qquad (4.12)$$

Unter Verwendung der in Tabelle 4.1 gezeigten Operatorkodierung erlaubt (4.13) die Berechnung des Signals *zero*. Dieses zeigt an, ob der Operand B in der nächsten Stufe zu löschen ist. Da *zero* low aktiv ist, wird B nur dann gelöscht, wenn das Signal *zero* gleich 0 ist. Das bedeutet andererseits, dass B in der nächsten Stufe genau dann nicht gelöscht wird, wenn A_{n-1} im Falle einer Multiplikation gleich 1 ist, oder das Quotientenbit im Falle einer Division ungleich 0 ist.

Tabelle 4.1: Kodierung der Operatoren

op1	op2	operator
0	0	add
0	1	mul
1	0	sub
1	1	div

$$\overline{zero} = \overline{op1} \cdot \overline{op2} \cdot A_{n-1} \lor \left(q^- \lor q^+\right) \cdot op1 \cdot op2 \qquad (4.13)$$

Ob in den der ersten Stufe folgenden Stufen addiert oder subtrahiert wird, bestimmt (4.14). Dies ist dann und nur dann der Fall, wenn die aktuell auszuführende Operation einer Division entspricht und das Quotientenbit q gleich 1 ist.

$$\overline{add} \, / \, sub = q^+ \cdot op1 \cdot op2 \tag{4.14}$$

Schließlich bestimmt die Kontrolleinheit, ob die Register $A[k]$ und $B[k]$ inkrementiert werden müssen. Ein Blick auf (4.10) lässt erkennen, dass stets entweder $A[k]$ oder $B[k]$ um den Wert 1 erhöht wird und dies für $B[k]$ nur gilt, wenn das Quotientenbit q gleich 0 ist (4.15).

$$incB = \overline{q^+ \vee q^-}$$
$$incA = q^+ \vee q^- \tag{4.15}$$

Da es sich beim Inkrementieren nur um das Setzen des niedrigstwertigsten Bits in den Registern $A[k]$ und $B[k]$ handelt, die bei jedem Übergang von der einen zur nächsten Stufe um eine Bitposition nach links verschoben werden, bietet es sich an, das Inkrementieren mittels der Signale $IncA$ und $IncB$ optisch auszuführen. Dies kann durch optische Verbindungen realisiert werden, die von der aktuellen Stufe zur Bitposition der nächsten Stufe verlaufen. Um richtige Werte zu erhalten, müssen $A[k]$ und $B[k]$ eventuell vorher ausgetauscht werden. Dies kann einfach durch zwei weitere 2×2 Austauschschalter in jeder Ziffernaddiererzelle erledigt werden. Der positive Teil q^+ dient als Kontrollsignal für den Austausch von $B[k]$, der negative Teil q^- steuert den $A[k]$ zugeordneten Austauschschalter.

Bisher waren 62 Transistoren für eine Addiererzelle notwendig. Einschließlich der zwei weiteren Austauschschalter für die Rückkonvertierung benötigt eine Ziffernaddiererzelle somit insgesamt 82 Transistoren. Vergleicht man die Booleschen Gleichungen (4.11) bis (4.15) für die Kontrolleinheit, kann man leicht feststellen, dass in der Kontrolleinheit nicht mehr Transistoren benötigt werden. Somit lässt sich mit (4.16) eine obere Grenze für die Anzahl der Transistoren in einer ganzen Addiererstufe in Abhängigkeit der Operandenwortlänge n angeben, womit später in Abschnitt 4.1.7 die zu erwartende Leistung des optoelektronischen Ganzzahlprozessors abgeschätzt werden kann.

$$82 \cdot (n + 1) \tag{4.16}$$

4.1.6.2 Spezifikation des notwendigen optischen Verbindungsschemas

Die nächste Aufgabe besteht darin, das Verbindungsmuster, d.h. die Permutation zwischen benachbarten Pixelebenen, zu spezifizieren. Dabei wird angenommen, dass optische Transmitter, wie z.B. Modulatoren oder Laserdioden, und optische Empfänger, wie z.B. Photodioden, auf der gleichen Seite des Schaltkreises angeordnet sind. Um eine möglichst günstige "optische Verdrahtung" mit möglichst regulär verlaufenden Verbindungen zu erreichen, muss man sich die Zuordnung der logischen Signale zu den Pixeln einer optoelektronischen Prozessorzelle gut überlegen. Als allgemeine Regel gilt, je regulärer das Verbindungsschema ist, desto höher wird die machbare Kanaldichte und desto geringer werden die Anforderungen an das optische Abbildungssystem sein. Am einfachsten ist demzufolge eine punktweise 1-zu-1 Abbildung, z.B. mit einer Fresnelzonenlinse innerhalb eines optischen Multi-Chip-Moduls in planar optischer Aufbautechnik. Um dies zu erreichen, werden die in Abbildung 4.9 spezifizierten optischen Ein- und Ausgänge der Kontrolleinheit und der Addiererzellen, wie in Abbildung 4.10 gezeigt, auf ein Pixelfeld der Dimension 2×6 derart abgebildet, dass sich innerhalb einer Spalte nur Sender oder Empfänger befinden. Werden ferner die Spalten zwischen aufeinanderfolgenden Ebenen vertauscht lässt sich damit eine 1-zu-1 Abbildung realisieren (s. Abbildung 4.11).

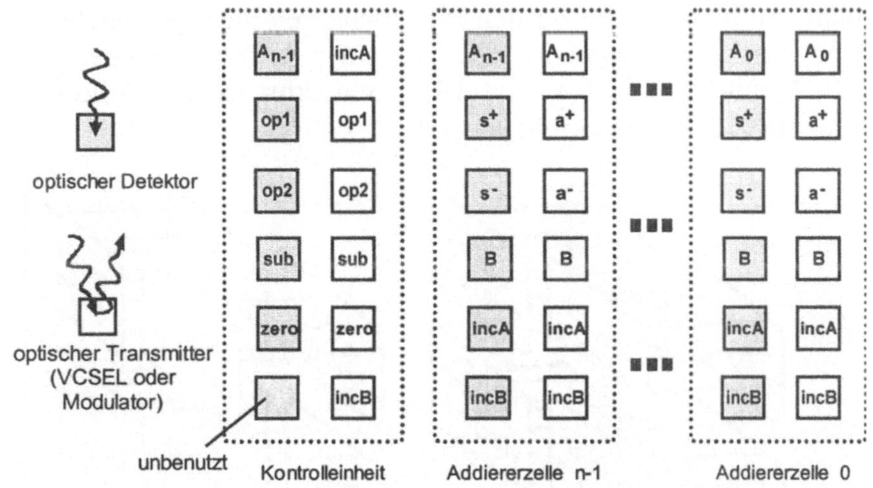

Abbildung 4.10: Belegung des Pixelfeldes für die Kontrolleinheit und die Addiererzellen

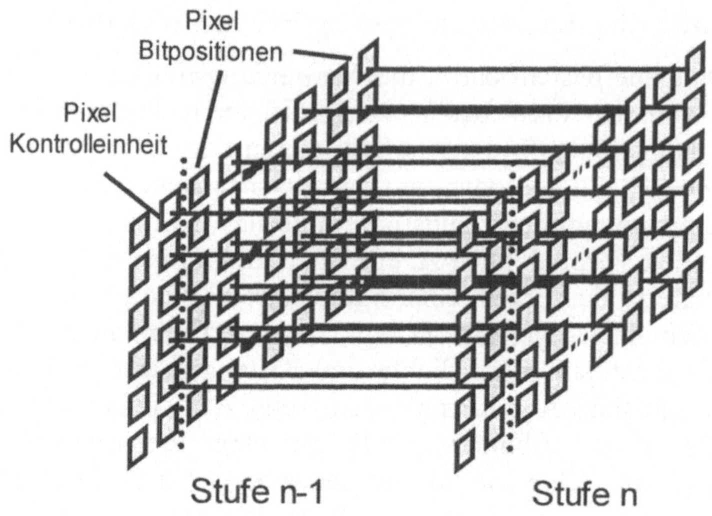

Abbildung 4.11: 1-zu-1 Abbildung zwischen aufeinanderfolgenden Schaltkreisebenen durch abwechselnde Sender/Empfängerspalten.

4.1.7 Abschätzung der Rechenleistung

Der reguläre Aufbau und die für den Pipelinebetrieb ideal geeignete Struktur der Architektur erlaubt eine einfache Abbildung der Arithmetikeinheit auf eine parallele 3-D Architektur. Eine solche 3-D Architektur ist in Abbildung 4.12 beispielhaft für ein 2×2 Prozessorfeld gezeigt.

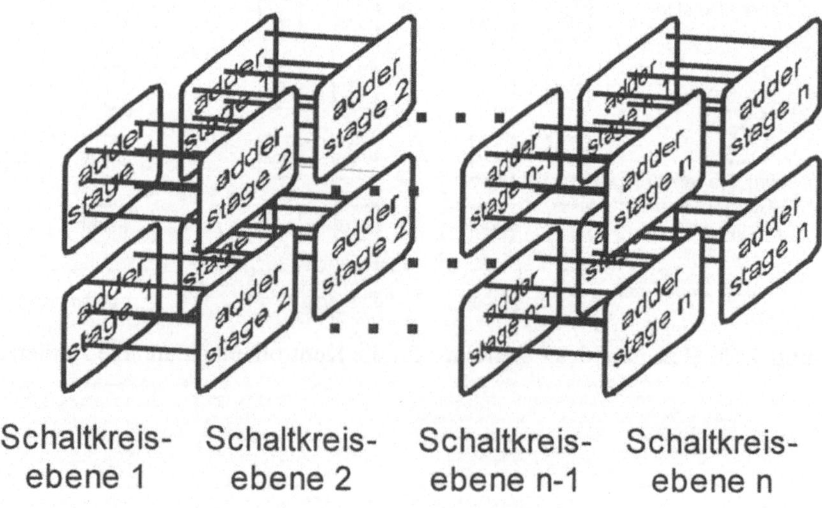

Abbildung 4.12: Schema für eine 2x2 3-D Arithmetikeinheit

Die n Stufen der einzelnen Arithmetikeinheiten sind in horizontaler Richtung angeordnet. In jeder der horizontalen Arithmetikeinheiten können unterschiedliche Operationen ausgeführt werden, die alle zur gleichen Zeit gestartet und beendet werden. Das in Kapitel 3 formulierte Architekturprinzip der Mehrfunktionalität und parallelen Synchronität ist damit erfüllt.

Das gleiche gilt für das Bestreben, Pipelinemechanismen konsequent auszunutzen. Die Architektur verfolgt analog wie in modernen Mikroprozessoren das Prinzip der Superskalarität. D.h., in parallelen Pfaden werden mehrere Operationen gleichzeitig ausgeführt. Diese Pfade sind jedoch nicht planar in einem Schaltkreis integriert, sondern 3-dimensional im Raum verteilt. Ferner ist jeder Pfad nochmals in einfache Pipelinestufen gegliedert, was als Superpipelining bezeichnet wird. Die Arithmetikeinheit stellt daher eine superskalare und mit einer Superpipeline (*superscalar and superpipelined*) ausgestattete 3-D Architektur dar. Da man im Raum eine wesentlich höhere Parallelität erzielen kann als in planaren Strukturen, sollte damit auch eine höhere Rechendurchsatzleistung erreichbar sein.

Die Rechendurchsatzleistung wird mit Hilfe der in Kapitel 3 allgemein hergeleiteten Formeln für parallele synchron arbeitende 3-D OE-VLSI-Systeme unter Berücksichtigung des aktuellen Stands der Technik abgeschätzt. Aus der in den vorigen Abschnitten durchgeführten Algorithmenanalyse ergeben sich die in Tabelle 4.2 aufgelisteten logischen Größen für eine Smart-Pixels-Prozessorzelle, die in diesem Falle identisch mit einer Ziffernaddiererzelle ist.

Tabelle 4.2: Logische Größen einer Ziffernaddiererzelle

Anzahl Pixel in horizontaler Richtung	N_x	2
Anzahl Pixel in vertikaler Richtung	N_y	6
Anzahl optischer Transmitter	N_{LD}	6
Anzahl optischer Empfänger	N_{PD}	6
Anzahl Transistoren für Logik	N_{Trans}	82
Anzahl Transistoren für Transmittertreiberzelle		2
Anzahl Transistoren für Empfängertreiberzelle		6

Um die Fläche einer Ziffernaddiererzelle mit Hilfe von (3.1) auszurechnen, sind weitere Angaben zu den technologischen Größen erforderlich, wie z.B. die Fläche für einen optischen Empfänger, A_{PD}, und einen optischen Sender, A_{LD}. Geht man von einer Flip-Chip-Montage aus, so benötigt man im CMOS-Schaltkreis nur Fläche für die Ansteuerung. Die dafür angesetzten Werte zeigen die letzten beiden Zeilen in Tabelle 4.2. Diese entsprechen dem benötigten Transistoraufwand, wie er für Zellen anfiel, die aus einer von den Bell Laboratorien bereit gestellten Zell-

Bibliothek enthalten sind und im Rahmen eines Forschungsprojektes zur Erprobung der Modulatortechnologie für den Anschluss von Modulatoren an CMOS-Schaltkreise zur Verfügung gestellt wurden. Aus dieser Anzahl an Transistoren lässt sich dann über die Integrationsdichte I ungefähr der Flächenaufwand A_{PD} bzw. A_{LD} für den Anschluss der optischen Sender und Empfänger abschätzen.

$$A_{LD} = \frac{2}{I} \qquad A_{PD} = \frac{6}{I} \tag{4.17}$$

Nun lässt sich mit Hilfe von (3.1) die Fläche A_{PE} einer Ziffernaddiererzelle in Abhängigkeit von der Integrationsdichte I berechnen (4.18). Zusätzlich kann über (3.6) der von der Integrationsdichte abhängende minimale Rasterabstand p_{min} abgeschätzt werden.

$$A_{PE} = \frac{130}{I} \tag{4.18}$$

Unter Annahme der für verschiedene CMOS-Prozesse gegebenen technologischen Parameter aus Tabelle 3.1 ergeben sich die in Tabelle 4.3 gezeigten Ergebnisse.

Tabelle 4.3: Größe einer Ziffernaddiererzelle und minimaler Rasterabstand für verschiedene CMOS Prozesse

	Fläche A_{PE} [µm²]	minimaler Rasterabstand p_{min} [µm]
0.7 µm	26 000	46
0.5 µm	13 000	33
0.35 µm	6 500	23

Man sieht, dass mit zunehmenden Fortschritten bei der Strukturgröße die Fläche A_{PE} so klein werden kann, dass es schwierig wird, den sich daraus ergebenden minimalen Rasterabstand p_{min} zu realisieren. In diesem Falle ist es sinnvoll, mehr als eine Stufe der 3-D Arithmetikeinheit in einen Schaltkreis zu integrieren.

Da die optoelektronische Arithmetikeinheit allgemein durch das in Abbildung 3.1 dargestellte Architekturmodell eines 3-D OE-VLSI-Systems beschreibbar ist, lässt sich mit (3.8) und (3.9) für verschiedene Integrationsdichten I die zu erwartende Rechenleistung P, gemessen in 10^9 Anweisungen pro Sekunde (GIPS), sowie die

abschätzen. Den zugehörigen Kurvenverlauf für eine Wortlänge $n = 64$ zeigt Abbildung 4.13.

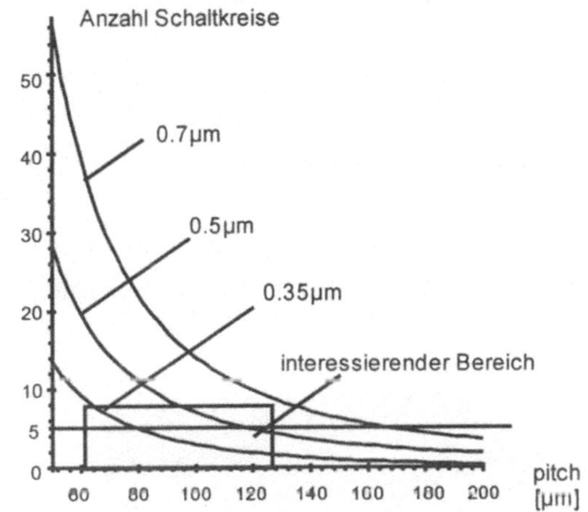

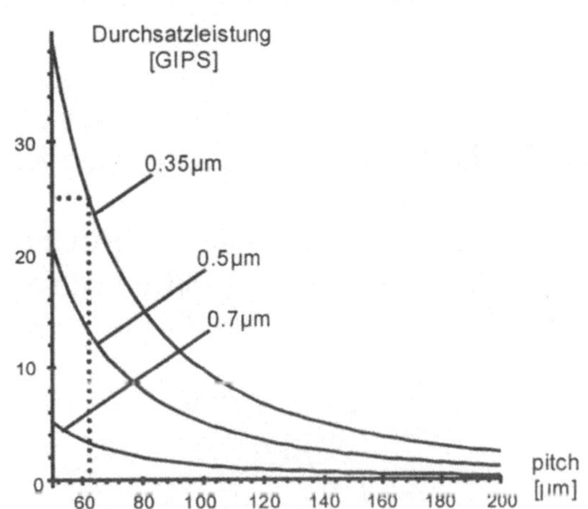

Abbildung 4.13: Durchsatzleistung und Anzahl benötigter Schaltkreisebenen der 3-D Arithmetikeinheit für verschiedene Technologieprozesse in Abhängigkeit des Rasterabstandes der externen optischen Eingänge (pitch)

Um die Anforderungen an die technische Realisierung zunächst moderat zu halten, wird ein aus maximal acht Schaltkreisebenen bestehender OE-VLSI-Schaltkreis betrachtet. Der Rasterabstand in auf Modulatoren basierenden OE-VLSI-Schaltkreisen lag in der Vergangenheit bei 62.5 µm bzw. 125 µm [WoKr96]. Unter Berücksichtigung dieser Randbedingungen lässt sich ein sogenannter interessierender Bereich in der linken Kurve von Abbildung 4.13 angeben. Die der 0.7 µm Technologie zugeordneten Kurve liegt nicht mehr innerhalb dieses Bereichs. Geht man zu einem höheren Rastermaß über, z.B. zu 170 µm, würden man für den Fall der 0.7 µm Technologie zwar einen Schnittpunkt mit der horizontalen Gerade bekommen, die exakt der Verwendung von fünf Schaltkreisebenen entspricht. Wie sich jedoch anhand der rechten Kurve zeigt, ist die zu erwartende Rechenleistung in diesem Fall in der Nähe von 0.5 GIPS, was keine Verbesserung gegenüber elektronischen Prozessoren bringt. Als Folgerung können wir schließen, dass die Verwendung einer 0.7 µm Technologie keine große Perspektive bietet.

Wesentlich aussichtsreicher ist die Situation dagegen für eine 0.5 µm und eine 0.35 µm Technologie. Wie die rechte Kurve in Abbildung 4.13 zeigt, erhält man für eine 0.5 µm Technologie bei einem Rastermaß von 125 µm oder einer 0.35 µm Technologie für ein Rastermaß von 62.5 µm eine Leistung zwischen 5 und 25 GIPS, was eine Verbesserung um den Faktor 10 bis 50 gegenüber rein-elektronischen Prozessoren mit vergleichbarer Technologie bedeutet. Da die optoelektronische Architektur ebenfalls von der fortschreitenden Skalierung der Bauelemente profitiert, die u.a. auch zu höheren Taktfrequenzen beiträgt, wird die Rechenleistung im gleichen Maße zunehmen wie bei rein-elektronischen Mikroprozessoren.

4.1.8   Erste Realisierung und Simulationsergebnisse

Abbildung 4.14 zeigt einen gefertigten Chip und das zugehörige Layout eines Testschaltkreises, der eine Ziffernaddiererzelle und ein 4×4-Feld von PN-Photodioden als externe optische Eingänge enthält.

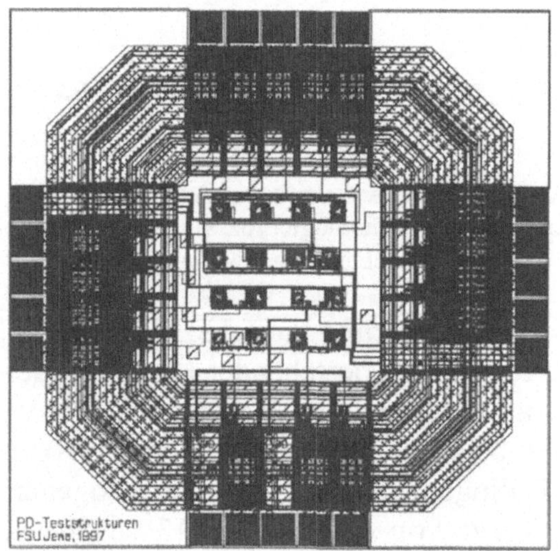

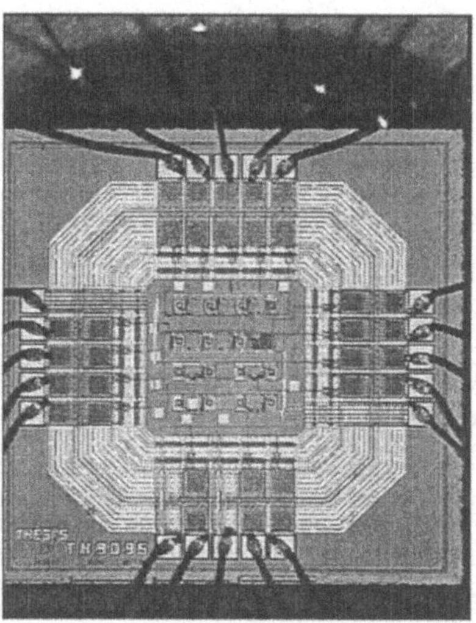

Abbildung 4.14: Layout (links) und gefertigter Chip des Testschaltkreises (rechts)

Bei diesem Chip handelt es sich um eine am Institut für Informatik der Universität Jena entworfene Testkomponente, die noch nicht alle der in den obigen Abschnitten aufgezählten Elemente einer Ziffernaddiererzelle enthält. Der Chip wurde als smarter Detektor in einem 0.8 μm Standard-CMOS-Prozess über einen Multiprojektlauf der Firma Thesys gefertigt, was schnelle Verfügbarkeit garantierte. Die helleren Quadrate in der Chipmitte zeigen das 4×4 Photodiodenfeld, wobei eine Diode in diesem Feld fehlt. Die Größe einer Diode beträgt 30×30 μm, der Rasterabstand 125 μm. Alle optischen Eingänge sind als Doppelstromspiegelschaltung mit einer Referenzdiode aufgebaut. Die Ziffernaddiererzelle befindet sich am äußersten rechten Rand der zweiten Zeile von oben. Die ersten drei Dioden der ersten und zweiten Zeile sind die sechs optischen Eingänge der Ziffernaddiererzelle. Die am äußersten rechten Rand der ersten Zeile angeordnete Diode ist die für die anderen optischen Eingänge zugehörige Referenzdiode. In den unteren beiden Zeilen befinden sich verschiedene Testschaltkreise für den einfachen und doppelten Stromspiegel (s. Kapitel 2.4.2.5).

Die Ziffernaddiererzelle wurde als Transistornetzliste mit einem Editor des Programmpaketes CADENCE eingegeben. Anschließend wurde diese Transistornetzliste in ein für den Halbleiterhersteller taugliches Layout synthetisiert und mit den manuell mit Hilfe eines Layouteditors entworfenen Photodioden verbunden. Die einfache Verfügbarkeit eines Standard-CMOS-Prozeß macht diese Technologie generell für OE-VLSI-Schaltkreise auf der Basis smarter Detektoren interessant. Mit Hilfe eines Mikrojustieraufbaus und einer Multimodefaser mit 50 µm Kerndurchmesser wurde der statische Photostrom gemessen (s. Abbildung 4.15). Für eine Wellenlänge von 635 nm wurde eine Empfindlichkeit von 0.35 A/W ermittelt.

Abbildung 4.15: Testaufbau für den smarten Detektorchip. Über die gezeigte Metallspitze wird eine Multimodefaser [s Kap. 5.1] direkt über die Photodioden des mit einer Öffnung versehenen gehäusten Schaltkreises justiert.

Mit dem elektrischen Schaltkreissimulator SPICE wurden für den Testchip Simulationsergebnisse ermittelt. Die entsprechende SPICE-Beschreibung wurde mit Hilfe des Designprogramms CADENCE direkt aus dem Layout des Chips extrahiert. D.h., die realen Verhältnisse der Hardwarelösung sollten sich aufgrund der allgemein positiven Erfahrungen bezüglich der Aussagekraft von SPICE-Simulationen auch in diesem Falle gut widerspiegeln. Jedes optische Eingangspad wird als Stromquelle mit parallel geschaltener Diode modelliert, deren Kapazität der aus dem Layout extrahierten Photodiodenkapazität entspricht. Für eine Photodiode mit einer angenommenen Empfindlichkeit von 0.35 A/W und einer Eingangslichtleistung von 1 mW ergibt sich bei angenommenen Verlusten von 50 %

ein Photostrom von ca. 150 μA, der ausreicht, um damit Eingangsgatter direkt zu schalten. Prinzipiell sollte damit eine Taktfrequenz von 200 MHz pro Pipelinestufe des 3-D Prozessors machbar sein.

Wie oben bereits erwähnt, ist die smarte Detektortechnologie interessant für Architekturen, bei denen nur die Eingänge optisch realisiert werden müssen. Dies trifft z.B. für die im folgenden Abschnitt beschriebene Architektur zu.

4.2 Optoelektronische 3-D Prozessoren für Festpunktarithmetik

Der Erfolg von 3-D OE-VLSI-Systemen hängt vor allem von Anwendungen mit einem Bedarf an hoher Bandbreite bei der Ein-/Ausgabe ab. Die digitale Signalverarbeitung stellt ein solches bandbreitenintensives Aufgabenfeld dar. Typische Problemstellungen der Signalverarbeitung, wie z.B. die medizinische Bildverarbeitung, die Detektion von Radarsignalen oder die gleichzeitige Verarbeitung multimedialer Datenströme wie Text, Daten, Bild, Video und Audio erfordern sowohl schnellen Datenzugriff als auch hohe Rechenleistungen. Eine effiziente Lösung verlangt die richtige Kombination aus Prozessorarchitektur und passenden Low-level-Algorithmen sowie speziell auf der Hardwareseite die Möglichkeit einer schnellen Chip-externen Kommunikation, um Daten sowohl schnell aufzunehmen und nach erfolgter Verarbeitung ebenso schnell wieder abzugeben. Um dies zu erreichen, bietet sich eine optische Übertragung an.

In diesem Abschnitt wird eine Architektur für einen rekonfigurierbaren digitalen Signalprozessor vorgestellt, in dem die Chip-externe Kommunikation mittels optischer Verbindungen erfolgen soll. Die Rekonfigurierbarkeit wird durch das Setzen bestimmter Zustände in den Registern des Prozessors erreicht. Abhängig von den Werten dieser Register werden über Multiplexer Datenpfade zu verschiedenen Addierern geschalten. Dadurch kann der Prozessor eine von acht unterschiedlichen und in der Signalverarbeitung häufig gebrauchten elementaren Funktionen direkt in Hardware ausführen, nämlich die Exponentialfunktion, den Logarithmus, den Sinus, den Kosinus, den Arkustangens, die Quadratwurzel, die Multiplikation und die Division.

Die Berechnung der eben aufgezählten Funktionen kann prinzipiell über drei verschiedene Möglichkeiten erfolgen. In einem eher als konventionell zu bezeichnenden Ansatz werden die Funktionen über eine *Reihenentwicklung*, z.B. eine Taylor-, Tschebyscheff- oder McLaurin-Reihe gelöst. Diese Verfahren beruhen auf schnellen Multiplizierwerken und entsprechenden, zumeist in Assembler geschriebenen Programmen. Schnelle Multiplizierwerke sind platzintensiv. Dies ist angesichts der Hochintegration von Schaltkreisen bei einem Einzelprozessor unproblematisch. Für die Implementierung eines Parallelprozessors ist dies jedoch eher ungeeignet. In einem zweiten Verfahren, das z.B. in den Signalprozessoren von Texas Instruments der Reihe TMS320C2 [TI97] verwendet wird, greift man bei der Berechnung der trigonometrischen Funktionen auf ein *Interpolationsverfahren* zurück. Für bestimmte diskrete, z.B. 8-Bit breite, Werte werden die Ergebnisse einer Kosinusfunktion als Stützwerte in einer Tabelle gespeichert. Bei der Berechnung eines konkreten Wertes werden die am nahesten links und rechts vom zu berechnenden Funktionsargument liegenden Stützwerte gesucht und zwischen deren gespeicherten Funktionswerten linear interpoliert. Kommt man in einer Anwendung mit einer Wortbreite von 8 bis 16 Bit aus, ist dieses Verfahren durchaus tragfähig. Für die gleichzeitige Berechnung von mehreren Funktionen in einem Parallelprozessor wären in diesem Falle natürlich auch mehrere Tabellen mit den zu den Stützwerten notwendigen Funktionswerten erforderlich. Da in der Architektur zudem Wortbreiten bis zu 24 Bit angestrebt werden, was mindestens 2^{24} Einträge in der Tabelle erfordert, ist der zu leistende Aufwand für die Chip-interne Implementierung der Tabellenspeicher zu hoch.

Neben diesen beiden eben geschilderten Verfahren, Reihenentwicklung und Interpolationsverfahren, wird in Signalprozessoren häufig noch ein dritter Ansatz gewählt, in dem die Berechnung der oben genannten Funktionen über einen *Konvergenzalgorithmus* erfolgt. Dazu zählen z.B. das auf Koordinatentransformationen aufbauende Verfahren CORDIC (engl.: *coordinate rotation digital computing*) [Vold59] und die sogenannten Bitalgorithmen [Chen72], [Erha90]. Im Gegensatz zu der Lösung über Reihenentwicklung ist mit diesen Algorithmen eher eine rein hart-verdrahtete Implementierung möglich. Ein großes Plus im Vergleich mit den Reihenentwicklungsverfahren ist ferner der völlige Verzicht auf platzintensive schnelle Multiplizierwerke, wie z.B. Booth-Multiplizierer, Peazaris-Multiplizierer oder Braun-Multiplizierer [Hwan79]. Man kommt vielmehr mit einfachen Operationen, wie einer Addition, dem Verschieben von Bits, der Abfrage eines Bits und dem Zugriff auf Tabellen aus. Aufgrund dieser Beschränkung auf einfache Operationen sind diese Verfahren auch besonders schnell. Ferner können durch den Verzicht auf platzintensive Multiplizierwerke mehr PEs auf der Chipfläche untergebracht werden, was höhere Durchsatzleistungen erlaubt. Zudem lassen sich Konvergenzalgorithmen sehr gut nach der Fließbandmethode abarbeiten, was sich auch positiv bei der erreichbaren Taktgeschwindigkeit bemerkbar macht. Aus diesen Gründen wird der im Folgenden vorgestellte parallele, digitale Signalprozessor (DSP) auf Konvergenzverfahren aufbauen. Trotz dieser unbestrittenen Vorteile gab es in der Vergangenheit nur wenige parallele Implementierungen auf der Basis dieser Verfahren. Ein Grund dafür ist, dass das Verfahren Konstanten benötigt, die in Tabellen gespeichert werden, die relativ viel Chipfläche in Anspruch nehmen. Ferner erfordert das Verfahren eine schnelle Ausführung von Schiebeoperationen über eine unterschiedliche Anzahl von Bits. Sogenannte Barrelshifter können dies in konstanter Zeit leisten, benötigen aber ebenfalls viel Chipfläche. Für serielle Lösungen mag dies tolerabel sein [Rix94], für parallele Architekturen ist der Aufwand hingegen zu groß. Im Folgenden wird gezeigt, das in cincr entsprechenden Prozessorarchitektur durch den Einsatz optischer Chipexterner Verbindungen die eben genannten Probleme vermeidbar sind. Somit wird durch die Optoelektronik die Implementierung eines massiv-parallelen DSP-Systems möglich.

Im Weiteren wird zunächst auf den mathematischen Hintergrund des im CORDIC und in einem Bitalgorithmus verwendeten Verfahrens eingegangen. Anschließend werden die darauf aufbauenden speziell für fein-granulare optoelektronische Prozessoren entworfenen Low-level-Algorithmen beschrieben. Diese werden in einer bit-seriellen Architektur umgesetzt, deren Hardwareaufwand abschließend spezifiziert und deren zu erwartende Rechenleistung mit Hilfe der Formeln aus Kapitel 3 abgeschätzt wird.

4.2.1　CORDIC und Bitalgorithmen

Das CORDIC Verfahren wurde Ende der 50er Jahre von Volder [Vold59] als Möglichkeit zur schnellen Berechnung er Funktionen entwickelt. Aufgrund seines geringen Bedarfs an Hardwareressourcen wurde es auch in den ersten Generationen von Taschenrechnern der Firma Hewlett Packard eingesetzt. Dies zu einer Zeit als Gleitpunktmultiplikationen in Rechenanlagen noch mit sehr hohem Aufwand bezahlt werden mussten. Nichtsdestotrotz gilt auch heute noch, dass man mit CORDIC die Berechnung eines Produktes eines skalaren Wertes mit einer trigonometrischen Funktion schneller als nach dem herkömmlichen Reihenverfahren berechnen kann, was sich an der Implementierung in Spezialprozessoren zeigt.

4.2.1.1　Das CORDIC Verfahren

Wie bereits erwähnt, beruht das Prinzip des CORDIC Verfahrens auf Koordinatentransformationen. Dabei wird ein Vektor (x_0, y_0) um einen Winkel θ in einen Vektor (x_n, y_n) gedreht. Eine Drehung lässt sich mathematisch durch eine Multiplikation mit einer Rotationsmatrix beschreiben (4.19).

$$\begin{bmatrix} x_n \\ y_n \end{bmatrix} = \begin{bmatrix} \cos\theta & -\sin\theta \\ \sin\theta & \cos\theta \end{bmatrix} \cdot \begin{bmatrix} x_0 \\ y_0 \end{bmatrix} \qquad (4.19)$$

Durch eine mathematische Umformung erreicht man eine Abhängigkeit von nur noch einer Winkelfunktion (4.20), nämlich $\tan\theta$. Wie später gezeigt wird, kann durch entsprechende Wahl des Drehwinkels die Tangensoperation durch eine Rechts-Schiebeoperation ersetzt werden. Dies wäre nicht möglich, wenn die Rotationsmatrix sowohl noch von einem Kosinus als auch einem Sinus abhinge.

$$\cos\theta = \frac{1}{\sqrt{1+\tan^2\theta}} \Rightarrow \begin{bmatrix} x_n \\ y_n \end{bmatrix} = \frac{1}{\sqrt{1+\tan^2\theta}} \cdot \begin{bmatrix} 1 & -\tan\theta \\ \tan\theta & 1 \end{bmatrix} \cdot \begin{bmatrix} x_0 \\ y_0 \end{bmatrix} \qquad (4.20)$$

Die Drehung um den Winkel θ wird durch eine Folge von Teilwinkeln α_i realisiert. Diese Teilwinkel sind bereits vorab definiert und müssen so gewählt sein, dass sich der gewünschte Winkel θ als Linearkombination der Teilwinkel α_i ausdrücken lässt, wobei als Koeffizienten für α_i nur die Werte 1 und -1 zulässig sind (4.21).

$$\theta = \sum_{i=0}^{n-1} \sigma_i \cdot \alpha_i \qquad \sigma_i \in \{-1,1\} \qquad (4.21)$$

Dies bedeutet, dass der Winkel θ durch eine alternierende Approximation angenähert wird. Betrachtet man das unter dem Blickwinkel der Koordinatentransformation, heißt dies nichts anderes, als dass man vor und zurück dreht. Ist man bei den aufeinanderfolgenden Teildrehungen zu weit gegangen, dass heißt über den Winkel θ hinaus, so muss man im nächsten Schritt wieder zurückdrehen (s. Abbildung 4.16). Die Drehrichtung wird durch den Parameter σ_i gesteuert.

Wesentlich für die Effizienz des Verfahrens ist es, die α_i so zu wählen, dass die beim Matrix-Vektor-Produkt anfallende Multiplikation mit $\tan\theta$ durch die wesentlich einfachere Schiebeoperation nach rechts eliminiert werden kann. Dazu werden die α_i gemäß (4.22) gewählt.

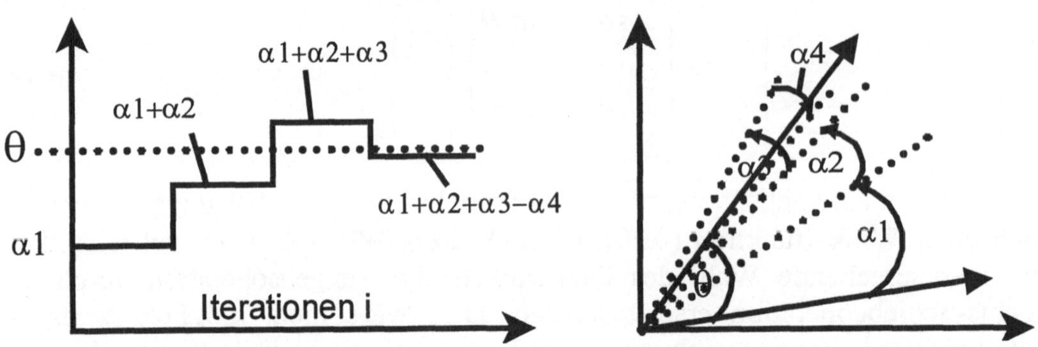

Abbildung 4.16: Zweiseitige Konvergenz des Drehwinkels θ im CORDIC-Verfahren

$$\tan\alpha_i = 2^{-i} \qquad i = 0..n-1 \tag{4.22}$$

Zur Steuerung des Vorzeichens bzw. der Drehrichtung, wird eine Hilfsvariable z_i eingeführt. Diese wird mit dem gewünschten Drehwinkel θ initialisiert. In den folgenden Iterationen muss diese Variable auf 0 zurückgeführt werden (4.23). Dabei entspricht jede einzelne Iteration einer Teildrehung.

$$z_0 = \theta; \quad z_{i+1} = z_i - \sigma_i \cdot \alpha_i = z_i - \sigma_i \cdot \arctan(2^{-i}) \qquad \sigma_i = \begin{cases} 1 & z_i \geq 0 \\ -1 & z_i < 0 \end{cases} \tag{4.23}$$

Somit ergibt sich das Matrixprodukt (4.24), das eine Teildrehung um den Winkel α_i beschreibt.

$$\begin{bmatrix} x_{i+1} \\ y_{i+1} \end{bmatrix} = k_i \cdot \begin{bmatrix} 1 & -\sigma_i 2^{-i} \\ \sigma_i 2^{-i} & 1 \end{bmatrix} \cdot \begin{bmatrix} x_i \\ y_i \end{bmatrix} \qquad k_i = \frac{1}{\sqrt{1+\tan^2\alpha_i}} = \frac{1}{\sqrt{1+2^{-2i}}} \tag{4.24}$$

Da es sich bei den Teilwinkeln α_i um bekannte Werte handelt, können die k_i vorab zusammengefasst werden (4.25).

$$k = \prod_{i=0}^{n-1} \frac{1}{\sqrt{1+2^{-2i}}} \tag{4.25}$$

Schließlich erhält man aus (4.24) und (4.23) die anzuwendenden Iterationsformeln (4.26).

$$x_{i+1} = x_i - \sigma_i \cdot 2^{-i} \cdot y_i$$

$$y_{i+1} = y_i + \sigma_i \cdot 2^{-i} \cdot x_i \qquad (4.26)$$

$$z_{i+1} = z_i - \sigma_i \cdot \arctan(2^{-i})$$

Wird σ_i bestimmt wie oben beschrieben, hat dieses Differenzengleichungssystem aufgrund der eingangs gezeigten Rotationsmatrix das Gleichungssystem (4.27) als Lösung.

$$x_n = x_0 \cos z_0 - y_0 \sin z_0$$

$$\qquad (4.27)$$

$$y_n = y_0 \cos z_0 + x_0 \sin z_0$$

Durch geeignete Wahl der Initialwerte lässt sich damit das Produkt eines skalaren Wertes mit dem Sinus bzw. dem Kosinus berechnen. Zu beachten ist jedoch, dass in diesem Falle noch eine abschließende Multiplikation mit 1/k durchzuführen ist. Soll nur der Sinus bzw. der Kosinus berechnet werden, kann diese Multiplikation durch entsprechende Startwerte x0=1/k bzw. y0=1/k eingespart werden.

Die im eben gezeigten Verfahren verfolgte Strategie hat das Ziel, die dritte Komponente z_i gegen 0 streben zu lassen. Diese Strategie wird als der *Rotationsmodus* bezeichnet. Es gibt aber auch die Möglichkeit, mit der zweiten Variable y_i gegen 0 zu konvergieren. Diese Strategie wird als der *Vektormodus* bezeichnet. Graphisch gesehen wird dabei der Vektor (x_0, y_0) auf die x-Achse gedreht (s. Abbildung 4.17).

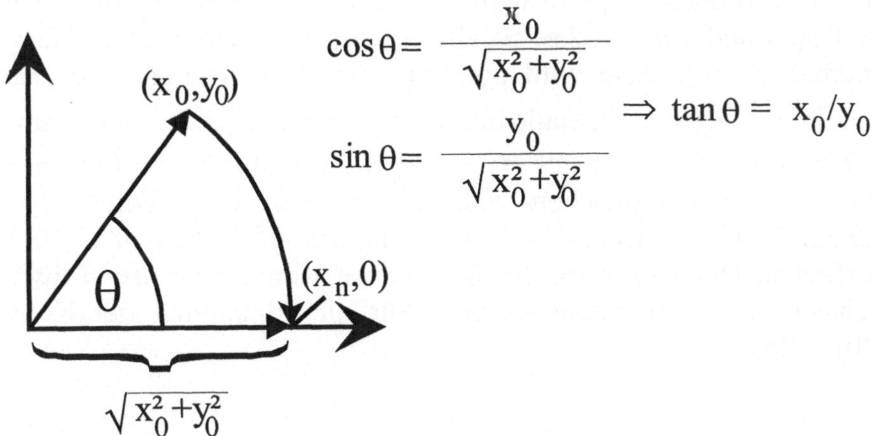

Abbildung 4.17: Drehen des Ausgangsvektors auf die X-Achse im Vektormodus

Auf der X-Achse lässt sich somit die Länge des Vektors (x_0, y_0) ablesen. Werden gleichzeitig in der dritten Variablen z_i die einzelnen Teilwinkel aufsummiert, so muss z_i den Winkel θ annehmen, der identisch mit $\arctan(y_0 / x_0)$ ist (4.28).

$$x_n = \sqrt{x_0^2 + y_0^2}$$
$$z_n = z_0 + \theta = z_0 + \arctan(y_0 / x_0) \tag{4.28}$$

Die Iterationsformeln sind die gleichen wie vorher beim Rotationsmodus (4.26). Der Unterschied ist allerdings, dass beim Vektormodus zur Bestimmung des Vorzeichens von σ_i nach $y_i > 0$ abgefragt wird.

4.2.2   Der verallgemeinerte CORDIC

Die bisher gezeigten Iterationsformeln des CORDIC erlauben die Berechnung der Wurzelfunktion, des Arkustangens und der en Funktionen. Walther [Walt71] erweiterte das von Volder für zyklische Koordinatensysteme entwickelte Verfahren auf lineare und hyperbolische Koordinatensysteme (4.29), angegeben durch einen Parameter m ($m = 1$: zyklisch; $m = 0$: linear; $m = -1$: hyperbolisch).

$$x_{i+1} = x_i - m\sigma_i \cdot 2^{-F} \cdot y_i$$
$$y_{i+1} = y_i + \sigma_i \cdot 2^{-F} \cdot x_i \tag{4.29}$$
$$z_{i+1} = z_i - \sigma_i \cdot \alpha_i$$

Beim linearen Koordinatensystem wird der Vektor bei jeder Drehung immer entlang einer festen und zur y-Achse parallelen Geraden ausgerichtet, d.h. $x_{i+1} = x_i$. Beim hyperbolischen System wird die Norm des Vektors durch den Ausdruck $\sqrt{x^2 - y^2}$ definiert. Genauere Details hierzu können der Literatur entnommen werden [Walt71], [Pirs96]. Ferner gilt in der obigen Formel $F = i$ im Falle $m = 0$ und $m = 1$. Für den hyperbolischen Fall ergibt sich eine Folge der Form 1,2,3,4,4,5,6,...,13,13,14, 15,...,40,40, 41,..., in der die Zahlen 4,13,40, k, 3k+1 doppelt auftreten. Der Grund hierfür liegt in der Konvergenz der Teilwinkel in den verschiedenen Koordinatensystemen. Für die Einhaltung der Konvergenz muss (4.30) gelten:

$$\alpha_i - \sum_{j=i+1}^{n-1} \alpha_j < \alpha_{n-1} \tag{4.30}$$

D.h., jeder Teilwinkel einer Iteration kann durch alle folgenden Teilwinkel bis auf einen Restfehler kompensiert werden. Dieser ist durch den Teilwinkel der letzten Iteration definiert. Damit dies gilt, darf die Folge der α_i nicht konvergieren. Für eine Folge, in welcher der Nachfolgewinkel mindestens die Hälfte des vorhergehenden Teilwinkels beträgt (4.31), ist dies erfüllt.

$$\alpha_{i+1} \geq \frac{1}{2}\alpha_i \tag{4.31}$$

Diese Situation ist beim zirkularen und linearen Koordinatensystem durch die ganzzahlige Folge 2^{-i} gegeben. Beim hyperbolischen System gilt dies nicht, eine Winkeldrehung muss an bestimmten Stellen wieder vollständig rückgängig gemacht werden können. Dies entspricht der Wiederholung von Zahlen in der Zahlenfolge F in der obigen Gleichung. Ansonsten gilt sowohl beim hyperbolischen als auch beim zirkularen Koordinatensystem für die Teilwinkel $\alpha_i = \arctan(2^{-i})$. Um über den linearen Fall auch die Multiplikation und Division über CORDIC zu berechnen, müssen für $m = 0$ die in der z-Komponente verwendeten Teilwinkel die Gleichung $\alpha_i = 2^{-i}$ erfüllen.

Damit ergeben sich die folgenden Funktionen für den durch Walther verallgemeinerten CORDIC.

Tabelle 4.4: CORDIC-Funktionen nach Walther [Walt71]

Betriebsart	m	Funktion
Rotationsmodus $z_n \rightarrow 0$	1	$x_n = x_0 \cos z_0 - y_0 \sin z_0$ $y_n = y_0 \cos z_0 - x_0 \sin z_0$
	0	$x_n = x_0$ $y_n = y_0 + z_0 x_0$
	-1	$x_n = x_0 \cosh z_0 - y_0 \sinh z_0$ $y_n = y_0 \cosh z_0 - x_0 \sinh z_0$
Vektormodus $y_n \rightarrow 0$	1	$x_n = (x_0^2 + y_0^2)^{1/2}$ $z_n = z_0 + \arctan y_0 / x_0$
	0	$x_n = x_0$ $z_n = z_0 + y_0 / x_0$
	-1	$x_n = (x_0^2 - y_0^2)^{1/2}$ $z_n = z_0 + \text{arctanh}\, y_0 / x_0$

Mit Hilfe der in (4.32) gegebenen mathematischen Ausdrücke lassen sich aus den CORDIC-Funktionen durch Nachbearbeitung weitere Funktionen berechnen.

$$e^z = \cosh z + \sinh z \qquad \sqrt{z} = \sqrt{(z+\frac{1}{4})^2 - (z-\frac{1}{4})^2}$$

$$e^{-z} = \cosh z - \sinh z \qquad \tan z = \frac{\sin z}{\cos z}$$

$$\ln z = 2 \operatorname{arctanh} \frac{z-1}{z+1} \qquad \tanh z = \frac{\sinh z}{\cosh z} \tag{4.32}$$

4.2.3 Bitalgorithmen

Wie bereits zu Beginn des Kapitels erwähnt, ähnelt der CORDIC sehr einer anderen Klasse von iterativen Algorithmen zur Berechnung von Standardfunktionen – den Bitalgorithmen oder Konvergenzalgorithmen nach Chen [Chen72]. Ein Bitalgorithmus operiert zumeist nicht wie das CORDIC-Verfahren auf einem Tripel (x, y, z) sondern auf einem Tupel (x, y). Da hier die Abarbeitung häufig durch den Zugriff auf einzelne Bits bestimmt wird, wurde in diesem Zusammenhang der Begriff Bitalgorithmus geprägt [Erha90]. Bei einem Bitalgorithmus kommt es darauf an, geeignete Iterationsvorschriften für die Iterationswerte x_i und y_i zu finden, für die eine sogenannte ebenfalls zu definierende charakteristische Funktion für alle Paare von Iterationswerten (x_i, y_i) den gleichen Funktionswert liefert. Dabei konvergiert ausgehend von einem bekannten Startwert x_0 bzw. y_0 die Folge y_i gegen einen bekannten Wert und die Folge x_i gegen den gesuchten Funktionswert $f(y_0)$. Die folgenden Herleitungen demonstrieren dies für das Beispiel der Logarithmusfunktion. Die charakteristische Funktion zeigt (4.33), aus der sich zugleich die Anfangswerte y_0 und x_0 ableiten lassen, wenn z.B. $ln(b)$ berechnet werden soll.

$$\Phi(x, y) = y + \ln(x) \qquad \begin{aligned} y_0 &= 0 \\ x_0 &= b \end{aligned} \tag{4.33}$$

Es müssen nun geeignete Iterationen für x_i und y_i gefunden werden, so dass weiterhin die Gültigkeit der charakteristischen Funktion erhalten bleibt. Für die in (4.34) gezeigten Ausdrücke ist diese Situation erfüllt, wie (4.35) zeigt.

$$x_{i+1} = x_i \cdot a_i$$

$$y_{i+1} = y_i - \ln a_i \tag{4.34}$$

$$\Phi(x_{i+1}, y_{i+1}) = y_{i+1} + \ln x_{i+1} = y_i - \ln a_i + \ln(x_i \cdot a_i) =$$
$$= y_i - \ln a_i + \ln(x_i) + \ln(a_i) = y_i + \ln(x_i) \qquad (4.35)$$
$$= \Phi(x_i, y_i)$$

Die a_i werden nun derart gewählt, dass einerseits die Konvergenz $x_i \to 1$ erfüllt ist, so dass abschließend aufgrund der Gültigkeit der charakteristischen Funktion in y_n der gesuchte Funktionswert *ln(b)* zu finden ist, und andererseits die Multiplikation mit a_i überflüssig wird. Dies ist für den Ausdruck $a_i = (1+2^{-i})$ gegeben, wenn die Berechnung der neuen Funktionswerte gleichzeitig an die in (4.36) gezeigte Bedingung geknüpft ist.

$$x_{i+1} = \begin{cases} x_i \cdot a_i & x_{i+1} < 1 \\ x_i & x_{i+1} \geq 1 \end{cases}$$
$$\qquad (4.36)$$
$$y_{i+1} = \begin{cases} y_i - \ln a_i & x_{i+1} < 1 \\ y_i & x_{i+1} \geq 1 \end{cases}$$

Weitere Herleitungen einschließlich ausführlichen erläuternden Beispielen für Exponential-, Wurzel-, Reziprok-, Sinus- und Kosinusfunktion sowie weitere Überlegungen zur Theorie und Gültigkeit der Konvergenz von Bitalgorithmen finden sich in [Erha90].

Vergleicht man die Verfahren Bitalgorithmen und CORDIC lässt sich folgendes feststellen. Der CORDIC besitzt Vorteile gegenüber den Bitalgorithmen bei der Berechnung auf seinem klassischen Feld – der Ausführung cr Funktionen. Ferner erweist sich der CORDIC aufgrund seiner einheitlichen Berechnungsvorschrift für eine Vielzahl von Funktionen beim Streben nach einer möglichst regulär und einfach strukturierten Hardware als vorteilhaft, die – wie in Kapitel 3 beschrieben – für optoelektronische Hardware gewünscht ist. Bei den Bitalgorithmen ist diese Einheitlichkeit in den Berechnungsvorschriften für die einzelnen Funktionen nicht gegeben. Allerdings erfordert die Berechnung nichttrigonometrischer Funktionen mit CORDIC manchmal die zweimalige Anwendung des CORDIC-Verfahrens, d.h. man benötigt $2n$ Schritte, wenn n die Operandenwortlänge ist. Die Berechnungsvorschriften der Bitalgorithmen kommen dagegen mit n Iterationen aus. Folglich erweisen sich die Bitalgorithmen bei der Berechnung der Exponentialfunktion, der Wurzelfunktion und der Logarithmusfunktion als überlegen.

Um die Vorteile beider Verfahren synergetisch zu vereinen, wurden von der Arbeitsgruppe des Autors neue Iterationsvorschriften entwickelt, die Tabelle 4.5 zeigt. Dabei entsprechen die ersten drei Funktionen CORDIC-Verfahren, die restlichen fünf einem Bitalgorithmus. Die Multiplikationen mit 2^{-i} können auf wesentlich einfachere Bitschiebeoperationen nach rechts zurückgeführt werden. Die Werte $ln(1+2^{-i})$ und $\arctan(2^{-i})$ sind Konstanten, die in Tabellen abgelegt werden. Die $\pm$ bzw. $\mp$ Vorzeichen bei den CORDIC-Algorithmen deuten auf die in diesem Verfahren durch wechselnde Additionen und Subtraktionen realisierte zweiseitige Konvergenz hin. Im nullten Iterationsschritt ist das jeweils oben stehende Operatorzeichen das aktuell gültige. Ist die Bedingung nicht erfüllt, so wechselt das Vorzeichen im folgenden Iterationsschritt. Alle Algorithmen sind nach n Schritten abgeschlossen.

Das in Kapitel 3 formulierte Postulat der parallelen Synchronität ist damit gegeben. Bis auf den leicht zu berücksichtigenden Ausnahmefall der Wurzel (drei Summanden für y_{i+1}) ist die Struktur der Algorithmen völlig einheitlich. Es gelang somit, die Algorithmen derart zu entwickeln, dass entgegen vielen Vorschlägen in der Literatur die Iterationen stets durch die gleiche Bedingung $y_i > 0$ steuerbar sind. Dies vereinfacht eine hartverdrahtete Implementierung wesentlich, da nun allein der Datenfluss über das Vorzeichenbit gesteuert werden kann. Eine Darstellung der Herleitung und der Richtigkeit dieser Algorithmen wäre an dieser Stelle zu umfangreich. Es wird auf folgende Literatur verwiesen [Kasc95], [KaFe96a].

Nach Wissen des Autors existiert bisher in der Literatur kein solch einheitliches Verfahren zur Berechnung von insgesamt acht verschiedenen Elementarfunktionen, wie es Tabelle 4.5 zeigt. Diese Algorithmen wurden speziell für eine optoelektronische Smart-Pixel-Architektur entwickelt. Wie bereits in Kapitel 3 erwähnt, wird die einheitliche Algorithmenstruktur sowohl zu dem gewünschten regulären Aufbau der PEs als auch zu einer weitgehend ortsinvarianten Topologie bei den notwendigen optischen Verbindungen führen, was die Realisierung erleichtert.

Gemäß dem in Abbildung 4.18 gezeigten Ablaufplan lassen sich die gezeigten Algorithmen aus Tabelle 4.5 berechnen. Zu Beginn erfolgt in Abhängigkeit von der auszuführenden Operation die Initialisierung der Werte x_0, y_0, und z_0. Dies ist eine Aufgabe, die der Compiler erledigen kann. Insgesamt werden n Iterationen benötigt. Zu Beginn werden stets maximal zwei Schiebeoperationen zur Realisierung der Multiplikation mit 2^{-i} ausgeführt, was abhängig von der Operation immer auf zwei der drei Komponenten x, y, z geschieht. Danach erfolgen die Additions- bzw. Subtraktionsschritte. Je nachdem wie der Vergleich von $y \geq 0$ ausfällt, werden im Falle eines Bitalgorithmus entweder die neu errechneten Werte oder die alten Werte in der nächsten Iterationsstufe benutzt. Im Falle eines CORDIC-Algorithmus wird der Operator für die nächste Iteration entweder beibehalten oder geändert.

Tabelle 4.5: Low-level-Algorithmen für elementare Standardfunktionen.

Funktion	Iterationsformeln	Anfangsbelegung	Selection
$\cos\alpha$	$x_{i+1} = x_i \mp 2^{-i} \cdot z_i$ $y_{i+1} = y_i \mp \arctan 2^{-i}$ $z_{i+1} = z_i \pm 2^{-i} \cdot x_i$	$x_0 = \dfrac{1}{1.6467\ldots}$ $y_0 = \alpha$ $z_0 = 0$	? $y_i \geq 0$
$\sin\alpha$	$x_{i+1} = x_i \pm 2^{-i} \cdot z_i$ $y_{i+1} = y_i \mp \arctan 2^{-i}$ $z_{i+1} = z_i \mp 2^{-i} \cdot x_i$	$x_0 = 0$ $y_0 = \alpha$ $z_0 = \dfrac{1}{1.6467\ldots}$	? $y_i \geq 0$
$\arctan\alpha$	$x_{i+1} = x_i \pm \arctan 2^{-i}$ $y_{i+1} = y_i \mp 2^{-i} \cdot z_i$ $z_{i+1} = z_i \pm 2^{-i} \cdot y_i$	$x_0 = 0$ $y_0 = \alpha$ $z_0 = 1$	? $y_i \geq 0$
$\dfrac{\alpha}{\beta}$	$x_{i+1} = x_i + \alpha \cdot 2^{-i}$ $y_{i+1} = y_i - \beta \cdot 2^{-i}$	$x_0 = 0$ $y_0 = 1$	? $y_i \geq 0$
$\alpha \times \beta$	$x_{i+1} = x_i + 2^{-i} \cdot \alpha$ $y_{i+1} = y_i - 2^{-i}$	$x_0 = 0$ $y_0 = \beta$	? $y_i \geq 0$
$\ln\alpha$	$x_{i+1} = x_i + \ln(1 + 2^{-i})$ $x_{i+1} = y_i - 2^{-i} \cdot x_i$	$x_0 = 0$ $y_0 = \alpha - 1$	? $y_{i+1} \geq 0$
e^{α}	$x_{i+1} = x_i + 2^{-i} \cdot x_i$ $y_{i+1} = y_i - \ln(1 + 2^{-i})$	$x_0 = 1$ $y_0 = \alpha$	? $y_{i+1} \geq 0$
$\sqrt{\alpha}$	$x_{i+1} = x_i + 2^{-(i+1)}$ $y_{i+1} = y_i - 2^{-i} \cdot x_i + 2^{-2(i+1)}$	$x_0 = 0$ $y_0 = \alpha$	? $y_{i+1} \geq 0$

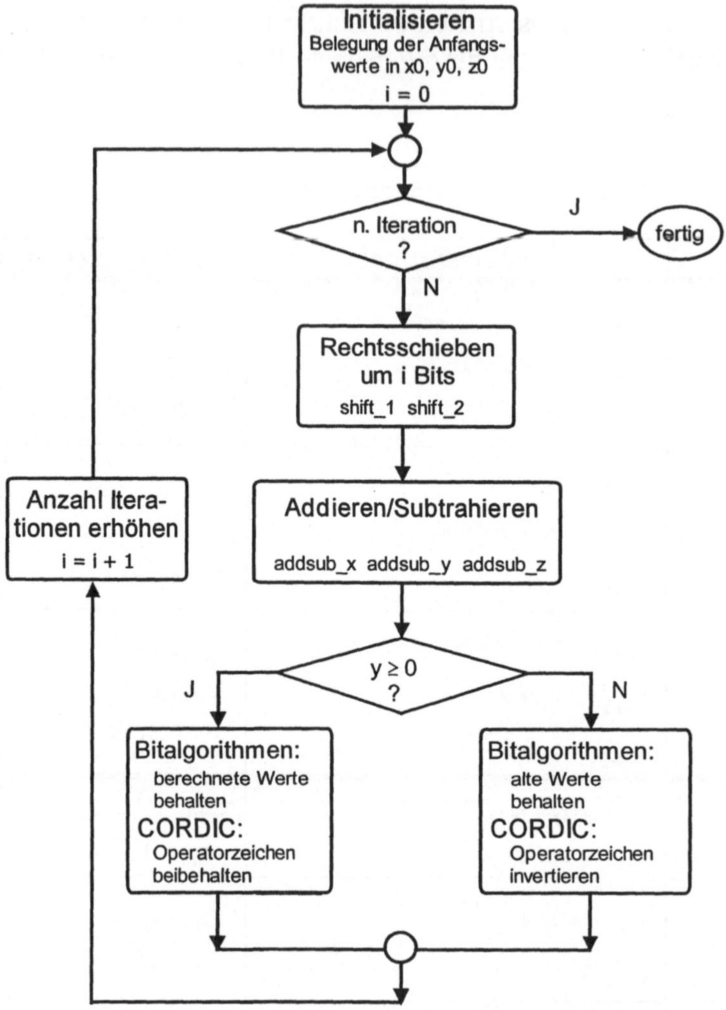

Abbildung 4.18:   Ablaufschema für die im Signalprozessor verwendeten Low-level-Algorithmen

Die nächste Aufgabe besteht nun darin, die Low-level-Algorithmen einschließlich der gezeigten Ablaufsteuerung möglichst effizient in eine 3-D OE-VLSI-Architektur abzubilden.

4.2.4   Abbildung auf eine 3-D OE-VLSI-Architektur

Wie aus der obigen Beschreibung ersichtlich, bestehen die Low-Level-Algorithmen aus Tabelle 4.5 aus vier Grundoperationen: i) dem Verschieben von Bits, ii) einer Addition bzw. Subtraktion, iii) dem Zugriff auf eine Tabelle, um Konstanten auszulesen, iv) und einer Vergleichsoperation. Alle diese Operationen i)-iv) können nach dem Pipelineprinzip hintereinander ausgeführt werden. Dies legt eine erste mögliche Lösung nahe, alle vier Operationen in vier hintereinander geschalteten Schaltkreisen zu berechnen [KaFe96b], [FeKu96], [KaFe96c]. Nachteilig ist jedoch der Bedarf an vier verschiedenen Schaltkreisen. Eine einfachere Variante beruht auf einer optischen Kopplung zwischen einem Prozessor- und einem Speicherchip. Dieser Architekturvorschlag sieht vor, drei der vier oben genannten Grundoperationen in einem Prozessor-Chip zu integrieren. Die primäre Aufgabe des Speichers besteht darin, die notwendigen Konstanten aufzunehmen. Wie bereits erwähnt, verhinderte der Aufwand für die Speicherung der Konstanten in der Vergangenheit die parallele Implementierung der schnellen Konvergenzalgorithmen in Prozessorschaltkreisen. Können diese Werte jedoch außerhalb des Prozessorchips verteilt gespeichert werden und kann auf sie ferner über eine schnelle optische Kommunikationsschnittstelle zugegriffen werden, so ist dieser Nachteil hinfällig.

Entscheidend für die Effizienz der Gesamtarchitektur ist die Leistungsfähigkeit der Addierer. Als Lösung für den Addierer wurden drei verschiedene Varianten untersucht. (i) eine bit-serielle 1-Bit Architektur, (ii) ein bit-paralleler Addierer und (iii) ein Addierer unter Verwendung eines redundanten Zahlensystems. In einer theoretischen Analyse wurden zunächst in Abhängigkeit von der benötigten Fläche eines PEs für die drei verschiedenen Varianten allgemein die jeweiligen Durchsatzleistungen bestimmt. Um reale Werte für die Flächen der jeweiligen PEs zu erhalten, wurden die PEs aller drei Varianten in VHDL spezifiziert und mit Hilfe des Designwerkzeuges SYNOPSYS synthetisiert [Burk97], [FKB98]. Dabei wurde die von SYNOPSYS zur Verfügung gestellte Standardbibliothek *class* verwendet. Im Ergebnis erwies sich die bit-serielle Architekturvariante als die Effizienteste hinsichtlich des Durchsatzes. Dabei sei ausdrücklich betont, dies gilt nur für den Durchsatz einer parallelen Lösung und nicht für die Berechnung einer einzelnen Operation, also der Latenzzeit. Bei der Latenzzeit ist die bit-serielle Architektur die langsamste Variante. Insbesondere für Aufgaben aus der Signalverarbeitung, die einen kontinuierlichen Signaleingangsstrom aufweisen, ist jedoch der Durchsatz das Entscheidende. Der Grund dafür, dass die bit-serielle Architektur den besten Durchsatz aufweist, ist der, dass der Flächenbedarf bei parallelen Addierern in stärkerem Maße ansteigt als der Zeitgewinn. Die genauen Details der durchgeführten Untersuchung können in [Fey99] eingesehen werden. Im Folgenden wird der bit-serielle Architekturansatz vorgestellt und dessen Abbildung in einen OE-VLSI-Schaltkreis aufgezeigt.

4.2.4.1 Der bit-serielle Architekturansatz

Kernstück dieses Architekturansatzes ist der Einsatz eines 1-Bit Addierers, der die Operanden beginnend beim niederwertigsten Bit seriell bis zum höchstwertigen Bit abarbeitet. Unter dem Gesichtspunkt der Geschwindigkeit einer Einzeloperation handelt es sich dabei um eine langsame Lösung, da bei Wortlänge n genau n Schritte erforderlich sind. Der Transistoraufwand pro Bit ist jedoch geringer als bei einer parallelen Addition. Dadurch ist es möglich, mehrere PEs auf dem Chip zu integrieren, was zu einem hohen Grad an Parallelität führt.

Abbildung 4.19 zeigt den prinzipiellen Aufbau eines PEs der bit-seriellen Architektur. Das PE benötigt insgesamt 20 elektrische Anschlüsse für die Ein-/Ausgabe, davon zehn für Eingänge und zehn für Ausgänge. Drei optische Eingänge versorgen das PE mit dem Taktsignal bzw. mit einem Bit der in den Konvergenzalgorithmen benötigten Konstanten. Das PE besteht intern hauptsächlich aus drei nahezu identischen Einheiten, im Folgenden x-, y- und z-Addierer genannt, die parallel eine Addition bzw. eine Subtraktion auf den Eingabedaten x, y und z ausführen und acht Schieberegistern zur Aufnahme der Operanden. Dazu zählen die Werte x, y und z, einschließlich der für diese Operanden zu speichernden Werte aus der vorherigen Iteration. Ferner gehören für die Multiplikation und die Division noch die Werte α und β (s. Tabelle 4.5) dazu, die permanent gespeichert werden. Abbildung 4.19 zeigt aus Gründen der Übersichtlichkeit nur die Struktur für den x-Addierer. Für die y- und z-Addierer sieht der Aufbau genauso aus.

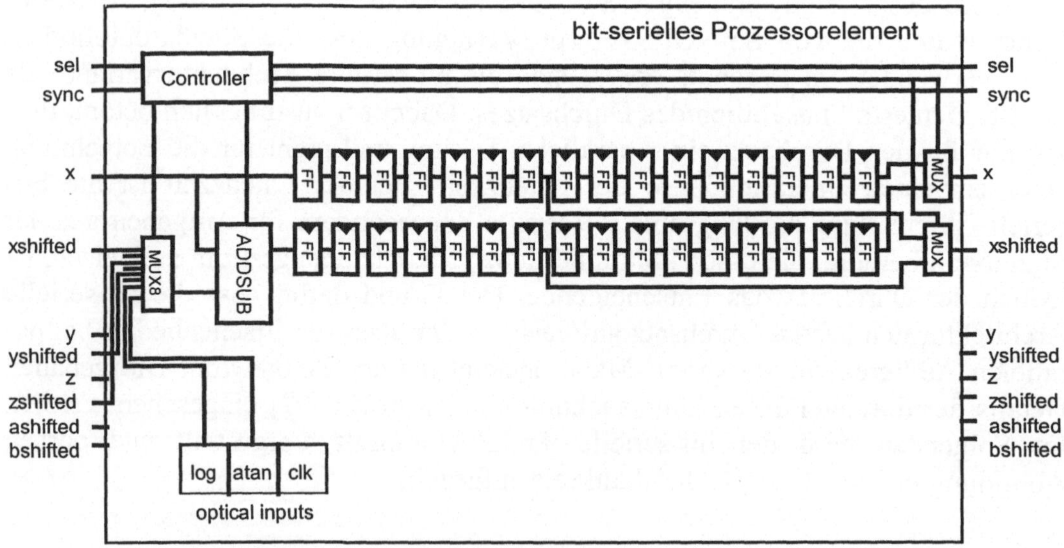

Abbildung 4.19: Struktureller Aufbau des bit-seriellen optoelektronischen PEs [FeKa98]

Während des ersten Taktzyklus wird der drei Bit lange Eingangsvektor *sel* benutzt, um im Funktionsblock *Controller* die Funktion zu bestimmen, die das PE auf den folgenden Bitstrom anzuwenden hat. Wenn der gesamte Bitstrom gelesen ist, gibt das PE über seine Ausgänge den Operationskode an ein nachfolgendes PE weiter, so dass dieses ebenfalls die richtige Funktion ausführt. Abbildung 4.20 zeigt die Gesamtstruktur des PE-Feldes.

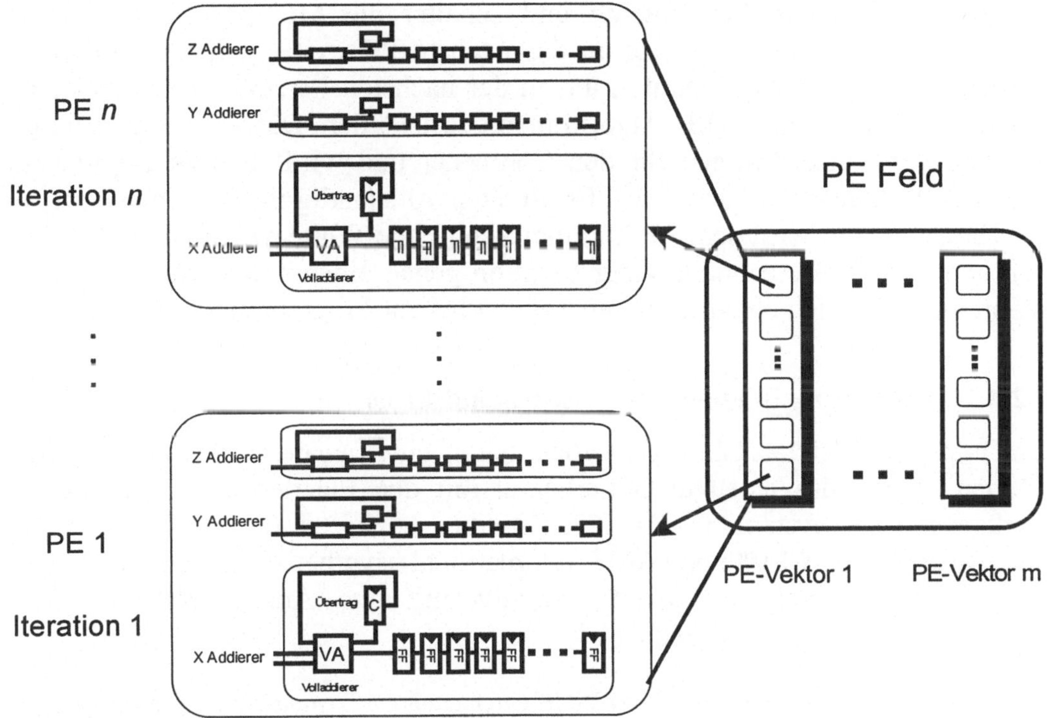

Abbildung 4.20: Struktur des PE-Feldes

Im nächsten Taktzyklus werden die errechneten Operanden zum Ausgang geschoben. Aufgrund der vollständigen Kompatibilität der Ein- und Ausgänge können alle PEs hintereinander geschaltet werden, um die gesamten Iterationen direkt in Hardware in einer Pipeline zu implementieren. Dabei hat jedes PE eine feste Zuordnung zu einer Iterationsstufe. Diese feste Zuordnung ist eine Optimierungsmaßnahme, die zu deutlich geringeren Chipflächen führt. Als Folge dieser strikten Zuordnung eines PEs zu einer Iterationsstufe benötigt man ferner auch keine dynamischen Schiebeoperationen. Vielmehr werden die in den einzelnen Iterationsstufen notwendigen Bitschiebeoperationen durch feste Verbindungen hartverdrahtet ausgeführt. Um beispielsweise eine Schiebeoperation um i Bitpositionen nach rechts auszuführen, werden die Schieberegister direkt am i.ten Flip-Flop von rechts abgegriffen und direkt zum Ausgang des PEs geleitet. Die Schieberegister erhalten ihre Werte vom Summenausgang eines Volladdierers, der die Addition durchführt. Der Übertrag dieses Volladdierers wird in einem Flip-Flop gespeichert und an den Eingang des Volladdierers zurückgekoppelt. Ein Multiplexer mit acht Eingängen wählt gemäß der auszuführenden Funktion die richtigen Operanden für den Volladdierer aus. Die Operanden werden in umgekehrter Reihenfolge, d.h. mit dem niederwertigsten Bit zuerst, eingegeben und weiter geschoben. Nachdem die höchstwertigen Bitpositionen der Operanden verarbeitet wurden, überprüft der Controller die Auswahlbedingung und schaltet die Multiplexer am Ausgang derart, dass die richtigen Werte an das nächste PE weiter geleitet werden. Das Ausgangssignal *sel* wird benutzt, um in der nächsten Iterationsstufe das richtige Vorzeichen für die CORDIC Algorithmen auszuwählen. Das *sync* Signal fungiert als eine Art Rücksetzsignal für den Controller und wird stets zu Beginn einer neuen Berechnung aktiviert. Die PEs arbeiten vollständig im Pipelinemodus, d.h. der Eingabestrom wird dem PE kontinuierlich ohne Wartezyklen zugeführt. Folglich benötigt die Berechnung einer Iteration genau einen Taktzyklus pro Mantissenbit einschließlich einem weiteren Taktzyklus zur Programmierung des PEs.

4.2.4.2 Abbildung in einen OE-VLSI-Schaltkreis

Um bezüglich der tatsächlichen Größe schon eine genauere Aussage treffen zu können, wurde das erzeugte Gatterlayout mit den Platzier- und Verdrahtungswerkzeugen des Systems CADENCE für einen konkreten 0.8 µm CMOS-Prozeß von Austria Mikro Systems (AMS International) synthetisiert. Tabelle 4.6 zeigt die aus dem erzeugten Layout ebenfalls mit den Analysewerkzeugen von CADENCE extrahierten Ergebnisse.

Tabelle 4.6: Ergebnisse einer mit CADENCE durchgeführten Layoutsynthese für die bit-serielle Architektur

Parameter	bit-seriell 32 Bit
Dimension Chipkern eines PEs [μm]	734×734
Fläche Chipkern eines PEs [μm^2]	539416
Länge des kritischen Pfades [ns]	3.66

Abbildung 4.21 skizziert den Architekturaufbau und das optische Verbindungssystem zur Speicher-Prozessor-Kopplung für das Beispiel eines smarten Detektorschaltkreises. Für eine Mantissenlänge von 24 Bits benötigt man insgesamt eine Wortlänge von 27 Bits. Zusätzlich zu den Mantissenbits werden ein Bit für das Vorzeichen und zwei Bit als Vorkommastellen zur Vermeidung von Überläufen gebraucht. Aufgabe der optischen Verbindungen ist die Multipunktübertragung der Konstantenwerte und des Taktsignals, was zwei Vorteile hat. Zum einen

können lange Chip-interne Leitungen vermieden werden, da diese eine Erhöhung der Taktzykluszeit bewirken. Dies betrifft nicht nur die Taktsignalleitung, sondern auch die Übertragung der Bits der Konstanten innerhalb einer Zeile des Prozessorfeldes. Zum anderen wird Chipfläche gespart, wenn der Konstantenspeicher außerhalb des Prozessorschaltkreises realisiert ist und die Daten durch einen parallelen Zugriff geholt werden können. Für die erforderliche Wortlänge von $n = 27$ ist die Anzahl an PEs pro Spalte gleich 27 und es bedarf einer VCSEL-Zeile mit 81 Dioden. Daraus errechnet sich bei einem Chip mit 1 cm Kantenlänge ein vertikaler Rasterabstand von 123 µm. Macht man den Chip nur geringfügig größer, so erhält man einen gängigen Rasterabstand von $p_y = 125$ µm.

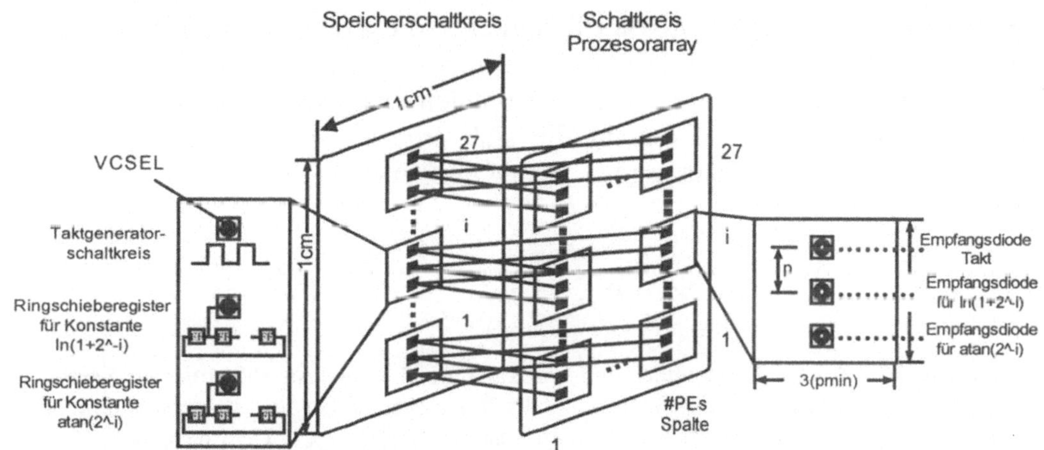

Abbildung 4.21:   Schematische Darstellung der optischen Prozessor-Speicher-Kopplung für eine bit-serielle Signalprozessorarchitektur

Zusätzlich zu dem Prozessorfeld wird ein Speicherschaltkreis zur Aufnahme der Konstantenwerte benötigt. Die Architektur des Speicherschaltkreises ist in Zeilen aufgeteilt. In der i.ten Zeile werden die Konstantenbits für die i.te Iteration abgelegt. Die Bits der Konstanten sind in einem Ringschieberegister gespeichert. Aufgrund der bit-seriellen Architektur kann dadurch in jedem Taktzyklus das richtige Bit herausgeschoben werden, um ein VCSEL einzuschalten.

Der notwendige Fan-Out für die optischen Multipunktverbindungen ist bestimmt durch die maximale Anzahl an PEs, die innerhalb einer Zeile integriert werden können. Um diese Anzahl sowie weitere physikalische Größen zu bestimmen, wird wieder auf die Formeln der allgemeinen Leistungsanalyse aus Kapitel 3 zurückgegriffen. Da die Fläche eines PEs bereits mittels einer automatischen Layoutsynthese konkret für einen 0.8 µm CMOS-Prozess bestimmt wurde, wird für die Flächenberechnung A_{PE} eines PEs nicht wie in 4.1.7 die Anzahl der Transistoren und die Integrationsdichte eines CMOS-Prozesses benutzt, sondern der in der Layoutsynthese ermittelte Wert aus Tabelle 4.6. Von diesem ausgehend können über das Quadrat der Skalierungsfaktoren $\alpha_1 = 0.8/0.5 = 1.6$ bzw. $\alpha_2 = 0.8/0.35 = 2.28$ die zu erwartenden Flächen A_{PE} für einen 0.5 µm und einen 0.35 µm Prozess abgeschätzt werden (s. Tabelle 4.7). Aus diesen Flächenangaben für ein PE lässt sich mit Hilfe von (3.6) der erforderliche minimale Rasterabstand p_{min} für den Fall gleicher Rasterabstände in x- und y-Richtung bestimmen. Für die in Tabelle 4.7 aufgelisteten Flächenwerte A_{PE} und der Anzahl Pixel in horizontaler und vertikaler Richtung, N_x und N_y, würden sich dann die Größen 424 µm, 265 µm und 185 µm als Rasterabstand ergeben. Dies ist größer als die oben genannten 125 µm und würde dazu führen, dass sich in einer Spalte weniger als 27 PEs anordnen lassen und damit die Wortlänge unseres Prozessors abnimmt. In diesem Falle ist es sinnvoller, das PE stärker in die Breite zu dimensionieren und von gleichen Rasterabständen in beiden Dimensionen abzugehen. Der Ausdruck (3.5) kann dann zur Berechnung des horizontalen Rasterabstandes p_x in (4.37) umgeformt werden. Tabelle 4.7 zeigt die sich ergebenden Werte für p_x und die Anzahl Empfänger in x-Richtung bei 1 cm Chipkantenlänge.

$$p_x = \frac{A_{PE}}{N_y \cdot p_y \cdot N_x} \tag{4.37}$$

Tabelle 4.7: Anzahl horizontaler und vertikaler Pixel sowie Anzahl optischer Sender und Empfänger (links). Horizontaler Rasterabstand der Empfänger und horizontaler Fan-Out bei einem vertikalen Rasterabstand von $p_y = 125\,\mu m$ (rechts).

Anzahl Pixel in horizontaler Richtung	N_x	1
Anzahl Pixel in vertikaler Richtung	N_y	3
Anzahl optischer Sender	N_{LD}	0
Anzahl optischer Empfänger	N_{PD}	3

	Fläche A_{PE} [µm²]	horizontaler Rasterabstand p_x [µm]	horizontaler Fan-Out
0.8 µm	539416	1438	7
0.5 µm	210709	562	17
0.35 µm	103766	276	36

Die Anzahl der vom horizontalen Fan-Out getroffenen Empfängerpunkte ist zugleich identisch mit der Anzahl PEs pro Zeile, was für die bit-serielle Architektur auch gleich der Anzahl gleichzeitig ausführbarer Berechnungen ist. Mit Hilfe von (3.9) und den Werten aus Tabelle 3.1 lässt sich dann die mit einem Chip von 1 cm Kantenlänge maximal erzielbare Durchsatzleistung für verschiedene Technologien in Abhängigkeit von der Taktfrequenz f berechnen. Dabei wird für den Wert k in (3.9) 33 angenommen. Dies entspricht der Wortlänge von 32 Bits einschließlich einem zusätzlichen Schritt zur Übertragung des Kontrollkodes zu Beginn einer jeden Berechnung. Abbildung 4.22 zeigt den zugehörigen Kurvenverlauf.

Die Angabe MOPS (Millionen Operationen pro Sekunde) bezieht sich auf die theoretische Maximalleistung bei vollständig gefüllter Pipeline. Eine Operation entspricht z.B. der Berechnung einer Sinusfunktion. Gerade hier zeigt sich das Potential der Architektur. So benötigt die gleichzeitige Berechnung des Sinus und des Kosinus eines Winkels auf einem Signalprozessor der Reihe TMS320C2XX [TI97] 2.9 µs, was ungefähr einem Durchsatz von 0.7 MOPS entspricht. Für den bei unserer Layoutsynthese verwendeten 0.8 µm Prozess ergab sich eine kritische Pfadlänge von ca. 4 ns, was eine Taktfrequenz von 250 MHz zulässt. Wie der Kurvenverlauf in Abbildung 4.22 zeigt, erhält man dafür eine Maximalleistung von 50 MOPS. Dieser um fast zwei Größenordnungen bessere Wert gilt nicht für die Berechnung anderer er Funktionen, sondern auch für die Berechnung des Logarithmus oder der Exponentialfunktion.

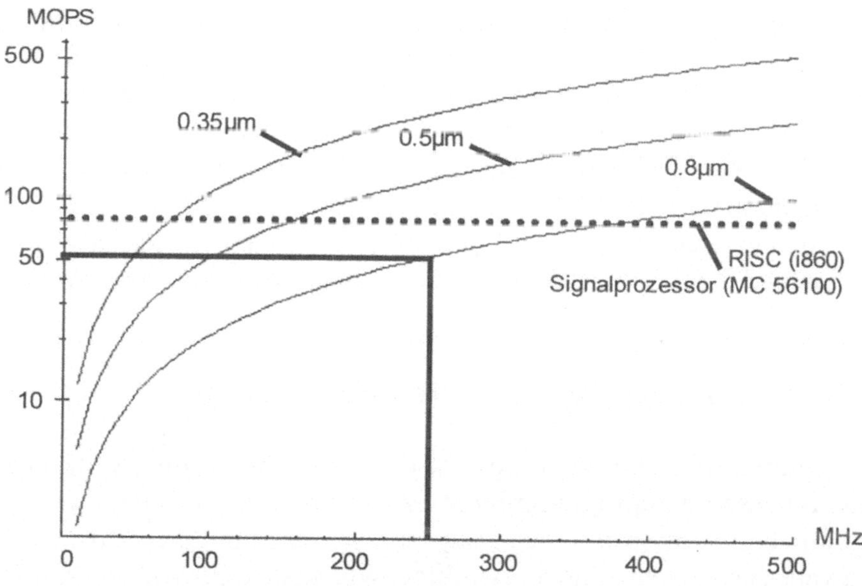

Abbildung 4.22: Ergebnis der Leistungsanalyse des bit-seriellen optoelektronischen Signalprozessors in Abhängigkeit der Taktfrequenz

Abschließend sollen noch einige Überlegungen zum Energieverbrauch gemacht werden. Die emittierte Lichtleistung muss ausreichend hoch sein, um z.B. im Falle einer 0.35 µm Technologie die 36 Empfänger in einer Zeile des Prozessorfeldes zu treiben. Der abgegebene Lichtstrahl muss horizontal aufgeteilt werden, um den Fan-Out zu realisieren. Solch ein Verbindungsschema wird zweimal benötigt, um an jedes PE die zwei Konstantenwerte zu übertragen. Auf analoge Weise soll der Takt optisch übertragen werden. Der entsprechende Schaltkreis zur Taktgenerierung kann direkt in den Speicherchip integriert werden. An dieser Stelle wird ausdrücklich darauf hingewiesen, dass zwischen dem Speicher- und Prozessorschaltkreis für eine 0.35 µm Technologie mehr als 2800 optische Verbindungen verlaufen, was mit aktueller elektronischer Technologie nicht erreichbar ist.

Bei einer angenommenen maximalen Leistungsaufnahme von 30-40 mW pro VCSEL, was auch im üblichen Rahmen kommerzieller VCSEL liegt, ergibt sich eine Verlustleistung in der 1-dimensionalen VCSEL-Zeile von ca. 3 W, was problemlos handhabbar ist. Eine wichtige Frage auf der Empfängerseite betrifft die Notwendigkeit einer Signalverstärkung in den Empfängerschaltkreisen. Mittels Simulationen in SPICE konnte für einen 0.8 µm CMOS-Prozess gezeigt werden, dass ungefähr 20 µA Photostrom ausreichen, um bei 200 MHz einen Inverter direkt mit Hilfe des optischen Eingangssignals zu schalten. Bei angenommener Empfindlichkeit von 0.35 A/W pro Detektor und einem gleichzeitigen Fan-Out von 36 muss jede VCSEL-Diode ca. 2 mW optische Ausgangsleistung aufweisen. Selbst bei einer pessimistischen Annahme von 50 % Verlusten bei der optischen Ein-/Auskopplung sind damit die Anforderungen an die Mikrolaser nicht zu hoch. Diese weisen bei 2 GHz Übertragungsbandbreite im Allgemeinen ca. 2 mW optische Ausgangsleistung auf. Da hier jedoch 200 MHz ausreichen bleibt den Detektoren genügend Zeit, um mehr Photonen aufzuintegrieren und damit mehr Leistung aufzunehmen. Für die Realisierung der optischen Multi-Punkt-Übertragung zwischen Speicher- und Prozessorchip können Dammann-Gitter bzw. den Talbot-Effekt (s. Kapitel 2.3.2.3) ausnutzende Bauelemente zum Einsatz kommen.

4.3   Optisch rekonfigurierbare Hardware

Mit rekonfigurierbarer Hardware besteht die Möglichkeit, die Logik eines Hardware-Schaltkreises umzuprogrammieren bzw. zu rekonfigurieren, wie man diesen Vorgang üblicherweise bezeichnet. Man erreicht damit in gewissem Umfang auch mit Hardware-Bausteinen eine Flexibilität, wie man dies von der Software gewohnt ist, hat aber immer noch den Vorteil der schnellen Ausführung von Operationen in Hardware gegeben. Die Rekonfigurierung der Logik kann prinzipiell über zwei Arten erfolgen: durch Setzen des Inhaltes von Statusregistern zur Programmierung von UND-/ODER-Matrizen bzw. durch Veränderung des Inhaltes von Zugriffstabellen. Dadurch dass die Rekonfigurierung auf jederzeit nachladbaren SRAM-Speicherzellen beruht, kann die Programmierung im Gegensatz zu früher eingesetzten und nur einmal programmierbaren Strukturen wie PLAs, PALs und PROMs beliebig oft durchgeführt werden. Bei optisch rekonfigurierbarer Hardware soll diese Rekonfigurierung über optische Verbindungen erfolgen. Optische Verbindungen bieten gerade für rekonfigurierbare Hardware aufgrund des parallelen Zugriffs auf einzelne programmierbare Zellen höhere Flexibilität und Effizienz als elektrische Verbindungen.

In einer rekonfigurerbaren Logik auf der Basis von Zugriffstabellen werden sogenannte konfigurierbare Logikblöcke (CLB) in Matrixform in einem Schaltkreis integriert. Der CLB enthält die Zugriffstabelle in Form eines statischen RAM-Moduls, in welcher die Funktionalität einer Booleschen Funktion gespeichert ist. Die Variablenwerte einer auszuführenden Booleschen Funktion dienen als Adresse für die Zugriffstabelle, unter der das gewünschte Ergebnis der Booleschen Funktion abgespeichert wird (s. Abbildung 4.23). Die Ausgänge der Tabelle werden entweder an den Ausgang eines CLBs weitergeleitet bzw. an den Eingang eines internen Registers innerhalb des CLBs, um Zwischenergebnisse aufzunehmen, die ihrerseits wieder als Eingänge für die Zugriffstabelle fungieren. Ein-/Ausgänge verschiedener CLBs innerhalb eines Schaltkreises können durch Schaltmatrizen miteinander verbunden werden. Das Setzen der Schalter in den Schaltmatrizen erfolgt über Statusregister, die wie die Zugriffstabellen während der Konfigurationsphase geladen werden. Die Programmierung der auszuführenden Booleschen Funktion erfolgt durch eine entsprechende Initialisierung der Zugriffstabelle und der den Schaltmatrizen zugeordneten Statusregister. Der für die Konfigurierung notwendige Bitstrom wird in Anlehnung an die Programmierung durch Software gelegentlich auch als *Configware* bezeichnet. In einer optisch rekonfigurierbaren Hardware wird der Inhalt der Zugriffstabelle über einen externen optischen Eingang geladen.

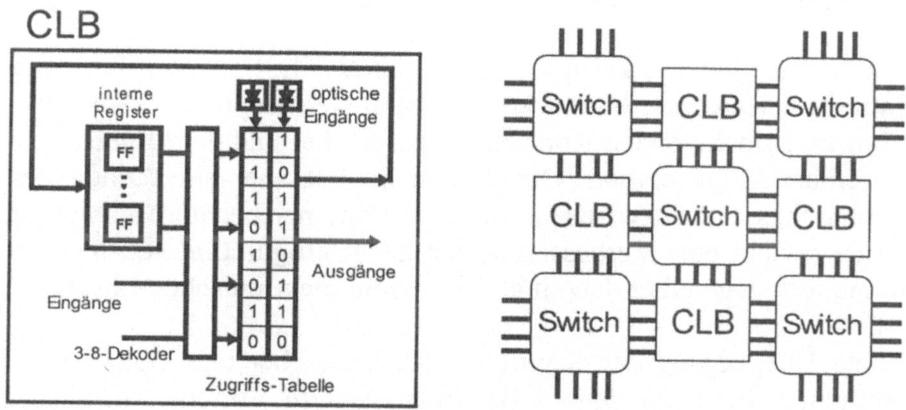

Abbildung 4.23: Struktur einer optisch rekonfigurierbaren Hardware

Das Haupteinsatzgebiet von rekonfigurierbarer Hardware, wie z.B. FPGA-Schaltkreisen (Field Programmable Gate Arrays), ist primär die flexible und schnelle Entwicklung von Prototypen („rapid prototyping"). Bevor eine Hardware, z.B. in einen ASIC hart-verdrahtet wird, kann diese mit Hilfe von FPGAs ausgiebig getestet werden. Die Rekonfigurierung erlaubt, Fehler zu machen, die immer wieder korrigiert werden können. Ferner werden FPGAs häufig für speziell in Hardware auszuführende Funktionen eingesetzt, wenn sie bei speziellen Operationen effizienter als‛ Universal-Mikroprozessoren sind. In diesem Fall unterstützen sie den Mikroprozessor als Koprozessor.

Das Attraktivste an der Rekonfigurierung aus Sicht der Informatik-Forschung ist jedoch die Möglichkeit der dynamischen Veränderung, d.h. die zur Laufzeit durchführbare Modifikation des Hardware-Verhaltens. Im Idealfall erlaubt die dynamische Rekonfigurierung mit sehr wenig Hardware auszukommen und diese durch ständige Rekonfigurierung an verschiedene Operationen anzupassen. Auf diese Weise wird trotz geringer Hardware die Flexibilität und Befehls-Mächtigkeit eines mit weitaus höherem Hardware-Aufwand ausgestatteten Universalprozessors erreicht. Dynamische Rekonfigurierung ist noch eine relativ junge Thematik und derzeit Gegenstand der Forschung. Damit diese Art der Bearbeitung von Befehlen aber auch in Konkurrenz zu Universalprozessoren treten kann, muss die dynamische Rekonfigurierung sehr schnell geschehen. Elektronisch ist dies derzeit bestenfalls im *ms*-Bereich zu schaffen [Frem00]. Viel schnellere Zeiten, und zwar im *ns*- bis *µs*-Bereich, können hingegen durch den Einsatz von optoelektronischen Verbindungen erreicht werden.

4.3.1 Prinzipielle Vorteile optischer Verbindungen für dynamisch rekonfigurierbare Hardware

Der große Vorteil einer 3-D optoelektronischen VLSI-Lösung für dynamisch rekonfigurierbare Hardware beruht auf der parallelen Kopplung zwischen einem die Configware aufnehmenden Konfigurationsspeicher und dem Baustein, der die rekonfigurierbare Logik enthält. Der direkte Zugriff über ein hochdichtes optisches Verbindungssystem zwischen Konfigurationsspeicher und rekonfigurierbarer Hardware erlaubt eine Verbesserung bei der Konfiguration von mehr als drei Größenordnungen gegenüber derzeit aktuellen rein-elektronischen Lösungen.

Die parallele Übertragung der Konfigurationsdaten über eine optische Chip-to-Chip-Verbindung direkt zu den CLBs bringt weitere Vorteile mit sich. Durch diese direkte "off-Chip-Konfigurierung" lassen sich in der rekonfigurierbaren Hardware platzintensive globale elektrische Leitungen einsparen, die zur üblichen "on-Chip-Konfigurierung" benötigt werden. Der damit verbundene Gewinn an Chipfläche kann statt dessen für die Integration weiterer CLBs verwendet werden, was den *Grad der Parallelität* innerhalb der rekonfigurierbaren Hardware steigert. Ferner erlaubt der optische Zugriff eine problemlose *partielle Rekonfigurierung* einzelner Zellen zur Laufzeit.

Abbildung 4.24 zeigt schematisch eine erstmalig von Vass et. al. vorgeschlagene Möglichkeit [VaAi96], wie der parallele Zugriff zur optischen Rekonfigurierung programmierbarer Hardware realisiert werden kann. Mittels einer Lichtquelle wird über einen spatialen Lichtmodulator ein als FPGA realisierter smarter Detektor ausgeleuchtet.

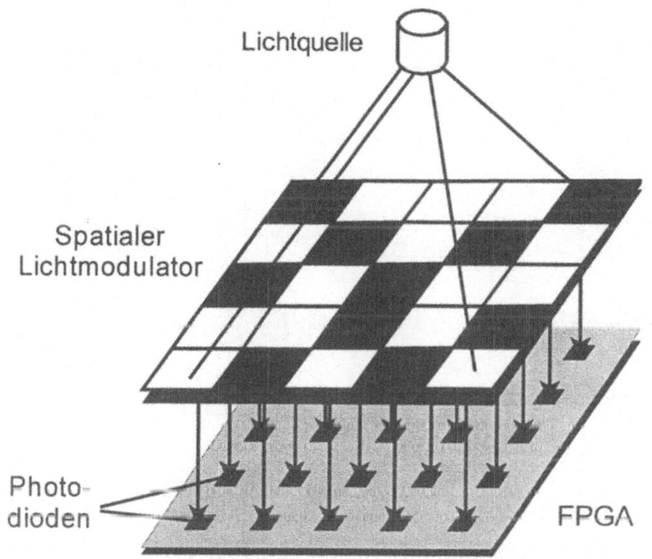

Abbildung 4.24: Parallele optische Rekonfigurierung programmierbarer Hardware [VaAi96]

Der parallele optische Zugriff kann nicht nur für die Rekonfigurierung der Zellen, sondern auch für die Programmierung der Verbindungen zwischen CLBs oder allgemein in einem Feld von PEs ausgenutzt werden. Einen diesbezüglichen vom Autor konzeptionell entworfenen Vorschlag zeigt Abbildung 4.25. Jedes der in einem Feld angeordneten CLBs bzw. PEs besitzt an den vier orthogonalen Seiten einen Photodetektor, der über ein UND-Gatter eine optisch schaltbare Verbindung des Ausgangs der Prozessorzelle zu den vier Nachbarprozessorzellen herstellen kann. Aufgrund einer auf einem Laserfeld aufbauenden parallelen optischen Schnittstelle oberhalb des elektronischen Schaltkreises kann die Verdrahtung zwischen CLBs aber in einem Takt vorgenommen werden. Gerade diese Rekonfigurierung in einem Takt ist sehr wichtig, da viele bezüglich der Zeitkomplexität in theoretischen Untersuchungen nachgewiesenen Vorteile rekonfigurierbarer Hardware auf der in einem Takt machbaren Rekonfigurierbarkeit beruhen. Eine parallele optische Schnittstelle nach Abbildung 4.25 kann dafür sorgen, dass diese theoretisch ermittelten Vorteile auch praktisch umsetzbar sind.

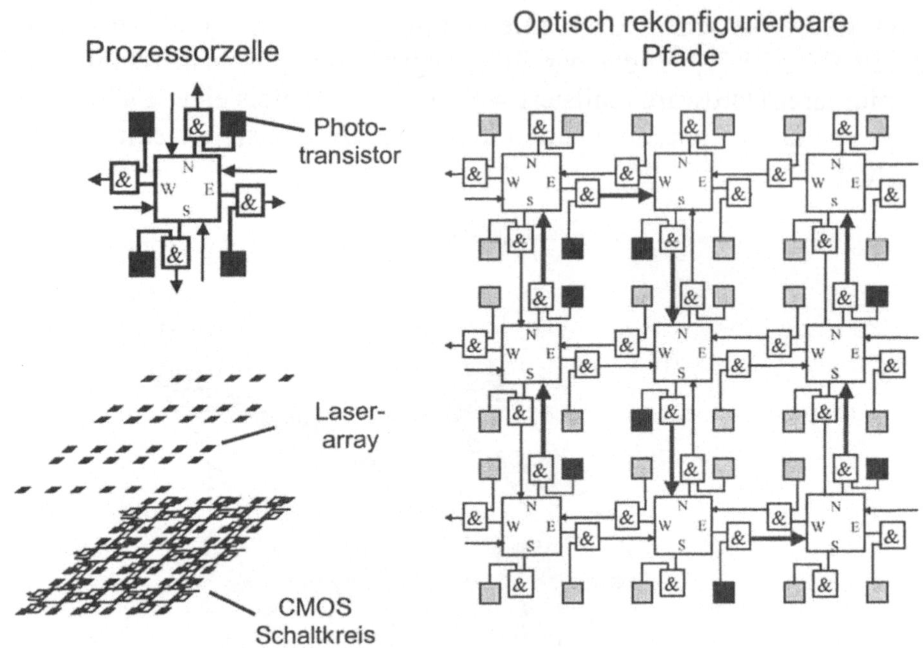

Abbildung 4.25: Optisch rekonfigurierbare Pfade in einem Feld von CLBs bzw. PEs

Der Einsatz optischer Verbindungen bietet somit die Möglichkeit einer einfachen und effizienten dynamischen Rekonfigurierung. Es sei an dieser Stelle auch betont, dass nur die dynamische Rekonfigurierung den Einsatz optischer Verbindungen lohnt. Für Anwendungen, in welchen die rekonfigurierbare Hardware im Rapid Prototyping eingesetzt wird, wäre der Aufwand zu groß. Es spielt hierbei keine Rolle, ob zu Beginn einer Testuntersuchung ein FPGA in Millisekunden oder aufgrund eines Einsatzes optischer Verbindungen in Nanosekunden konfiguriert wird.

Einen weiteren Vorteil, den die Optik für rekonfigurierbare Hardware liefert, ist die Möglichkeit, die in einem FPGA vorhandenen CLBs besser auszunutzen. Bei der Synthese einer komplexeren Schaltung in einem FPGA kommt es häufig vor, dass nur ein Teil der CLBs wirklich genutzt werden kann, weil aufgrund der weitgehend planaren Verdrahtungsmöglichkeiten u.U. manche CLBs nicht mehr mit Leitungen erreichbar sind. Um diesen Nachteil zu umgehen, schlugen Depreittere et. al. [DeNe94] ein 3-dimensionales optisches Verbindungssystem zur Verbindung von FPGAs vor, das den durch die dritte Dimension zusätzlichen Freiheitsgrad zu einer ergonomischeren Verdrahtung nutzt. Ein Demonstratorsystem, das zwar aufgrund seiner geringen Anzahl von 192 CLBs die Vorteile der

3-D Verdrahtung noch nicht ausnutzen kann, aber das Prinzip demonstrierte, wurde an der Universität Gent entwickelt.

Abbildung 4.26 zeigt den prinzipiellen Aufbau. Drei Metallplättchen, auf denen jeweils ein 2×2 Feld von FPGAs mit 4×4 CLBs aufgebaut war, wurden übereinander gestapelt. In der Mitte des Metallträgers befanden sich zwei Glasträger, in denen die optische Datenübertragung nach oben bzw. nach unten verlief. Die optoelektronische Übertragung innerhalb des Glasträgers besteht aus einer LED-Zeile, einer Fresnelzonenlinse und einer Detektorzeile.

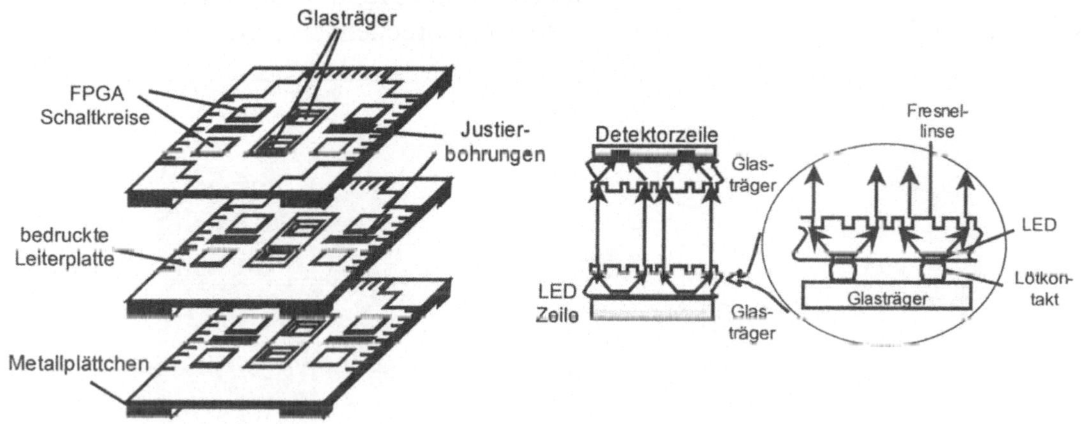

Abbildung 4.26: Optisch vertikal verbundene FPGA-Schaltkreise [DeNe94]

4.3.2 Beispiele für optoelektronisch rekonfigurierbare Hardware

Die Bedeutung optischer Verbindungen für rekonfigurierbare Hardware zeigt sich anhand einiger kürzlich entstandener Prototypen. Im Folgenden wird ein kurzer Überblick der hierbei in der letzten Zeit in der Literatur vorgestellten Architekturen gegeben.

Ein Beispiel für das Bestreben programmierbare optoelektronische Schaltkreise zu erhalten, um schnell und flexibel verschiedene Architekturen aufbauen zu können, stellen an der McGill-Universität in Montreal entwickelte optoelektronische (Programmable Logic Device) PLD-Strukturen dar [7]. Die für PLD-Strukturen typischen UND- und ODER-Matrizen werden sowohl durch elektronisch als auch optisch ladbare Konfigurationsblöcke programmiert. Diese auf Modulator-Technologie basierenden optoelektronischen PLDs sind für den Einsatz als Schaltmatrizen in 3-dimensionalen Schaltnetzwerken vorgesehen.

An der Universität Tokio werden in dem System OCULAR-II [McAr00] auf der Basis von hochauflösenden Flüssigkristall-Bauelementen dynamisch holographische Strukturen erzeugt, um damit optoelektronische PE-Ebenen, abhängig von den zugrundeliegenden Anwendungen, beliebig optisch miteinander zu verbinden. Abbildung 4.27 links zeigt das Prinzip. Benachbarte optoelektronische PE-Ebenen, die jeweils in einer Art Sandwich-Struktur zwischen einem als optische Eingangsebene fungierendem Feld von Photodetektoren und einem als optische Ausgangsebene fungierendem VCSEL-Feld eingeschlossen sind, werden mit einem optischen Verbindungsmodul gekoppelt. In diesem befinden sich Flüssigkristall-Bauelemente zur Erzeugung dynamisch holographischer Verbindungen. Abbildung 4.27 rechts zeigt den Aufbau eines entsprechenden Prototypen.

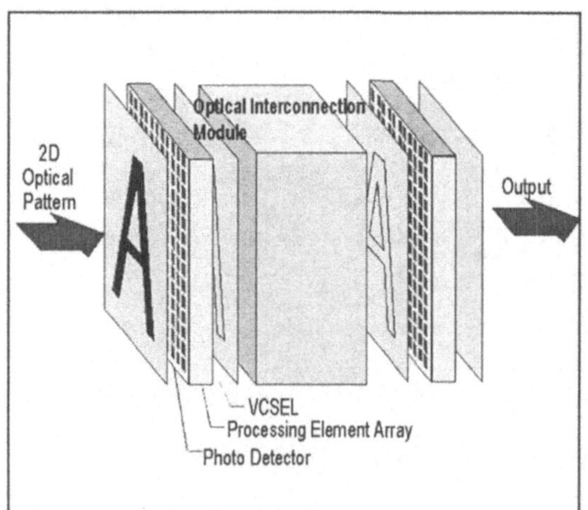

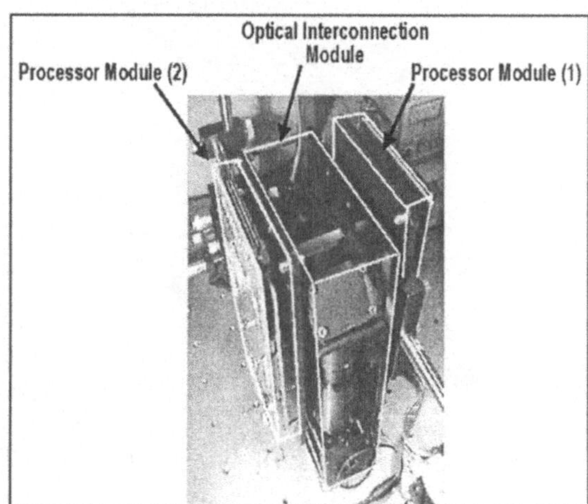

Abbildung 4.27: Optisch rekonfigurierbare Verbindungen zur Kopplung benachbarter optoelektronischer Ebenen von PEs [IsMc98]

Rekonfigurierbare Architekturen mit optischen Verbindungen auf der Basis von in SRAM-Technik realisierten Zugriffstabellen wurden innerhalb einer vom Autor geleiteten Arbeitsgruppe an der Universität Jena [FGE99], [FeBa00] als SEED-CMOS-Schaltkreis realisiert. Die Zugriffstabellen hatten die Dimension 4×2. Der zugehörige Chip wurde als anwendungsspezifischer Schaltkreis direkt auf der Layoutebene in einer 0,5 µm CMOS-Technologie entworfen. Dafür wurden einschließlich der zugehörigen Adressierungs- und Verstärkerlogik sowie der Treiberschaltkreise für die optischen Modulatoren 356 Transistoren benötigt. Mittels SPICE-Simulation wurde für das Laden eines Bits eine Zugriffszeit von 250 MHz ermittelt. Experimentell wurde ein Zugriffszeit von 80 MHz gemessen. Die Differenz zum Simulationsergebnis ist sowohl auf die langsamere Testumgebung als auch auf die in der Simulation nicht erfassbaren Schwankungen der Wellenlänge zurückzuführen. Auf 1 cm² Chipfläche lassen sich somit etwa 24000 Zugriffstabellen integrieren, die alle aufgrund des parallelen optischen Zugriffs im *ns*-Bereich rekonfigurierbar sind.

Abbildung 4.28 zeigt eine Aufnahme des OE-VLSI-Schaltkreises. In der Mitte befinden sich die SRAM-Zellen; die quadratischen Metallflächen entsprechen den Anschlussstellen, auf die per Flip-Chip-Montage die Modulatoren aufgesetzt werden. Die Aufnahme zeigt den Schaltkreis vor dem Aufbringen der Modulatoren.

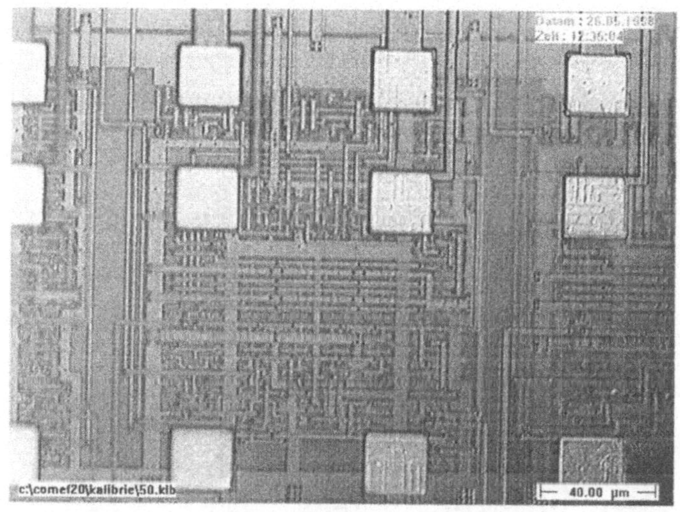

Abbildung 4.28: OE-VLSI-Schaltkreis für optisch rekonfigurierbare Zugriffstabellen

Überlegungen zu optisch rekonfigurierbaren Zugriffstabellen werden auch am California Institute of Technology verfolgt. Dort werden holographische Speichertechniken zur Aufnahme der Configware favorisiert, um diese über eine parallele Ausleseoptik direkt auf optisch programmierbare Gatterfelder zu übertragen [MPP00]. Alle genannten Beispiele zeigen, welche Bedeutung die Optik mittlerweile für rekonfigurierbare Architekturen hat.

4.3.3 OptoRAP – ein Konzept für eine dynamische rekonfigurierbare optoelektronische Parallelarchitektur

Im folgenden Kapitel wird ein Konzept für eine optoelektronische dynamisch rekonfigurierbare Architektur vorgestellt, die im Weiteren als OptoRAP (Optoelectronic Reconfigurable Array Processor) bezeichnet wird. Abbildung 4.29 zeigt eine Skizze von OptoRAP für eine Lösung mittels optischer Chip-to-Chip-Verbindungen. Der die Configware aufnehmende Konfigurationsspeicher und ein Datenspeicher sind über optische 1-zu-1-Verbindungen mit dem rekonfigurierbaren

Feld verbunden. Deren optische Ausgänge werden derart versetzt zueinander abgebildet, dass beide Ausgangs-Pixelfelder übereinander gelagert eine binäre Datenebene ausfüllen, welche auf die optischen Empfänger des rekonfigurierbaren Feldes übertragen wird. Dieses besitzt zusätzlich optische Sender, um Zwischenergebnisse zum Datenspeicher zu übertragen und dort abzuspeichern. Für den Fall, dass das rekonfigurierbare Feld als reine SIMD-Architektur arbeitet, können die Konfigurationsdaten z.B. über ein binäres Phasengitter vervielfältigt werden. Für den Fall einer zell-spezifischen Rekonfigurierung ist selbstverständlich auch eine 1-zu-1 Übertragung denkbar, analog der Verbindung zwischen Datenspeicher und rekonfigurierbarem Feld. Die Architektur ist skalierbar, d.h. es können weitere Paare von Datenspeichern und rekonfigurierbaren Feldern angefügt werden, um eine höhere Parallelität zu erreichen.

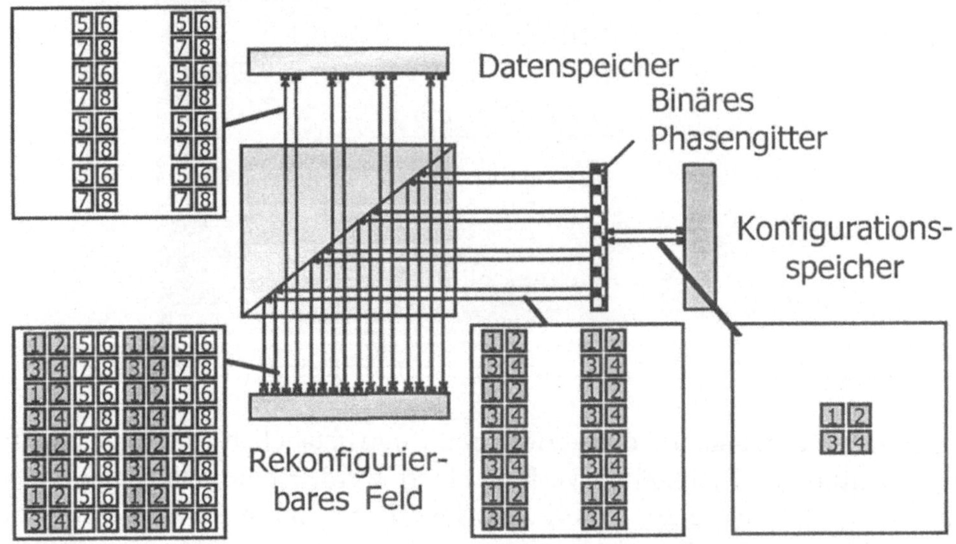

Abbildung 4.29:   Schematische Darstellung der OptoRAP-Architektur

Ideal für die Realisierung der optischen Sender- und Empfänger wären Bausteine die VCSELs und Photodioden monolithisch integrieren und über Flip-Chip-Montage mit den in CMOS-Technologie realisierten Schaltkreisen für das rekonfigurierbare Feld, dem Daten- und dem Konfigurationsspeicher verbunden sind. Solche Bausteine wurden von Honeywell (s. Abbildung 2.43, [HTC]) für Forschungszwecke entwickelt. Als Alternative können in den Schaltkreisen für das rekonfigurierbare Feld und den beiden Speichern die Photoempfänger direkt integriert und mit VCSEL-Felder in hybrider Aufbautechnik gekoppelt werden. In einem ersten Schritt ist ferner ein Aufbau zwischen benachbarten Baugruppen realisierbar. In diesem können die Grundelemente Konfigurations-, Datenspeicher und rekonfigurierbares Feld entweder als FPGAs oder als OPTO-ASICs mit zugehörigen mittlerweile kommerziell erhältlichen 2-D VCSEL-Feldern diskret auf einer Platine aufgebaut werden. Als Verbindungssysteme sind hierbei Faserfelder einzusetzen (s. Abbildung 4.30).

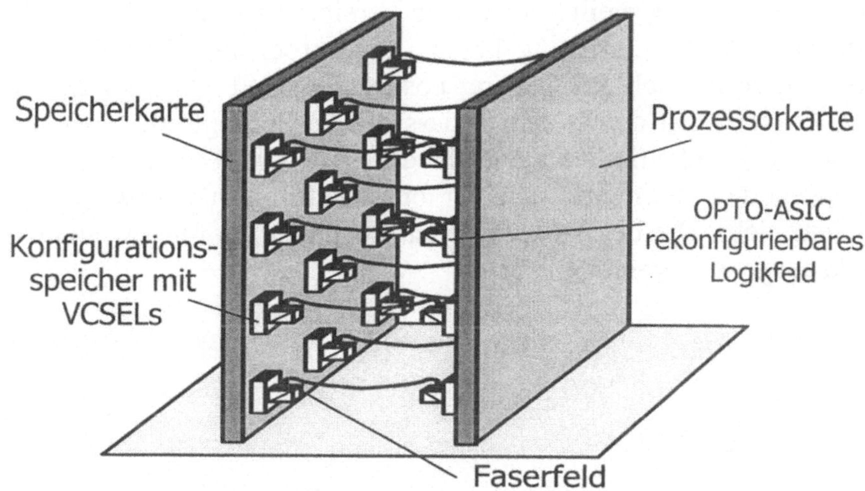

Abbildung 4.30: Aufbau der OptoRAP-Architektur mit optischen Verbindungen zwischen Baugruppen

Im Gegensatz zu der rekonfigurierbaren fein-granularen Architektur eines FPGAs, in welcher einfache Zugriffstabellen, logische Gatter und Flip-Flops konfiguriert und verbunden werden, kann in der OptoRAP-Architektur z.B. ein einfacher anwendungsspezifischer Instruktionsprozessor (engl.: *application specific instruction processor*; ASIP) als PE zum Einsatz kommen. Dessen Befehlssatz wird z.B. während des Betriebes in Abhängigkeit bestimmter Anwendungen dynamisch verändert. Ein diesbezügliches Beispiel für einen Bildvorverarbeitungsprozessor wird in Kapitel 4.4 gezeigt.

4.3.4 Mit OptoRAP emulierbare Architekturen

Das in Abbildung 4.29 gezeigte Schema der OptoRAP-Architektur ist auch auf eine Reihe weiterer rekonfigurierbarer Architekturen anwendbar, für die bereits rein-elektronische Lösungen bzw. Konzepte existieren. Der in OptoRAP verfolgte Ansatz der parallelen optischen Speicher-Prozessor-Kopplung kann auch bei diesen Architekturen eine Steigerung der Rechenleistung bewirken. Dies gilt z.B. für sog. "Smart-Memory"-Architekturen [SRU99], die aus einem Prozessor und Speicher mit rekonfigurierbarer Logik (RADram) bestehen. Datenintensive Operationen werden z.B. in diesen Speicher geschoben, um die Berechnung zwischen Prozessor und Speicher aufzuteilen. Ein Beispiel dafür ist das Einsammeln von Operanden für eine im Prozessor auszuführende Operation auf spärlich besetzten Matrizen.

Wie Abbildung 4.31 zeigt, ist auch dieses Architekturkonzept mit OptoRAP emulierbar. Der RADram wird einfach zwischen dem Datenspeicher und dem rekonfigurierbaren Feld aufgeteilt. Neben den bereits oben im Zusammenhang mit der dynamischen Rekonfigurierung bereits angesprochenen Vorteilen der optischen Kopplung ergibt sich ein weiterer positiver Aspekt. Die rein-elektronische Lösung mit RADram hat den Nachteil, dass die Technologie für Speicherschaltkreise und logische Schaltkreise unterschiedlich ist. Die Technologie ist jeweils für eine Anwendung optimiert. In einer optoelektronischen Lösung stellt sich dieses Problem nicht. Die beiden optimierten Lösungen für die jeweilige Technologie können ausgenutzt werden.

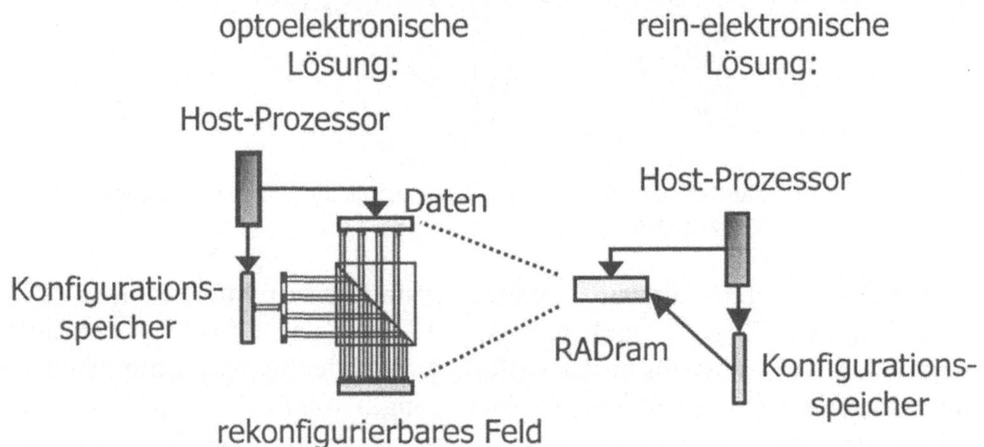

Abbildung 4.31: Emulierung einer "Smart-Memory"-Architektur mit OptoRAP

Das Konzept von OptoRAP bietet ebenso für weitere rekonfigurierbare Architekturen Vorteile, wie z.B. das System MorphoSys von der University California at Irvine [SLL98] oder die RAW Machine [WaTa97]. Beide Architekturen bestehen aus rekonfigurierbaren PEs, deren Parallelität durch optische Zugriffe über einen separaten Konfigurationsspeicher gesteigert werden kann. Ferner profitieren diese Architekturen von den im ns- bis μs-Bereich durchführbaren Konfigurationszeiten.

4.4 Ein optoelektronischer paralleler Bildverarbeitungsprozessor für Binärbilder

In diesem Abschnitt wird eine Architektur für einen parallelen OPTO-ASIC vorgestellt, die z.B. in einem intelligenten CMOS Kamerachip zum Einsatz kommen kann, um damit eine Bildvorverarbeitung in Hardware durchzuführen. Als intelligent wird ein solcher smarter Detektorchip bezeichnet, weil Signalerfassung und Signalauswertung direkt auf einem Chip integriert sind. Der OPTO-ASIC ist aus einem Feld von PEs aufgebaut, die ihrerseits aus einem optischen Detektor, einem zugehörigen Komparator zur Wandlung des analog erfassten optischen Eingangssignals in ein digitales Signal und einer daran direkt anschließenden digitalen Logik zur Weiterverarbeitung bestehen.

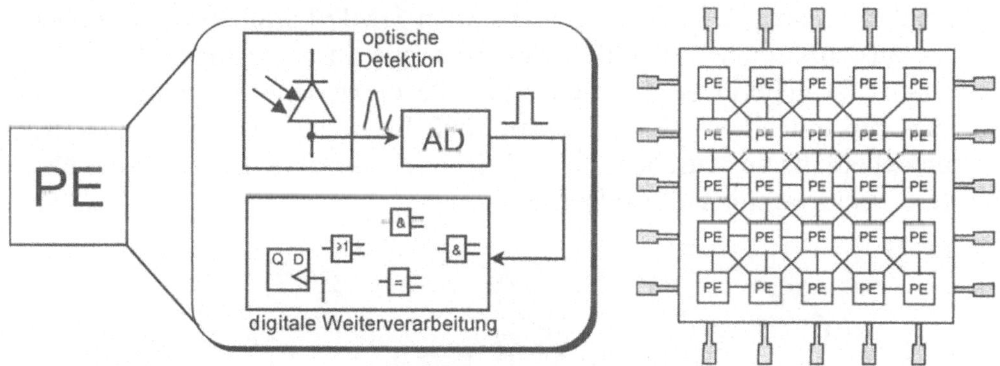

Abbildung 4.32: Aufbau eines parallelen OPTO-ASIC für die parallele Bildvorverarbeitung

Im Gegensatz zum heutigen Stand der Technik bei Sensoren auf der Basis von CCD-Matrizen wird das Bild mit dem OPTO-ASIC nicht nur parallel erfasst, sondern auch parallel ausgewertet. Die bei heutigen CCD-Signalprozessor-Architekturen (z.B. in digitalen Kameras) durchgeführte und gewissermaßen „unnatürliche" Parallel-Seriell-Wandlung, d.h. nach der parallelen Bildaufnahme wird das Bild seriell zu einem weitgehend seriell arbeitenden Signalprozessor zur Bildverarbeitung übertragen, entfällt. Stattdessen soll durch Implementierung von Algorithmen der digitalen Bildverarbeitung in Hardware bereits auf dem Chip eine parallele Bildvorverarbeitung durchgeführt werden, was zu einer wesentlichen Leistungssteigerung beim Durchsatz führt. Dies deckt sich ferner mit dem allgemein zu beobachtenden Trend, immer mehr Funktionen in Mikrosystemen zu integrieren. Damit kann nicht nur die Ausführung beschleunigt werden, sondern es lassen sich auch Komponenten einsparen. Eingebettete Systeme, wie z.B. Kameras, können dadurch sowohl kleiner als auch kostengünstiger realisiert werden.

Ein PE ist mit seinen in einem 3x3 Umgebungsfeld angeordneten Nachbarprozessorelementen verbunden. Das Prozessorfeld erlaubt, bestimmte Bitmanipulationen sowie verschiedene Operationen der digitalen Bildverarbeitung parallel auf dem gesamten Eingangsdatenbild durchzuführen. Die Parallelität bei der Bildverarbeitung des OPTO-ASIC kann jedoch nicht nur für einen parallelen Sensor, sondern auch in einer für anspruchsvolle Bildverarbeitung geeigneten Hardware-Beschleunigerkarte ausgenutzt werden. In diesem Fall ist die optoelektronische Schnittstelle des Schaltkreises zur Außenwelt eine andere, aber der nach der Analog-Digital-Wandlung der optischen Eingangsinformation ansetzende Digitalschaltkreis, der die Bildvorverarbeitung ausführt, ist nach wie vor derselbe.

Abbildung 4.33 zeigt den grundsätzlichen Aufbau einer solchen Architektur. Aus einem Bildspeicher wird z.B. ein binäres Eingangsbild parallel auf die optischen Eingänge des in einem OPTO-ASIC realisierten SIMD-Parallelprozessors übertragen. Alle auszuführenden Befehle werden an alle PEs geschickt. Dies kann in einem ersten Realisierungsschritt über globale elektrische Eingänge von außen geschehen, die mit allen PEs verbunden sind. In einem weiterführenden Schritt wäre dann ebenfalls anzustreben, diese Befehle ebenso wie die Bilddaten über die parallele optische Schnittstelle zu senden.

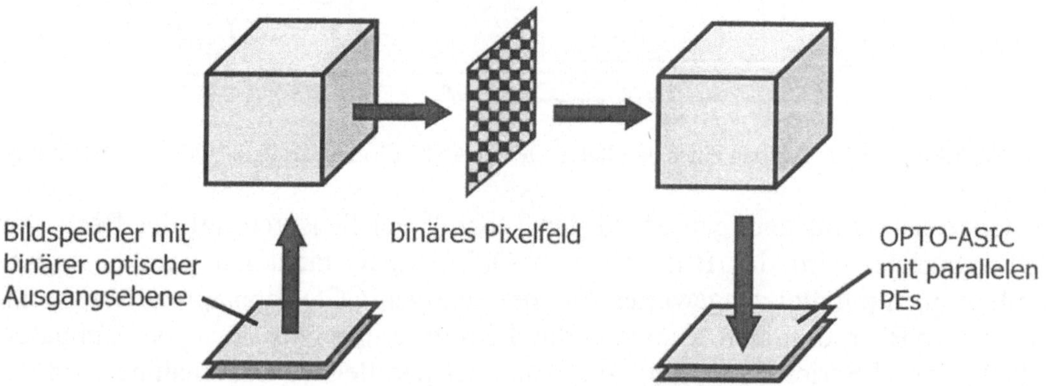

Abbildung 4.33: Paralleler optoelektronischer digitaler Bildvorverarbeitungsprozessor

Im Folgenden werden zunächst die Operationen des Bildvorverarbeitungsprozessors (Kapitel 4.4.1) beschrieben. Anschließend wird die Architektur und die Kommunikationsstruktur eines einzelnen PEs mittels einer VHDL Beschreibung spezifiziert. Ferner wird exemplarisch aufgezeigt, wie anhand von Befehlsfolgen die vorher beschriebenen Operationen auf einem PE-Feld ausgeführt werden (Kapitel 4.4.2). Abschließend werden Simulationsergebnisse vorgestellt und eine Leistungsabschätzung vorgenommen, die auf einer Logiksynthese der VHDL-Beschreibung (Kapitel 4.4.3) beruht.

4.4.1　Die Operationen des Bildverarbeitungsprozessors

Der Befehlsvorrat des Bildverarbeitungsprozessors soll folgende Operationen ermöglichen:

- eine Kantenerkennung durch Ausdünnen digitaler Muster
- eine Bewegungsabschätzung von Objekten
- die Berechnung einer Konturkodierung
- die morphologischen Grundoperationen der Erosion und der Dilatation

Aus Gründen der Vereinfachung werden im Folgenden die Operationen und die dafür notwendigen Verfahren auf Binärbilder eingeschränkt. Die Beschreibung der Funktionsweise dieser Operationen ist zum Teil aus [Zamp89] und [STI3220] entnommen. Bei der Darstellung der Berechnung des Konturkodes wurde ein eigener SIMD-Algorithmus entwickelt.

4.4.1.1　Kantenerkennung durch Ausdünnung digitaler Muster

Eine einfache Kantenerkennung kann durch eine pixelweise Überlagerung der in die vier Himmelsrichtungen verschobenen Bilder eines Eingangsdatenbildes geschehen. Dabei wird bei jedem Pixel überprüft, ob eines der vier orthogonalen Nachbarpixel die Hintergrundfarbe enthält. Ist dies der Fall und enthält das betrachtete Pixel selbst die Vordergrundfarbe, wird es sich um ein am Rand eines Objekts gelegenes Pixel handeln. Abbildung 4.34 zeigt sowohl die im Weiteren verwendete Notation als auch die Verfahrensweise.

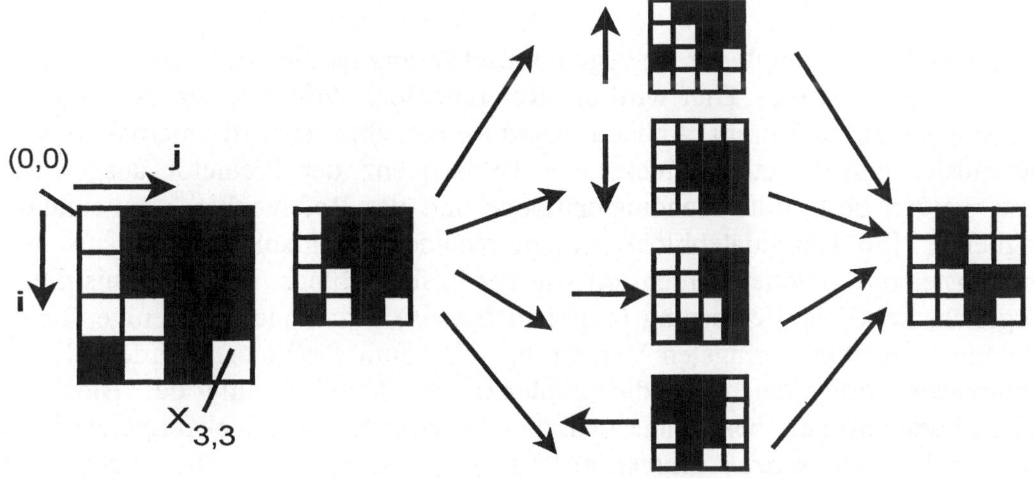

Abbildung 4.34: Durchführung einer Kantendetektion auf einem digitalen Muster

Der Ursprung eines Binärbildes befindet sich am linken oberen Rand und wird mit den Koordinaten (0,0) bezeichnet. Ein Pixel $X_{i,j}$ befindet sich in der i.ten Spalte und in der j.ten Zeile des Binärbildes. Die Hintergrundfarbe sei weiß und binär durch eine 0 kodiert, die Vordergrundfarbe ist schwarz und durch eine 1 kodiert.

Dann kann in jedem Pixel durch (4.38) entschieden werden, ob es sich um ein Randpixel handelt.

$$X_{i,j} = X_{i,j} \wedge \big((X_{i,j} \oplus X_{i-1,j}) \vee (X_{i,j} \oplus X_{i+1,j}) \vee (X_{i,j} \oplus X_{i,j+1}) \vee (X_{i,j} \oplus X_{i,j-1})\big) \quad (4.38)$$

4.4.1.2 Bewegungsabschätzung von Objekten

Die Abschätzung der Bewegungsrichtung von bewegten Objekten in aufeinanderfolgenden Bildsequenzen ist eine der Hauptaufgaben bei der Bildübertragung oder der Bildspeicherung in Anwendungen wie z.B. Bildtelefon, Videokonferenzen oder auch multimedialen Internetanforderungen. Grundgedanke des im Weiteren vorgestellten Verfahrens ist, dass aufeinanderfolgende Ausschnitte einer Bildsequenz zumeist nur geringe Unterschiede aufweisen. Es reicht im Prinzip aus, anstelle des gesamten Bildes nur einen Bewegungsvektor zu übertragen, der die in x- und y-Richtung beschriebene Bewegung eines Objektes definiert. Dieser Bewegungsvektor wird aus der Lage des sich bewegenden Objektes, dem sogenannten Referenzobjekt, und der Lage eines sogenannten Predictors errechnet. Der Predictor entspricht dabei demjenigen Bildausschnitt, der dem Referenzobjekt am meisten ähnelt. Mit Hilfe des Predictors und des Bewegungsvektors ist es möglich, das Originalobjekt wieder zu gewinnen.

Die bekannteste Technik der Bewegungsabschätzung ist die des Blockvergleiches (engl.: *block matching*). Hier wird ein Referenzblock definiert, der das zu untersuchende Objekt aufnimmt. Anhand dieses Referenzblocks wird innerhalb des als Suchmuster bezeichneten Bildes einer Bildsequenz der Predictor ausgewählt. Dazu werden bestimmte Kandidatenblöcke und der Referenzblock miteinander verglichen. Ein Kandidatenblock ist ein rechteckiger Pixelausschnitt aus dem Suchmuster mit gleicher Dimension wie der Referenzblock. Das Ergebnis dieses Vergleichs wird als Verzerrung (engl.: *distortion*) bezeichnet. Derjenige Kandidatenblock mit der geringsten Verzerrung wird zum Predictor. Werden alle im Suchmuster vorhandenen Kandidatenblöcke zur Durchführung des Blockvergleichs herangezogen, bezeichnet man dies als vollständige Blockvergleichssuche (engl.: *full block search matching*). Zur Durchführung des Blockvergleiches existieren mehrere Kriterien. Unter diesen ist die Methode des mittleren absoluten Fehlers (engl.: *mean absolute error*) die am häufigsten benutzte, da sie einen guten Kompromiss zwischen Effizienz und Komplexität darstellt.

Zur besseren Beschreibung der eben eingeführten Bezeichnungen und der weiteren Vorgehensweise sei auf Abbildung 4.35 verwiesen. Ein als X bezeichneter Referenzblock sei M Zeilen hoch und N Spalten breit. Bei dem eben genannten Bildverarbeitungsprozessor STI3220 [STI3220] ist z.B. $M = 8$ bzw. 16 und N ein ganzzahliges Vielfaches von 4. Das Y genannte Suchmuster ist in beiden Richtungen um 15 Pixel größer als der Referenzblock. Damit ergeben sich, unter Berücksichtigung der Ausgangspixelpositionen, insgesamt 256 mögliche Kandidatenblöcke und damit auch genauso viele Verzerrungen und mögliche Bewegungsvektoren. Die Nummerierung für Zeilen und Spalten des Referenzblocks beginnt bei 0. Im Suchfenster beginnt die Nummerierung sowohl für die Zeile als auch für die Spalte bei −8. Der Wertebereich für die Komponenten des Bewegungsvektors ist [−8,+7].

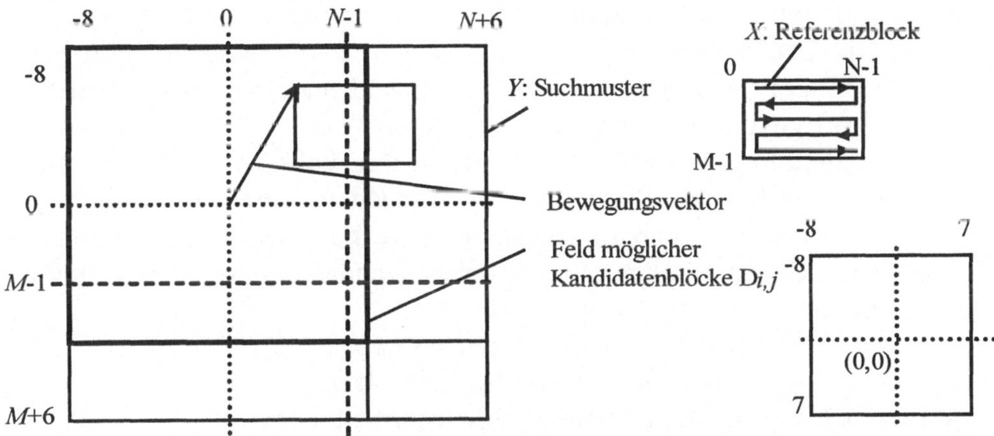

Abbildung 4.35:   Aufteilung der Bildpixel bei der Berechnung von Bewegungsvektoren nach der Methode der vollständigen Blockvergleichssuche

In Abbildung 4.35 ist das Feld der Ursprungspunkte möglicher Verzerrungen $D_{i,j}$ dick umrandet gezeigt. Die einzelnen $D_{i,j}$ lassen sich bezüglich des Kriteriums des mittleren absoluten Fehlers durch (4.39) bestimmen.

$$D_{i,j} = \sum_{m=0}^{M-1} \sum_{n=0}^{N-1} \left| X_{m,n} - Y_{m+i,n+j} \right| \tag{4.39}$$

Das Berechnen der $D_{i,j}$ kann in dem optoelektronischen Bildvorverarbeitungsprozessor folgendermaßen durchgeführt werden.

1. Einlesen des Suchmusters über die Detektoren
   (*pixel=opto_in; step* = 0; *sum* = 0; *Dir* = *west*)
2. Sequentielles Einlesen der *MxN* Pixel des Referenzblockes; die Pixel des Referenzblockes werden dabei, wie in Abbildung 4.35 (s. Referenzblock) gezeigt, entlang einer schraubenförmigen Linie eingegeben. Die horizontale Laufrichtung verläuft zunächst nach rechts. Ein Pixel wird über die Detektoren auf *alle* Pixel $D_{i,j}$ des Verzerrungsfeldes übertragen;
   (*ref=opto_in; step* = *step*+1)
3. In jedem Pixel $D_{i,j}$ wird die in der obigen Gleichung gezeigte Operation dadurch ausgeführt, dass in jedem Schritt das Ergebnis der XOR Operation von *ref* und *pixel* aufaddiert wird
   (*sum* = *sum* + *ref xor pixel*)
4. Ist die Schrittweite modulo *N* != 0, wird der Wert vom Pixel zu einem der durch die aktuelle Laufrichtung bestimmten horizontalen Nachbarprozessor gereicht. Die Laufrichtung ist hier entgegengesetzt der Laufrichtung bei der Eingabe der Pixel des Referenzbildes. So erreicht man, dass bei jedem Verarbeitungsschritt genau die zueinander gehörigen Pixel des Referenzbildes und des Kandidatenblockes aufeinander treffen. Im Falle, *Schrittweite* modulo $N = 0$ wird der Wert des Pixels zum nördlichen Prozessornachbarn gereicht bzw. vom südlichen Nachbarn geholt und die horizontale Laufrichtung um 180° geändert. Damit erhalten die möglichen Kandidatenblöcke nach und nach alle Informationen über die Nachbarpixel.
   (*if step mod N != 0 then pixel = Dir{pixel} else pixel = South{pixel}*
   and (if Dir == West then Dir = East else Dir = West))
5. Zurück nach 2, falls noch nicht alle Pixel abgearbeitet sind

Anschließend kann der Predictor aus dem Minimum über alle $D_{i,j}$ bestimmt werden. Dies kann z.B. im Prozessorfeld nach dem auf Feldrechnern sehr effizienten Teile-und-Herrsche-Verfahren geschehen. Die zugehörigen Indizes *i* und *j* entsprechen dann genau den Komponenten des Bewegungsvektors.

4.4.1.3 Konturkode

Bei der Bildung des Konturkodes eines binären Musters bewegt man sich entlang dessen Randlinie und kodiert dabei die Bewegungsrichtung. Abbildung 4.36 demonstriert die Vorgehensweise an einem Beispiel.

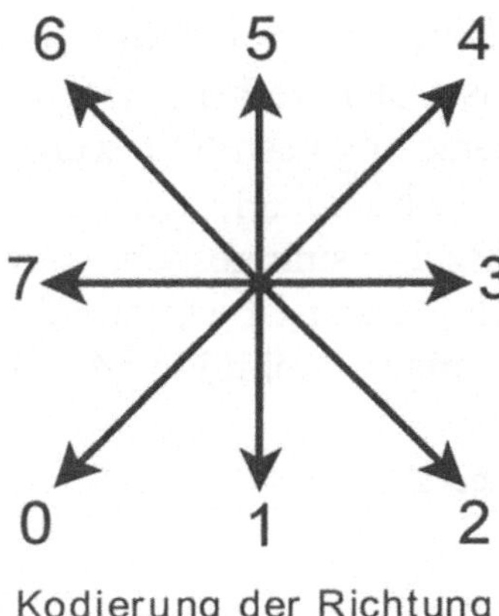

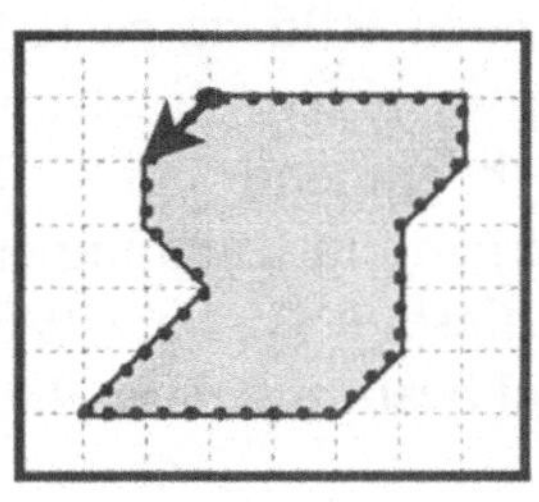

Abbildung 4.36: Kodierung bei der Berechnung eines Konturkodes

Ohne Beschränkung der Allgemeinheit verlaufe die Bewegungsrichtung ausgehend von einem Anfangspunkt entgegen dem Uhrzeigersinn. Das sternförmige
Gebilde in Abbildung 4.36 links zeigt die Kodierung der acht möglichen Bewegungsrichtungen. Rechts daneben ist der Konturkode für das grau schattierte
Objekt zu sehen. Die Beschreibung eines Objektes anhand seines Konturkodes
bietet viele Vorteile [Zamp89], so u.a.:

- eine Datenreduktion (statt 1 Bit/Pixel werden nur 3 Bit pro Konturschritt +
  weitere Bits für den Anfangspunkt benötigt),
- die Durchführung einer Merkmalsextraktion von Objekten aus dem Konturkode, z.B. zur Bestimmung geschlossener Kurven, zur Kurvenglättung zum
  Auffinden der Kette minimaler Länge zwischen zwei Bildpunkten A und B, zur
  einfachen Berechnung der Länge einer Kurve, der Kontur und der Fläche eines
  Objektes oder zur Bestimmung von konvexen und konkaven Flächen,
- die Durchführung geometrischer Operationen, z.B. Rotationen, Bestimmung
  der Schnittpunkte von zwei Kurven oder die Größenänderung eines Binärobjektes durch numerische Manipulation der Konturkodekette.

Auf eine Beschreibung genauerer Details zur Ausführung der eben genannten
Verfahren wird an dieser Stelle verzichtet. Es wird hierzu auf die Literatur
[Zamp89] verwiesen. Mit dieser Liste soll vielmehr die Bedeutung des Konturkodes herausgestellt werden und weshalb dieser in den Befehlsvorrat des Bildvorverarbeitungsprozessors aufgenommen wurde.

Die Bestimmung des Konturcodes lässt sich als datenparalleler Algorithmus formulieren. Ein Pixel kann unter der Annahme, dass die Laufrichtung eindeutig
definiert ist, selbständig anhand seiner 8-Nachbarschaft entscheiden, wie die Bewegungsrichtung verläuft. Wie bereits erwähnt, wird ohne Beschränkung der

Allgemeinheit die Laufrichtung entgegen dem Uhrzeigersinn definiert. Anhand des im folgenden Bild dargestellten Beispiels lässt sich zeigen, wie die Bewegungsrichtung in einem Pixel und seiner Nachbarschaft bestimmt werden kann. Dazu muss, beginnend beim linken unteren Nachbarpixel, der erste Weiß-Schwarz-Übergang in Richtung entgegen dem Uhrzeigersinn gesucht werden. Die Lage des zu diesem Schwarz-Weiß-Übergang gehörenden Objektrandpixels zum Ausgangspixel bestimmt dann die Bewegungsrichtung (s. Abbildung 4.37).

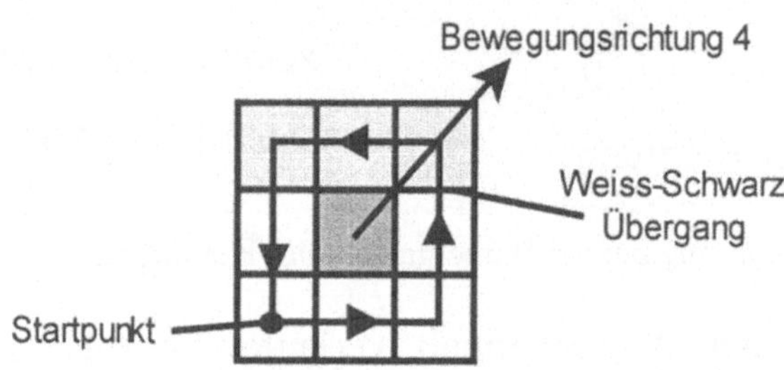

Abbildung 4.37: Abarbeitung der Nachbarpixel bei der Bestimmung des Richtungskodes

Mit der folgenden algorithmischen Beschreibung lässt sich für jedes Pixel der Konturkode erzeugen. Es wird angenommen, dass in dem später spezifizierten Prozessor pro Pixel ein 3-Bit Statusregister zur Verfügung steht, in dem die Bewegungsrichtung abgespeichert wird.

1. Für jedes Pixel sei zu Beginn der Inhalt des Statusregisters auf den Wert 0 gesetzt. Dies entspricht der Bewegungsrichtung des als Startpunkt fungierenden linken unteren Nachbarpixels.
2. Entgegen dem Uhrzeigersinn wird sequentiell der Zustand der Nachbarpixel abgefragt. Ist dieser 0, d.h. identisch mit einem zum Hintergrund gehörenden Pixel, wird das Statusregister inkrementiert. Im Falle einer 1, d.h. einem zum Objekt gehörenden Pixel ist der erste Weiß-Schwarz-Übergang gefunden, das Inkrementieren des Statusregisters wird für alle weiteren Schritte gestoppt.
3. Am Ende ist in jedem Statusregister eines Pixels der Bewegungsschritt gespeichert. Dies gilt auch für die Pixel, die sich nicht am Objektrand befinden. Um diese auszuschließen, muss man einfach, von einem beliebigen Randpixel startend, den in den Statusregistern gespeicherten Bewegungsrichtungen solange entlang folgen, bis man wieder am Randpunkt angekommen ist. Die Aufzeichnung der kodierten Bewegungsrichtung ergibt den zum Objekt gehörenden Konturkode.

4.4.1.4 Morphologische Operatoren

Die morphologischen Operatoren besitzen in der digitalen Bildverarbeitung ein großes Gewicht. Dies ist vor allem darin begründet, dass sie einen vergleichsweise einfachen Satz von Basisoperationen anbieten, auf denen aufbauend für eine große Zahl von Aufgaben Lösungen gefunden werden können. Die Grundoperationen der morphologischen Bildverarbeitung sind die der *Erosion* und der *Dilatation*. Diese werden zunächst allgemein, d.h. auf der kontinuierlichen Ebene vorgestellt. Für den als Bildvorverarbeitungsprozessor arbeitenden optischen smarten Detektor ist die Anwendung dieser Operatoren auf der diskreten Ebene, z.B. innerhalb eines quadratischen Rasters von besonderem Interesse. Darauf aufbauend kann eine Verarbeitung von Grautonbildern erfolgen.

Bevor die elementaren Operationen der mathematischen Morphologie erläutert werden, sind zunächst in Anlehnung an [Zamp89] einige Begriffe zu klären. Abbildung 4.38 zeigt die xy-Ebene mit dem darin enthaltenen Ursprung O, die Punktmengen A, B und C sowie die zugehörigen Vektoren u, v und w, die auf sogenannte Bezugspunkte A_u, B_v und C_w zeigen.

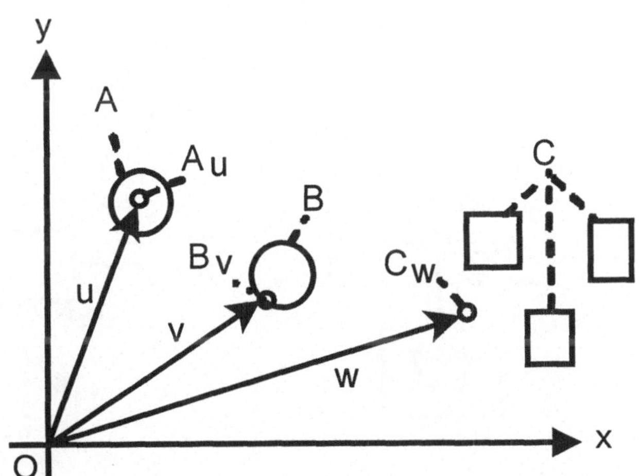

Abbildung 4.38: Beispiele für Bezugspunkte und zugehörige Punktmengen

Die Punktmengen müssen nicht notwendigerweise zusammenhängend sein, wie A oder B, sondern sie können auch, wie die Punktmenge C, aus disjunkten Teilmengen bestehen. In der morphologischen Bildverarbeitung werden die Punktmengen als Strukturelemente bezeichnet; sie sind durch die Bezugspunkte bestimmt. Die Bezugspunkte müssen nicht notwendigerweise im Schwerpunkt der Punktmenge liegen. Es ist im Prinzip möglich, diese auf den Rand, wie bei B, oder auch außerhalb der Punktmenge, wie bei C zu definieren. Zumeist ist es jedoch aus praktischen Gründen zweckmäßig, den Bezugspunkt symmetrisch im Zentrum der Punktmenge, wie bei A gezeigt, zu platzieren.

Die Erosion eines Binärobjektes A durch ein Strukturelement B, geschrieben als $A \otimes B$ ("A erodiert durch B"), ist definiert als die Menge aller Bezugspunkte p, für welche die zugehörige Punktmenge B_p vollständig in A enthalten ist (4.40).

$$A \otimes B = \left\{ p : B_p \subseteq A \right\} \qquad (4.40)$$

Die Dilatation eines Binärobjektes A durch ein Strukturelement B, geschrieben als $A \oplus B$ ("A dilatiert durch B"), ist definiert als die Menge aller Bezugspunkte p, für die mindestens ein Punkt von B_p in A enthalten ist (4.41).

$$A \oplus B = \left\{ p : B_p \cap A \neq 0 \right\} \qquad (4.41)$$

Abbildung 4.39 zeigt Beispiele für die Anwendung der Erosion und der Dilatation.

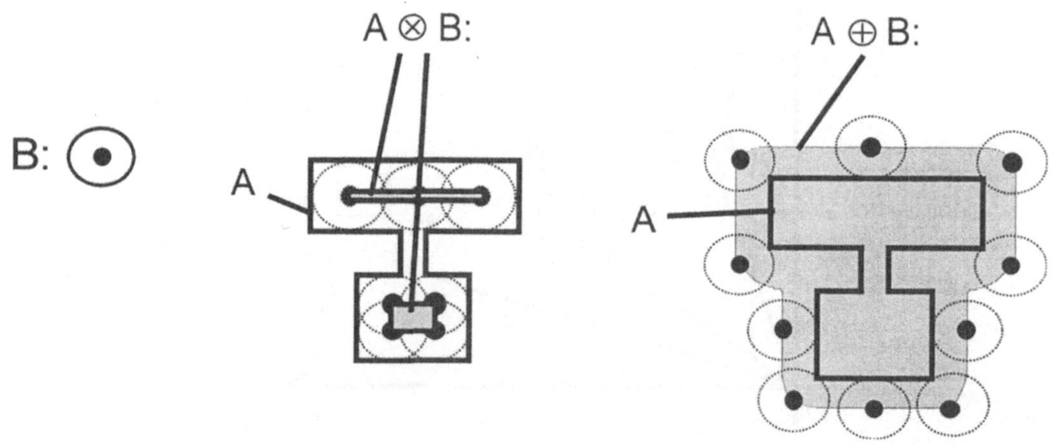

Abbildung 4.39: Beispiele für Erosion und Dilatation

Erosion und Dilatation sind Operationen, die je nach Aussehen des Objektes umkehrbar sind, d.h. die Anwendung mehrfach hintereinander ausgeführter Dilatationen lässt sich unter Umständen durch mehrfache Erosionen wieder rückgängig machen. Das gleiche gilt umgekehrt für mehrfach hintereinander ausgeführte Erosionen. Eine wichtige Aufgabe in der Bildanalyse mit morphologischen Operatoren besteht darin, eine geeignete Operationenfolge zu finden, die einerseits bestimmte interessierende Objekte oder Bildteile extrahiert und andererseits gleichzeitig die nicht interessierenden Objekte oder Bildteile löscht. D.h., die Anwendung einer Operationenfolge muss für die interessierenden Bildteile umkehrbar sein, für die uninteressanten dagegen nicht.

Als Beispiel für eine wichtige Operationenfolge der morphologischen Bildverarbeitung seien die Ouverture und die Fermeture erwähnt (4.42). Die runden Klammern legen die Reihenfolge der Operationen fest.

$$\text{Ouverture } A \circ B = (A \otimes B) \oplus B \qquad \text{Fermeture } A \bullet B = (A \oplus B) \otimes B \qquad (4.42)$$

Die Ouverture besitzt die Eigenschaft, die Größe des Originalobjektes A in etwa zu erhalten, während feinere Strukturen eliminiert werden. Diese Siebfunktion kann durch die Wahl des Strukturelementes B beeinflusst werden. Während bei der Ouverture dünne Verbindungen innerhalb eines Objektes gelöst werden, wirkt sich die Anwendung der Fermeture umgekehrt aus. Risse und Lücken sowie feinere Strukturen werden aufgefüllt und mit den größeren Teilen vereint.

Bei der Anwendung morphologischer Operatoren auf der diskreten Ebene wählt man als Strukturelement zumeist den "Einheitskreis" mit Radius gleich 1 Pixel, d.h. also ein quadratisches Raster mit einer 8-Pixel Nachbarschaft. Die Anwendung größerer Kreise als Strukturelement kann auf mehrfache Operationen mit dem Einheitskreis zurückgeführt werden. Überträgt man die Operationen der Erosion und Dilatation auf die diskretisierte Ebene, lassen sie sich wie folgt beschreiben: In einem Rasterbild ist die *Erosion* eines Objektes mit dem Einheitskreis identisch mit der Menge der Bildpunkte deren 8-Nachbarschaft vollständig im Objekt liegt. Die *Dilatation* beschreibt die Menge aller Bildobjektpunkte, die entweder selbst im Objekt liegen oder in ihrer 8-Nachbarschaft mindestens einen Objektbildpunkt besitzen.

Erosion, Dilatation, Ouverture und Fermeture besitzen viele wichtige Eigenschaften, die für die digitale Bildbearbeitung ausgenutzt werden können und von denen im Folgenden einige aufgeführt werden. Besondere Bedeutung für die schnelle Umsetzung morphologischer Operatoren haben (4.43) und (4.44).

$$A \oplus (B_1 \cup B_2) = (A \oplus B_1) \cup (A \oplus B_2) \qquad (4.43)$$
$$A \otimes (B_1 \cup B_2) = (A \otimes B_1) \cap (A \otimes B_2) \qquad (4.44)$$

Sie erlauben die Durchführung von Erosion und Dilatation mittels einfacher Bildverschiebungen und pixelweiser logischer Verknüpfungen. So kann beispielsweise eine Erosion eines Objektes A mit einem Strukturelement B, das nur aus den in Abbildung 4.40 gezeigten disjunkten Teilen B_i des Einheitskreises besteht, aus der Durchschnittsmenge aller Erosionen von A und B_i gebildet werden. Exakt diese Verfahrensweise wird in dem Bildvorverarbeitungsprozessor angewandt.

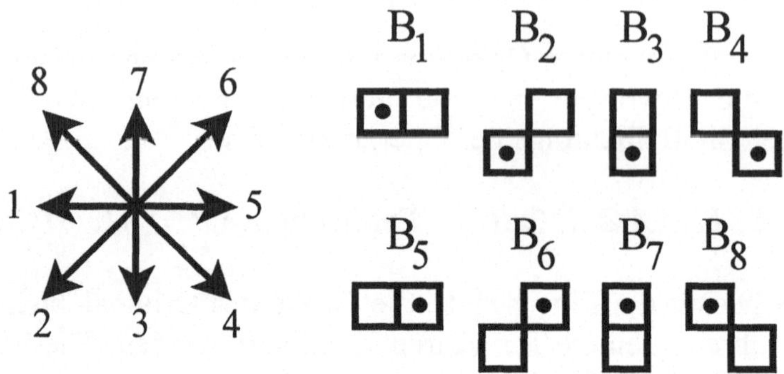

Abbildung 4.40: Erosion durch disjunkte Teile des Einheitskreises

Bezeichnet man mit A^i das in Richtung i ($1 \leq i \leq 8$) verschobene Objekt A, so lässt sich z.B. ein durch $B = B_k \cup B_l \cup B_m$ erodiertes Objekt A nach (4.45) berechnen.

$$A \otimes B = A \cap A^k \cap A^l \cap A^m \tag{4.45}$$

Für die Dilatation gilt analog (4.46).

$$A \oplus B = A \cup A^k \cup A^l \cup A^m \tag{4.46}$$

Wird als Strukturelement der Einheitskreis mit dem Bezugspunkt in der Mitte gewählt, so lassen sich Dilatation und Erosion durch UND- bzw. ODER-Verknüpfungen des Originalbildes mit dem in allen 8 Richtungen der diskreten Ebene verschobenen Ausgangsobjekt berechnen.

4.4.2 Architektur des Prozessorelements

Abbildung 4.41 skizziert den Aufbau des einem Detektor zugeordneten PEs. Ein Feld solcher PEs ermöglicht, die in den vorherigen Abschnitten beschriebenen Operationen auf einem Binärbild parallel auszuführen. Jedes PE muss dazu Verbindungen zu den unmittelbaren PEs der 8 Nachbarpixel besitzen, um die für die digitale Bildverarbeitung wesentliche 3x3-Nachbarschaft zu realisieren. Die wesentlichen Komponenten des PEs seien im Folgenden beschrieben.

3-Bit Status-Register: In diesem Register wird die Bewegungsrichtung des Konturkodes gespeichert. Das Statusregister kann über das an den Registereingang *clear* geführte Steuersignal $S3$ gelöscht werden. Die Ausgänge des Statusregisters werden ferner über einen 3-Bit breiten Bus extern bereit gestellt.

MUX1: Ein Multiplexer, der anhand der Steuereingänge $S0$-$S2$ einen von den 8 Nachbarn eintreffenden Eingängen auswählt.

Flip-Flop *neighbour:* In diesem Flip-Flop, wird gesteuert durch das Signal $S7$, der über *MUX*1 ausgewählte Wert des Nachbarpixels gespeichert.

Flip-Flop *pixel:* Gesteuert durch das Signal $S6$ wird hier der am optischen Detektor anliegende Wert gespeichert.

Flip-Flop *intermediate* 1: Ein 1-Bit Register, das zur Speicherung von Zwischenergebnissen dient.

Flip-Flop *intermediate* 2: Ein 1-Bit Register, um den in *neighbour* gespeicherten Wert zu puffern.

ALU: Eine arithmetisch-logische Einheit, die auf den vier Eingangsbits *intermediate*1/2, *pixel* und *neighbour* durch *Op*1 und *Op*2 bestimmte, einfache Boolesche Operationen ausführt, um die Berechnung der in 4.4.1.1 bis 4.4.1.4 beschriebenen Funktionen zu unterstützen.

Output ALU: Gesteuert durch $S4$ wird das Ergebnis der *ALU* zu dem Signaleingang *Inc* des Statusregisters geleitet, das zum Inkrementieren des Statusregisters dient. Ferner kann das Ergebnis der ALU-Operation durch das Steuersignal $S8$ in das Hilfsbitregister *intermediate* 1 übernommen werden.

MUX2: Ein weiterer Multiplexer, der in Abhängigkeit des Steuersignals $S5$ entweder den Inhalt von *pixel* oder den in *neighbour* gespeicherten Wert zu dem Ausgang leitet, welcher zu den 8 Nachbarpixeln führt.

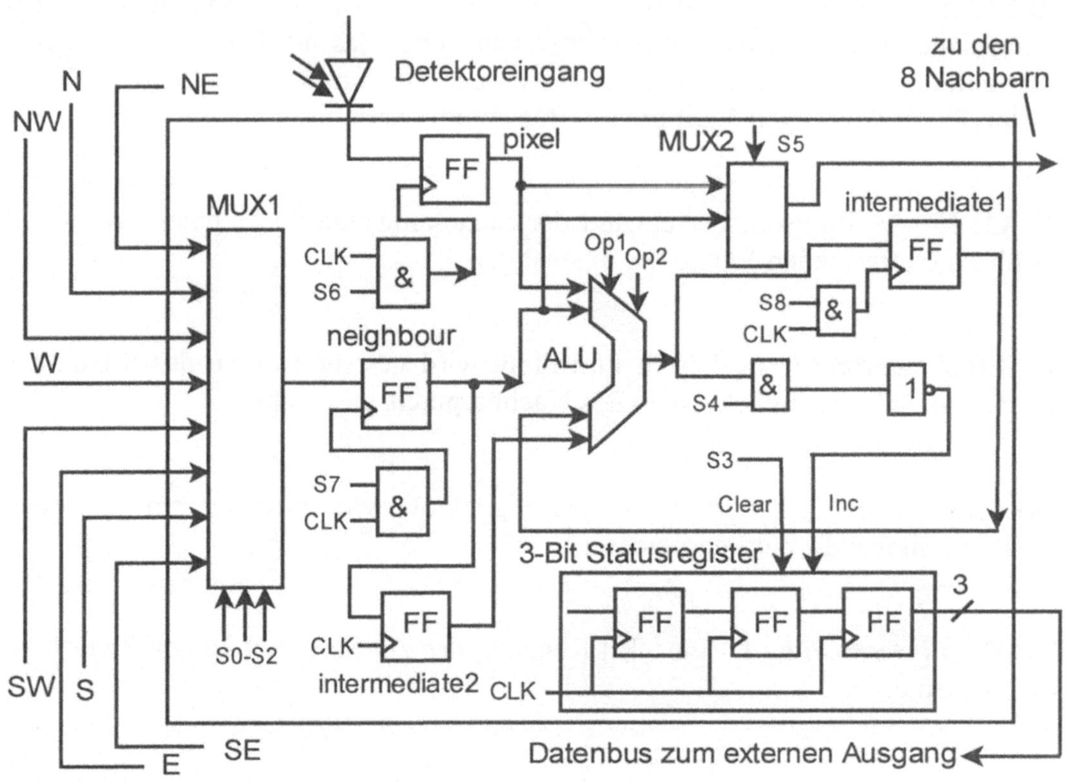

Abbildung 4.41: Blockschaltbild des Pixel-PEs

Das nachfolgende in Abbildung 4.42 in der Syntax der Hardwarebeschreibungs-
sprache VHDL gezeigte Programm beschreibt exakt die Funktionsweise der im
obigen Blockdiagramm spezifizierten Hardware. In der Portdeklaration wird die
nach außen bekannte Schnittstelle der Bitprozessorzelle *bildproz* definiert. Man
erkennt die Bitvektoren *steuer_sig* für die Steuersignale *S0-S8* und *op_code* für
den Operationskode *Op*1 und *Op*2, die Eingänge *ne* bis *se* der acht Nachbarprozessoren, den optischen Detektoreingang *detect*, den zu den Nachbarprozessoren
führenden Ausgang *out_bit* und die Ausgänge des Zustandsregisters *state_out*. In
der Verhaltensbeschreibung werden die Flip-flops *pixel, neighbour, intermediate*1/2 und das 3-Bit Statusregister *state* definiert. Der Inhalt dieser Register
wird in den Blöcken *r*1-*r*4 jeweils mit der aufsteigenden Flanke des zugehörigen
internen Steuersignals neu bestimmt. Mittels der *with*-Konstrukte wird das Verhalten der beiden Multiplexer 1 und 2 und der arithmetisch-logischen Einheit
(ALU) beschrieben.

```
ENTITY bildproz IS
 PORT(
     steuer_sig   : IN  BIT_VECTOR(8 DOWNTO 0) ;   -- Steuereingaenge S0-S8
     op_code      : IN  BIT_VECTOR(1 DOWNTO 0) ;   -- Operationscode ALU
     ne           IN  BIT ;              -- Eingang Nord-Ost
     north        IN  BIT ;              -- Eingang Nord
     nw           IN  BIT ;              -- Eingang Nord-West
     west         IN  BIT ;              -- Eingang West
     sw           IN  BIT ;              -- Eingang Sued-West
     east         IN  BIT ;              -- Eingang Ost
     south        IN  BIT ;              -- Eingang Sued
     se           IN  BIT ;              -- Eingang Sued-Ost
     detect       IN  BIT ;              -- Optischer Detektoreingang
     out_bit      OUT BIT ;             -- Ausgang MUX2
     state_out    OUT BIT_VECTOR(2 DOWNTO 0) ;   -- Ausgang Statusbits
     clk          IN  BIT ;              -- Prozessortakt
     vdd          IN  BIT ;
     vss          IN  BIT );
END bildproz ;


ARCHITECTURE behavioural of bildproz is

SIGNAL pixel            : REG_BIT register ;
SIGNAL neighbour        : REG_BIT register ;
SIGNAL intermediate1    : REG_BIT register ;
SIGNAL intermediate2    : REG_BIT register ;
SIGNAL state            : REG_VECTOR (2 DOWNTO 0) register ;


-- Interne Hilfssignale
SIGNAL mux1_out         : bit ;   --- Ausgang des Multiplexers1
SIGNAL alu_out          : bit ;   --- Ausgang der ALU
SIGNAL im_clk           : bit ;   --- Takteingang Flipflop Hilfsregister 1+2
SIGNAL pix_clk          : bit ;   --- Takteingang Flip-Flop pixel
SIGNAL neigh_clk        : bit ;   --- Takteingang Flip-Flop neighbour
SIGNAL clear            : bit ;   --- Signal zum Loeschen des Statusregisters
SIGNAL inc              : bit ;   --- Signal zum Hochzaehlen Statusregister

BEGIN

----- Multiplexer, der den Ausgang von einem der acht Nachbarprozessorelementen auswählt
WITH steuer_sig(2 DOWNTO 0) SELECT
    mux1_out <= ne    WHEN "000",
            north  WHEN "001",
            nw     WHEN "010",
            west   WHEN "011",
            sw     WHEN "100",
```

```
            east  WHEN "101",
            south WHEN "110",
            se    WHEN "111";


---- Multiplexer, der den Ausgang zu den 8 Nachbarprozessoren steuert
WITH steuer_sig(5) SELECT
   out_bit <= pixel    WHEN "0",
              neighbour WHEN "1";


----- Funktionalitaet der ALU
WITH op_code(1 DOWNTO 0) SELECT
   alu_out <= pixel AND intermediate1 AND neighbour WHEN"00",
              pixel XOR neighbour WHEN "01",
              (NOT intermediate2) AND neighbour WHEN "10",
              (pixel XOR neighbour) AND intermediate1 WHEN "11";


---- Definition der Signale inc and clear, im_clk, pix_clk, neigh_clk
clear       <= steuer_sig(3) ;
inc         <= alu_out AND steuer_sig(4) ;
im_clk      <= clk AND steuer_sig(8) ;
pix_clk     <= clk AND steuer_sig(6) ;
neigh_clk   <= clk AND steuer_sig(7) ;


---- Einlesen der Information am optischen Empfängerpin in das Flip-flop pixel
r1: BLOCK (pix_clk='1' and NOT pix_clk'STABLE)
BEGIN
   pixel <= GUARDED detect ;
END BLOCK;


---- Einlesen eines Nachbarpixels in das Flip-flop neighbour
r2: BLOCK (neigh_clk='1' and NOT neigh_clk'STABLE)
BEGIN
   neighbour <= GUARDED mux1_out ;
END BLOCK;


--- Hilfsregister intermediate1/2 neu definieren
r3: BLOCK (im_clk='1' and NOT im_clk'STABLE)
BEGIN
   intermediate1 <= GUARDED alu_out ;
   intermediate2 <= GUARDED neighbour ;
END BLOCK;


--- Löschen oder Inkrementieren des Statusregisters
r4: BLOCK (clk='1' and NOT clk'STABLE)
BEGIN
   state(0) <= GUARDED NOT( clear)  AND (inc XOR state(0)) ;
   state(1) <= GUARDED NOT(clear) AND ((state(0) AND inc) XOR state(1)) ;
   state(2) <= GUARDED NOT(clear) AND (state(2) XOR   (inc AND state(1) AND state(0))) ;
END BLOCK;
```

```
---- Ausgaenge des 3-bit Zustandsregisters
state_out<= state ;
END behavioural;
```

Abbildung 4.42: VHDL-Spezifikation eines PEs des Bildvorverarbeitungsprozessors

Eine entsprechende zeitlich aufeinanderfolgende Belegung der Steuersignale $S0$-$S8$ und der Operationssignale $Op0$ und $Op1$ erlaubt, sämtliche der in 4.4.1.1 bis 4.4.1.4 gezeigten Operationen auf einem binären Eingangsdatenbild auszuführen. Im Folgenden zeigen wir dies exemplarisch für den in 4.4.1.3 beschriebenen Algorithmus zur Bestimmung des Konturkodes. Die Befehlsfolgen für die Berechnung der Kantenerkennung (s. 4.4.1.1), von Bewegungsvektoren (s. 4.4.1.2) und den morphologischen Basisoperationen Erosion und Dilatation mit dem Einheitskreis als Strukturelement (s. 4.4.1.4) können in [Fey98] eingesehen werden.

Die Konturkodeoperation wird mit dem Löschen des Zustandsregisters über das Signal $S4$ eingeleitet. Die Bildpixel werden über die jedem Pixel zugeordneten PE eingelesen und zum Ausgang *out_bit* weitergeleitet. Ein x in der Belegung des Steuer- bzw. des Operationskodes entspricht einer ‚don't-care' Bedingung.

	Belegung
Belegung	Steuerkode
Befehle	
Operationskode	

clear , detect → pixel, pixel→ out_bit   xx101xxx   xx

Als nächstes werden beim linken, unteren Nachbar-PE beginnend entgegen dem Uhrzeigersinn reihum die Werte der acht Nachbar-PEs eingelesen. In *intermediate2* wird stets der Wert des vorher in *neighbour* eingelesenen Wertes zwischengespeichert. Solange keine '01'-Folge in zwei aufeinanderfolgenden Nachbarpixeln entdeckt wurde, ist bei Anwendung des Operationskodes '10' der Ausgang der ALU identisch '0'. Durch die Negation im Pfad des Signals *inc* wird das Zustandsregister inkrementiert. Nachdem die erste '01'-Folge entdeckt wurde, wird *intermediate1* durch den Operationskode '10' auf 1 gesetzt und dadurch das Inkrementieren des Zustandsregisters gestoppt.

sw→ neighbour
     010001100 xx
(*not* intermediate2) *and* neighbour → alu_out, alu_out → intermediate1, *not* (alu_out) →inc
     100010xxx 10

south→ neighbour
     010000110 xx

(*not* intermediate2) *and* neighbour → alu_out, alu_out → intermediate1, *not* (alu_out) →inc
    100010xxx 10

.
.

.

west→ neighbour
    010001011 xx
(*not* intermediate2) *and* neighbour → alu_out, alu_out → intermediate1, *not* (alu_out) →inc
    100010xxx 10

4.4.3 Simulation und Logiksynthese des optischen Bildverarbeitungsprozessors

Mit Hilfe der Entwicklungsumgebung SystemC wurde ein zu der VHDL-Beschreibung eines PEs äquivalentes SystemC-Programm geschrieben und dieses als Ausgangspunkt benutzt, um die Funktionsweise eines PE-Feldes durch Simulation zu alidieren [Weed01]. SystemC ist eine Erweiterung von C++ um eine bestimmte Klassenbibliotheken, die es ermöglicht, Hardware zu spezifizieren und diese gleichzeitig mit zugehöriger Software in einer gemeinsamen Umgebung zu entwerfen. Der Vorteil gegenüber einer Simulation des Bildvorverarbeitungsprozessors mit VHDL ist ferner die durch die Programmiersprache C++ leichtere Simulation eines gesamten Feldes von PEs und hierbei insbesondere die Anbindung an eine aus binären Eingangs- und Ausgangsbildern bestehende Testumgebung. Zudem dient der smarte Detektor "nur" zur Bildvorverarbeitung, d.h. nicht alle Operationen werden aufgrund ihrer Komplexität direkt in der Hardware ausführbar sein. Vielmehr werden die Ergebnisse der Bildvorverarbeitung von dem smarten Detektor an eine Software zur Weiterverarbeitung weitergereicht, die dann in SystemC gleich anwendungsfertig mitentwickelt werden kann, was sich in VHDL schon allein aus Gründen der Effizienz verbietet. Der Nachteil der Verwendung von SystemC zur Beschreibung von Hardware betrifft die Synthese der Hardware-Beschreibung in Hardware. Diese geht nicht direkt, sondern über eine Zwischenübersetzung in die Hardware-Beschreibungssprache Verilog, was eine potentielle Quelle für Ineffizienzen bei der Synthese gegenüber einer direkten Spezifikation in Verilog oder VHDL bedeuten kann.

Abbildung 4.43 zeigt schematisch das 3D-Hardware-Modell des OE-VLSI-Systems für den Bildvorverarbeitungsprozessor, welches als Grundlage für die SystemC-Simulation verwendet wird. Über einen zentralen Taktgeber werden alle taktsensitiven Komponenten synchron mit dem Prozessortakt versorgt. Der Bildvorverarbeitungsprozessor besteht aus einem Feld von 32×32 PEs (aus Gründen der besseren Überschaubarkeit zeigt Abbildung 4.43 ein Feld der Größe 4×4).

Alle PEs erhalten von der zentralen Operationssteuerung den auszuführenden Mikrobefehl. Ferner sieht das Konzept vor, dass die Operationssteuerung über eine separate Aktivierungsleitung einzelne PEs stilllegen kann, so dass diese den ausgeführten Mikrobefehl nicht ausführen. Dies kann notwendig werden, wenn beispielsweise verschiedene PEs bei Verzweigungen verschiedene Pfade einschlagen müssen. Ein analoge Vorgehensweise wurde im SIMD-Parallelrechner DAP [Redd73] umgesetzt. Jedem der PEs ist ferner ein Speicherelement zugeordnet, welches mindestens einen 8-Bit Wert aufnehmen kann. Der Bildspeicher ist ein aus Binärmatrizen aufgebauter 3D-Speicher, welcher über eine Größe von mindestens 32×32×8 Bit verfügt. Das Zuführen der im Speicher enthaltenen Bildinformation in die PEs erfolgt über parallele optische Verbindungen. Das Konzept sieht nicht nur eine Verarbeitung von Binärbildern vor, sondern auch die Möglichkeit der Behandlung von 8-Bit-Graustufenbildern. Dies erfordert für die Konvertierung des optischen Eingangssignals anstelle des Komparators einen entsprechenden A/D-Wandler, der aus dem Photostrom einen 8-Bit-Digitalwert erzeugt.

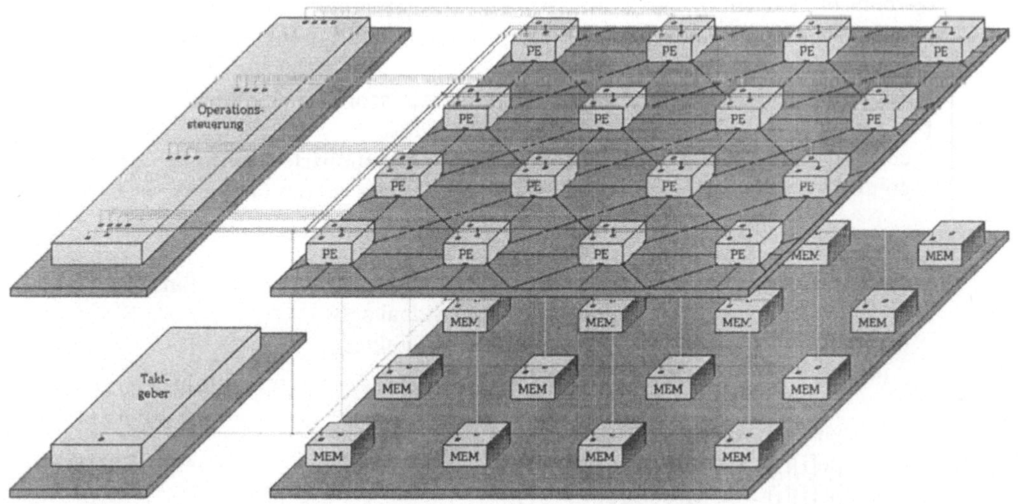

Abbildung 4.43: 3D-Hardware-Modell des OE-Bildvorverarbeitungsprozessors

Ein Beispiel für eine SystemC-Beschreibung zeigt der in Abbildung 4.44 dargestellte Ausschnitt eines Quellkodes, in dem das Prozessorfeld und die Operationssteuerung generiert wird. Ein SystemC-Modul besteht aus den externen Anschlüssen des Moduls, internen Signalen und einem zugehörigen Konstruktor, in dem weitere Untermodule über Zeigervariablen generiert werden können. Das gezeigte Modul in Abbildung 4.44 definiert zunächst die Eingänge für den Takt und die auszuführende Mikrooperation, danach werden interne Signale definiert, die zur Verbindung der Operationssteuerung mit den PEs dienen. Anschließend wird das Modul für die Operationssteuerung und innerhalb einer zweifach verschachtelten Schleife das aus 32×32 PEs bestehende Prozessorfeld erzeugt. Für die Operationssteuerung und ein PE müssen wiederum explizite Modulbeschreibungen existieren. Über die internen Signale *s_s0* bis *s_s7* wird die Verdrahtung der Ausgänge der Operationssteuerung mit den Eingängen *in_s0* bis *in_s7* der PEs festgelegt, die selbst wiederum in den entsprechenden Header-Dateien für die Operationssteuerung (*op_control.h*) und ein PE (*proc_el.h*) definiert sind.

```
...
#include "proc_el.h"                          // Modul Prozessorelement
#include "op_control.h"                        // Modul Operationssteuerung

SC_MODULE(proc)                                // Prozessor - Modul
{
        sc_in<bool> clock;                     // Takteingang
        sc_in<int> instruction;                // Eingang für Mikrooperation

        proc_el *pe[32][32];                    // Zeigervariablenfeld auf PEs
        op_control *control;                    // Zeigervariable auf Operationssteuerung
        sc_signal<bool>   s_s0, s_s1, ..., s_s8 ;  // Definition interne Signale

        SC_CTOR(proc)                          // Prozessor - Konstruktor
        {
          control = new op_control("op_control");  // Operationssteuerung erzeugen
          control->s_s0(s_s0);        // Binden des Ausgangs s_s0 der Operationssteuerung
                                      // an das interne Signal s_s0
          ...
          control->s_s7(s_s8);        // Binden des Ausgangs s_s8 der Operationssteuerung
                                      // an das interne Signal s_s8
          for (int j=0; j<32; j++) {  // Erzeugen des PE-Feldes
            for (int i=0; i<32; i++) {
                pe[j][i] = new proc_el(pe_name[j][i]);
                pe[j][i]->clk(clock);
                pe[j][i]->in_s0(control->s_s0);
                pe[j][i]->in_s1(control->s_s1);
                ...
                pe[j][i]->in_s7(control->s_s8);
                ...
        }
```

Abbildung 4.44: Ausschnitt eines SystemC-Quellkodes zur Modellierung von PE-Feld und Operationssteuerung

Das eben im Ausschnitt gezeigte Modul lässt sich als Strukturbeschreibung aus anderen Modulen definieren. Am Ende einer solchen Modul-Hierarchie muss dann eine Verhaltensbeschreibung der Funktionalität erfolgen. Ein solches Beispiel zeigt Abbildung 4.45 für das in jedem PE verwendete 8-Bit-Register *intermediate*. In der zugehörigen Header-Datei *intermediate.h* werden im Konstruktor die externen Ein- und Ausgänge des Registers und eine das Verhalten beschreibende Methode *do_it* deklariert. Letztere ist als positiv taktsensitiv definiert, d.h. die Methode wird immer beim Übergang von 0 auf 1 des Taktsignals aufgerufen. Die Methode selbst wird in der Datei *intermediate.cpp* festgelegt.

```
// intermediate.h
...

SC_MODULE(reg_intermediate)          // Modul für 8-Bit-Register intermediate
{
        sc_in<bool> clock;            // Takteingang
        sc_in<bool> enable;           // Eingang für enable-Bit

        sc_in<sc_bv<8> > n_in;        // 8-Bit-Vektor Dateneingang
        sc_out<sc_bv<8> > n_out;      // 8-Bit-Vektor Datenausgang

        void do_it();

        SC_CTOR(reg_intermediate)     // Konstruktor für 8-Bit-Register intermediate
        {
           SC_METHOD(do_it);
           sensitive_pos << clock;    // Methode do_it ist positiv taktsensitiv
        }
};

// intermediate.cpp
...
#include "reg_intermediate.h"        // FlipFlop neighbour

void reg_neighbour::do_it() {         // taktsensitive Hauptroutine des Register intermediate
        n_out = n_in;                 // Durchschalten des Dateneingangs zum Datenausgang
}
```

Abbildung 4.45: Verhaltensbeschreibung eines 8-Bit-Registers in SystemC

Abbildung 4.46 zeigt die in der SystemC-Simulation verwendeten Module und deren Interaktion. Dargestellt ist auch die Zusammenarbeit zwischen dem Software- und dem Hardware-Modul. Das Software-Modul enthält nicht nur die Routinen zur Bildnachbearbeitung, sondern auch die Testumgebung zur Steuerung der Simulation. Dies betrifft die Auswahl eines Makrobefehls (*Befehl auswählen* ... im Modul *software.h* in Abbildung 4.46), wie z.B. Durchführung einer Kantendetektion, Berechnung des Bewegungsvektors und des Konturkodes, sowie Durchführung der Erosion und der Dilatation. Die Auswahl eines Testbildes und einer Bildebene in diesem für den Fall, dass eine binäre Operation auf ein Graustufenbild angewandt wird (*Bild auswählen* ... , *Bildebene auswählen* ... im Modul *software.h* in Abbildung 4.46). Zunächst wird der Bildspeicher (beschrieben in *memory.h*) von dem Software-Modul mit dem ausgewählten Graustufenbild geladen und für den Fall der Verarbeitung eines Binärbildes wird die Nummer der Bildebene ebenfalls an das Speichermodul übermittelt (Signale *Originalbild* und *Bildebene*). Anschließend wird der Makrobefehl (Signal *HW-Befehl*) an die Operationssteuerung (beschrieben in *op_control.h*) übertragen und von dieser wird dann die Folge entsprechender Mikrooperationen an die PEs (beschrieben in *proc_el.h*) weitergeleitet.

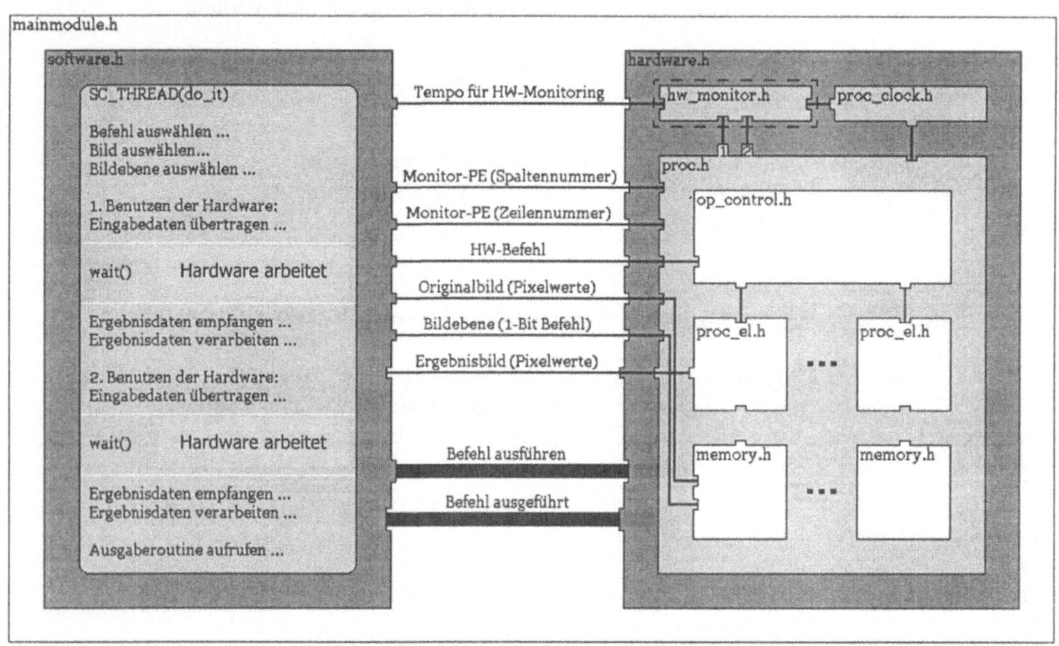

Abbildung 4.46: SystemC-Module des OE-Bildvorverarbeitungsprozessors

Das Software-Modul startet schließlich die Hardware (Signal *Befehl ausführen*) und blockiert sich danach selbst mittels der in SystemC implementierten *wait*-Anweisung. Wenn die Hardware ihrerseits ihre Operation beendet hat, zeigt sie dies dem Software-Modul an (Signal *Befehl ausgeführt*) und die modifizierten Bilddaten werden ans Software-Modul zurückübertragen (Signal *Ergebnisbild*). Dort können diese dann mit beliebigen C++-Befehlen weiterverarbeitet werden, um diese dann erneut in den Bildspeicher zu übertragen und eine weitere Hardware-Operation anzustoßen, bzw. es kann gleich die Ausführung einer weiteren Makrooperation veranlasst werden. Um das Auffinden von Fehlern im Hardware-Entwurf zu erleichtern, wurde im Hardware-Modul ferner noch ein Hardware-Monitor implementiert (beschrieben in *hw_monitor.h*). D.h. in einem separaten Fenster auf dem Bildschirm können für jede ausgeführte Mikrooperation die

Veränderungen auf den Leitungen eines ausgewählten PEs (Signale *Spalten-* und *Zeilennummer Monitor-PE*) beobachtet werden. Das Tempo der Aktualisierung der darzustellenden Daten im Monitor-Fenster kann ebenfalls eingestellt werden (Signal *Tempo HW-Monitoring*).

Abbildung 4.47 zeigt das Ergebnis eines Simulationslaufs. Auf einem Binärbild wurde eine Ouverture ausgeführt. Man erkennt klar die Eigenschaft der Ouverture. Grobe Strukturen des Originalobjektes bleiben in ihrer Größe erhalten, feinere Strukturen werden hingegen gelöscht.

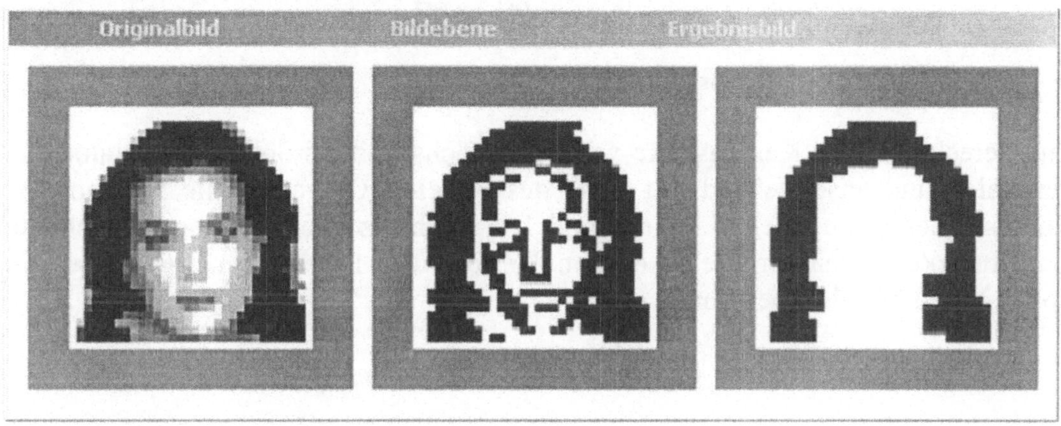

Abbildung 4.47: Ergebnis eines Simulationslaufes für die Ouverture; Eingangs-Graustufenbild (links), ausgewählte binäre Bildebene (Mitte), Ergebnisbild (rechts)

Analoge Ausgabefenster ergeben sich für die Ausführung der weiteren in 4.4.1 beschriebenen Makrooperationen. Ein abschließendes Beispiel soll noch das Zusammenspiel zwischen Hard- und Software demonstrieren, um Kantenstärke und Kantenrichtung von Objekten in Graustufenbildern zu berechnen. Dazu wurde in der SystemC-Beschreibung der Hardware eines PEs eine Erweiterung der Funktionalität vorgenommen, um direkt für jedes Pixel die sogenannten Sobel-Operatoren berechnen zu können. Der hier beschriebene Sobel-X Operator dient der Erkennung vertikaler Kanten. Der Sobel-X Operator in einem Pixel x wird durch Summation der gemäß Abbildung 4.48 gewichteten Pixelwerte in der linken und rechten Spalte zu x gebildet. Dieser Wert kann in dem Feld von PEs in zwei Schritten bestimmt werden. Zuerst wird der Spaltenwert berechnet, indem zu dem verdoppelten Eingangspixelwert die Werte des nördlichen und des südlichen Nachbarn addiert werden. Anschließend erfolgt die Berechnung des Zeilenwertes durch Subtraktion des östlichen Spaltenwertes vom westlichen Spaltenwert. Dies geschieht parallel in jedem PE [BrFe95]. Auch für den Sobel-X Operator existiert, wie für die anderen Makrooperationen, eine entsprechende Sequenz von Mikrooperationen für die Steuersignale S1-S8 des Bildvorverarbeitungsprozessors. Auf analoge Weise lässt sich der zur Erkennung horizontaler Kanten eingesetzte Sobel-Y Operator berechnen.

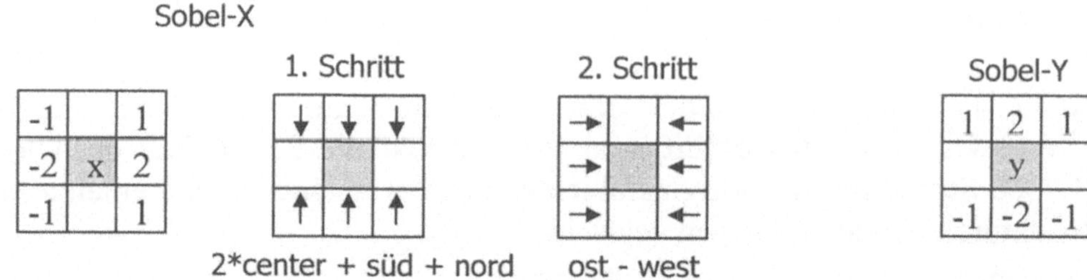

Abbildung 4.48: Separierbarkeit des Sobel-X Operator

Zur Berechnung der Kantenstärke werden zunächst mittels Sobel-X Operator alle vertikalen und anschließend mit Hilfe des Sobel-Y Operators alle horizontalen Kanten eines Graustufenbildes erkannt. Die auch als Kantenbetrag bezeichnete Kantenstärke lässt sich mittels Addition der absoluten Beträge der Ergebnisse von Sobel-X und Sobel-Y berechnen (4.47).

$$Kantenbetrag = abs(Sobel - X) + abs(Sobel - Y) \qquad (4.47)$$

Die Berechnung des Kantenbetrages soll von einem Software-Programm erfolgen. Dazu ruft dieses nach Spezifikation des Eingangsbildes die Hardware mit der Makrooperation Sobel-X auf. Das Ergebnisbild, welches alle vertikalen Kanten enthält, wird von der Hardware an das Softwareprogramm zurückgegeben und dort in einem Feld gespeichert. Anschließend werden die im Testbild enthaltenen horizontalen Kanten bestimmt, indem die ein zweites Mal aufgerufene Hardware den Sobel-Y Operator ausführt. Das von der Hardware zurückgelieferte Ergebnisbild wird im Softwareprogramm in einem zweiten Feld gespeichert. Abschließend wird die Kantenstärke berechnet, indem die Beträge der Feldinhalte Element für Element addiert werden. Abbildung 4.49 zeigt das Ergebnis eines Simulationslaufes. Je größer die Differenz des Grauwertes zweier im Originalbild angrenzender Flächen ist, desto dunkler wird die entsprechende Kante im Ergebnisbild dargestellt.

Ein weiteres Beispiel für die Anwendung der Sobel-Operatoren stellt die Berechnung der Kantenrichtung dar. Diese lässt sich laut [BrFe95] durch (4.48) bestimmen.

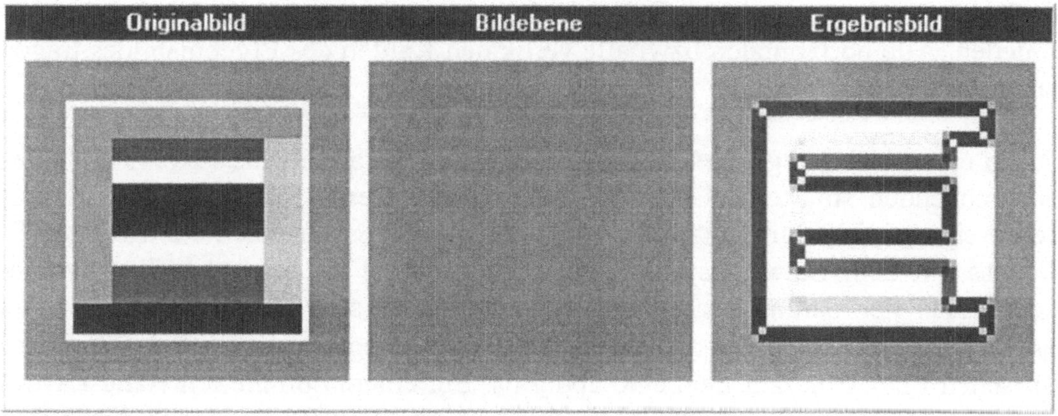

Abbildung 4.49: Simulation der Berechnung der Kantenstärke

$$Kantenrichtung = \arctan(Sobel - Y\,/\,Sobel - X) \qquad (4.48)$$

Das Softwareporgramm für die Berechnung der Kantenrichtung ähnelt dem eben beschriebenen Programm für den Kantenbetrag. Der Unterschied besteht in der Anwendung eines Binärfilters auf die beiden mit Hilfe der Sobel-Operatoren berechneten Zwischenergebnisse. Dadurch erhalten die gefundenen vertikalen und horizontalen Kanten eine einheitliche Färbung. Anschließend wird die Kantenrichtung nach der oben angegebenen Formel von der Software berechnet.

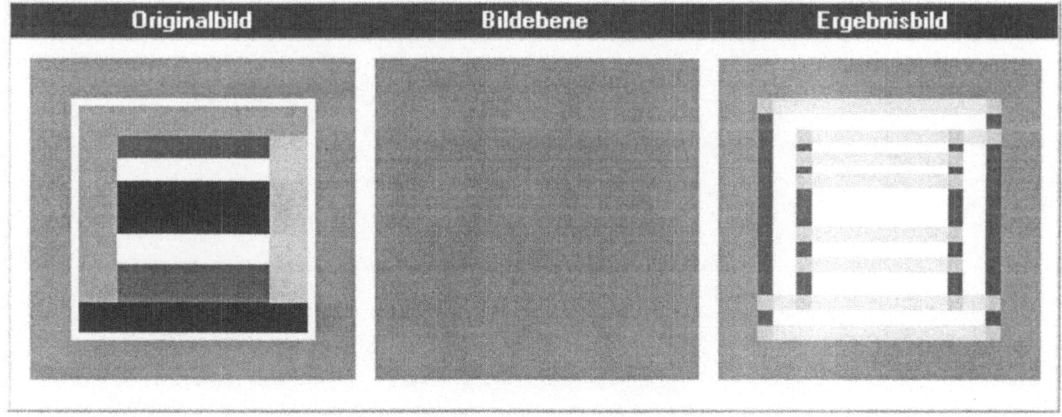

Abbildung 4.50: Simulation der Berechnung der Kantenstärke

Die Anwendung der Operation Kantenrichtung ist in Abbildung 4.50 zu sehen. Die Färbung der im Ergebnisbild dargestellten Kanten ist ein Maß für den Winkel, unter welchem diese verlaufen. Da im Originalbild ausschließlich horizontale und vertikale Kanten enthalten sind, werden nur zwei Kantenrichtungen unterschieden. Alle horizontalen bzw. alle vertikalen Kanten des Ergebnisbildes tragen daher die gleiche Färbung.

Um in erster Näherung eines Aussage über die zu verarbeitende Pixeldichte eines entsprechenden smarten OE-VLSI-Schaltkreises zu erhalten, wurde die VHDL-Beschreibung eines auf Binärbildern operierenden PEs für einen 0.5 μm CMOS-Prozess mit dem Entwurfssystem ALLIANCE [Alli] für Standardzellen synthetisiert. Aus der daraus resultierenden Fläche lässt sich abschätzen, dass man insgesamt 60×60 Pixel-PEs auf einem Schaltkreis integrieren kann. Die Länge des kritischen Pfades beträgt hierbei knapp 7 ns. Bei einem optimierten Hand-Layout ist zu erwarten, dass sich dieser Wert auf 5 ns verbessern lässt und man damit eine Taktfrequenz von 200 MHz erreicht. Auch die Größe eines einzelnen PEs wird dabei schrumpfen. Berücksichtigt man ferner die weiter voranschreitende Skalierung, werden in Zukunft Pixeldichten von 512×512 machbar sein.

5 Optische Netzwerke

Die Bedeutung rein-optischer oder photonischer Netzwerke hat in jüngster Zeit aufgrund des immensen Bedarfs an hohen Übertragungsraten stark zugenommen [RaSi98], [Spät99]. Statistiken zufolge hat sich in der Vergangenheit die Anzahl der Internet-Nutzer alle 12 Monate verdoppelt. Auch wenn bei der Anzahl an Nutzern eine Sättigung eintreten wird, so betrifft dies nicht deren Kommunikationsbedarf. Bisher lässt sich alle 7½ Monate eine Verdopplung der über das Netz verschickten Datenmenge feststellen. Damit dies auch in Zukunft ohne Auftreten eines Bandbreitenengpasses geschehen kann, bzw. um bereits entstandene „Flaschenhälse" zu beseitigen, setzt man verstärkt auf die Datenübertragung mittels optischer Wellenleiter.

Hierbei stellt sich unweigerlich die Frage, warum die erforderlichen Bandbreiten nicht auch mit bereits seit langem eingesetzter elektronischer Technologie bewältigt werden können? Ein an dieser Stelle häufig falsch verwendetes Argument besagt, dass die optische Ausbreitung von Information mittels Photonen mit Lichtgeschwindigkeit geschehen kann, während hingegen Elektronen eine langsamere Ausbreitungsgeschwindigkeit aufweisen. Diese Aussage gilt jedoch nur für den freien Raum. Die Ausbreitungsgeschwindigkeit von Photonen in Fasern beträgt etwa 2/3 der Lichtgeschwindigkeit und ist damit etwa genauso hoch wie die von Elektronen in Kupferkabeln. Der entscheidende Unterschied ist jedoch, dass hohe Übertragungsgeschwindigkeiten mit Photonen wesentlich leichter umgesetzt werden können. Einfach ausgedrückt, Photonen gelingt eine schnelle Ausbreitung besser als Elektronen. Besser bedeutet in diesem Zusammenhang, dass Photonen eine geringere elektromagnetische Wechselwirkung mit ihrer optischen, magnetischen und elektrischen Umgebung als Elektronen aufweisen. Als Folge davon ergibt sich bei optischen Übertragungen eine geringere Störanfälligkeit und ein geringeres Übersprechen zwischen benachbarten Übertragungskanälen. Ferner wird die Amplitude eines optischen Signals auf der Übertragungsstrecke geringer gedämpft, weshalb ein optisches Signal weniger häufig regeneriert werden muss als ein elektrisches Signal. Auch die Dispersion, d.h. die über die Zeit zu beobachtende Verbeiterung des Signals mit einem damit verbundenen zeitlichen Ineinanderlaufen benachbarter Signalimpulse, ist geringer. Als Folge lassen sich engere Pulsfolgen übertragen und damit höhere Übertragungsfrequenzen erzielen. Zudem erlaubt eine optische Übertragung die galvanische Isolation von Sender und Empfänger, wodurch Masseschleifen eingespart werden können. Alle diese Faktoren führen dazu, dass die optische Übertragung von Information bei hohen Frequenzen und weiten Strecken zuverlässiger und kostengünstiger ist als die Übertragung mit Elektronen.

Insbesondere sind es die Möglichkeiten des Wellenlängenmultiplexes, die optische oder photonische Netzwerke in den vergangenen Jahren für Datenfernübertragungsstrecken und für ein zukünftiges optisches Internet attraktiv machten. Ursprünglich war der Wellenwellenlängenmultiplex "nur" gedacht, die zu übertragende Datenkapazität zu erhöhen. Mittlerweile bildet diese Technik jedoch den Ausgangspunkt für ein wirkliches Transport-Netzwerk, in welcher die Wellenlänge auch für das Routing, die Netzüberwachung und zur Erhöhung der Zuverlässigkeit benutzt wird.

Im Folgenden werden zunächst die physikalischen Grundlagen einer wellenleiterbasierten Datenübertragung und des Wellenlängenmultiplex erklärt. Danach werden die beim WDM (engl.: *wavelength division multiplexing*) wichtigsten eingesetzten Komponenten vorgestellt. Abschließend wird auf die Architektur optischer Netzwerke eingegangen und ein Einblick in Routing-Verfahren mit WDM-Technologie gegeben.

5.1   Physikalische Grundlagen optischer Netzwerke

Licht ist das Medium, was in optischen Netzwerken als Informationsträger genutzt wird. Unter Licht versteht man physikalisch eine elektromagnetische Welle, d.h. eine Welle, die ein elektrisches Feld E und ein magnetisches Feld H besitzt (s. Abbildung 5.1). Elektrisches und magnetisches Feld stehen im Raum senkrecht zueinander, als Folge ergibt sich eine Ausbreitung dieser Welle wiederum senkrecht zum elektrischen und magnetischen Feld in der sogenannten z-Richtung. Man spricht in diesem Zusammenhang auch von Licht als einer Transversalwelle. Den Abstand zwischen zwei Wellenzügen nennt man die Wellenlänge λ. Neben dem Licht existieren noch weitere elektromagnetische Wellen bzw. Strahlungen, die sich hinsichtlich der Ausdehnung ihrer Wellenlängen unterscheiden. So entspricht der optischen Strahlung der Bereich von 10 nm bis zu 1 mm, unterteilt in ultraviolettes Licht, sichtbares Licht zwischen ca. 400 nm und 700 nm, und infrarotes Licht. Die Ausbreitungsgeschwindigkeit des Lichtes im Vakuum ist eine Konstante c_0, sie beträgt 2,99792458 m/s oder ungefähr 300 000 km/s. Aus der Lichtgeschwindigkeit c_0 und der Wellenlänge λ lässt sich über (5.1) auf die Frequenz f, also die Anzahl der vom Licht einer bestimmten Wellenlänge ausgeführten Schwingungen pro Sekunde und auf die Zeitdauer T einer einzelnen Schwingung rückschließen.

$$c_0 = \lambda \cdot f = \lambda \times \frac{1}{T} \tag{5.1}$$

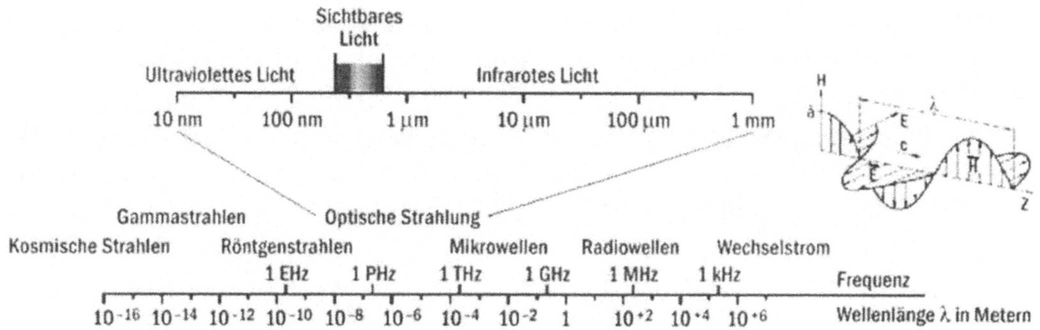

Abbildung 5.1: Licht als elektromagnetische Welle (Bild aus [MSN99])

In einem optischen Material, z.B. in einem Glas, breitet sich Licht mit niedriger Geschwindigkeit als der Lichtgeschwindigkeit aus. Das Verhältnis von Ausbreitungsgeschwindigkeit im Vakuum c_0 und im Material c_m wird die Brechzahl n_m genannt.

$$n_m = \frac{c_0}{c_M} \qquad (5.2)$$

So breitet sich Licht in Glas, was eine Brechzahl von $n_{Glas} = 1{,}5$ aufweist, mit einer Geschwindigkeit von etwa 200 000 km/s aus. Tabelle 5.1 zeigt für verschiedene Medien die zugehörigen Brechzahlen.

Tabelle 5.1: Brechungsindizes für verschiedene Medien

Medium	Brechzahl n	Medium	Brechzahl n
Vakuum	1,0000	Quarzglas	1,5
Luft	1,0003	Plexiglas	1,52
Wasser	1,333	Diamant	2,417

Beim Übergang eines Lichtstrahls, der als die Normale auf der sich ausbreitenden Lichtwellenfront zu interpretieren ist, zwischen zwei Medien mit unterschiedlichen Brechzahlen sind die Phänomene der Brechung und Reflexion zu beobachten. Tritt ein Lichtstrahl von einem optisch dünneren Medium1 in ein optisch dichteres Medium2 ein, d.h. die Brechzahl n_2 des Mediums2 ist größer als n_1, so wird der Lichtstrahl vom Einfallslot im Medium2 weggebrochen, d.h. $\alpha_2 > \alpha_1$ (s.

Strahl 1 in Abbildung 5.2). Im umgekehrten Fall würde der Lichtstrahl näher am Einfallslot weiterverlaufen. Erhöht sich der Einfallswinkel α_1 so wird der Austrittswinkel α_2 immer größer, bis der Austrittsstrahl exakt entlang der Trennlinie zwischen Medium1 und Medium2 verläuft (s. Strahl 2 in Abbildung 5.2). In diesem Falle entspricht α_2 genau dem Grenzwinkel der Totalreflexion. Wird dieser überschritten, so wird der Lichtstrahl zurück ins Medium1 gebrochen, bzw. er wird reflektiert (Strahl 3 in Abbildung 5.2).

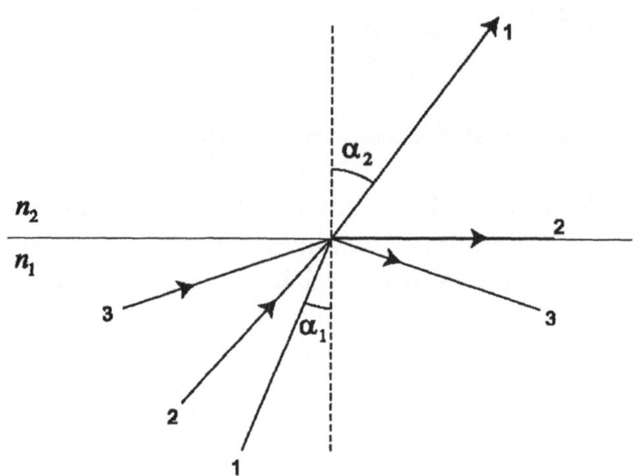

Abbildung 5.2: Brechung und Reflexion eines Lichtstrahls

Das Prinzip der Reflexion kann in einem Lichtwellenleiter, z.B. in einer Glasfaser, angewandt werden, um eine Lichtwelle in diesem Leiter gezielt zu führen. Ein Lichtwellenleiter besteht aus dem Faserkern, der einen höheren Brechungsindex als der den Faserkern vollständig umgebende Fasermantel aufweist (s. Abbildung 5.3). An der oberen und unteren Grenzfläche kommt es dadurch zur Totalreflexion, wenn die eingekoppelten Lichtstrahlen den Grenzwinkel der Totalreflexion zwischen Faserkern (engl.: *core)* und –mantel (engl.: *cladding)* überschreiten. Kern und Mantel der Faser sind nochmals durch einen als Schutzschicht fungierenden Kabelmantel (engl.: *coating)* umhüllt.

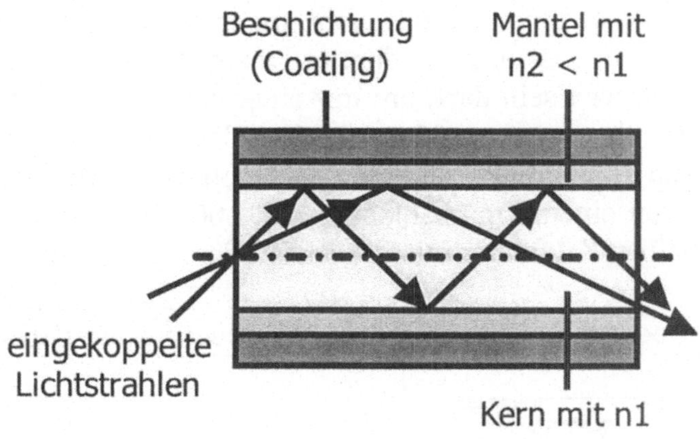

Abbildung 5.3: Aufbau eines Lichtwellenleiters

Exakt dieses Prinzip kommt in einem Stufenindex-Multimode-Wellenleiter zur Anwendung (s. Abbildung 5.4). Der Name Stufenindex rührt daher, dass der Brechzahlverlauf aufgetragen über den Faserquerschnitt genau den Verlauf einer Stufe aufweist. Typische Werte für die Brechzahlen im Faserkern und –mantel sowie für Kern- und Manteldurchmesser dieses Fasertyps zeigt Abbildung 5.4. Wie bereits erwähnt, entsprechen die Lichtstrahlen den Senkrechten auf den sich in der Faser ausbreitenden Wellenfronten. Eine solche Welle lässt sich durch eine periodische Sinus-Funktion ausdrücken. Diese ist nicht nur durch eine Amplitude der Welle, sondern auch durch eine Phase gekennzeichnet. Die Phase entspricht der Anfangsverschiebung der Sinusfunktion zum Zeitpunkt $t = 0$, z.B. zum Zeitpunkt des Eintritts der Lichtwelle in die Faser. Bei jedem Übergang zwischen Fasermantel und Faserkern, auf dem die Lichtwelle auftritt, kommt es zu einem Phasensprung, d.h. die Lichtwelle besitzt plötzlich eine andere Phase. Dieser Phasensprung muss genau einem ganzzahligen Vielfachen der Wellenlänge des Lichtes entsprechen, damit die hinlaufende und reflektierte Welle konstruktiv interferieren können. Ansonsten würde sich die Intensität der Lichtwelle langfristig auslöschen. Es lässt sich zeigen, dass eine solche Interferenz nur für eine endliche Zahl von unter einem bestimmten Winkel auftreffenden Lichtwellen bzw. –strahlen auftritt. Jeden dieser unter diskret verteilten Winkeln verlaufenden Strahlen nennt man eine Mode, die von 0 ab nummeriert werden. Der Grundmode 0 verläuft unter dem flachsten Ausbreitungswinkel entlang der optischen Achse innerhalb der Faser. Der höchste Mode weist den spitzesten Ausbreitungswinkel auf. Dieser hat auch innerhalb des Wellenleiters einen längeren Weg als der Grundmode zurückzulegen. Als Folge davon, wird eine schmaler Eingangsimpuls, dessen Intensität sich auf die endliche Anzahl aller ausbreitfähigen Moden verteilt, am Ausgang als verschliffen ankommen, d.h. er verbreitert sich, was man als Dispersion bezeichnet. Die Dispersion führt dazu, dass zwei aufeinanderfolgende

Impulse am Faserausgang eventuell nicht mehr voneinander getrennt werden können. Ein Maß dafür, ist das Bandbreite-Länge-Produkt, es gibt an, wie lang eine Übertragungsstrecke sein darf, um mit einer bestimmten Bandbreite auf dem Wellenleiter Daten übertragen zu können, ohne dass die Dispersion die Information verfälscht. Ein Bandbreite-Länge-Produkt von 100 MHz · km sagt aus, dass auf einer Stecke von einem km problemlos mit 100 MHz gesendet werden kann, bzw. auf einem halben Kilometer mit 200 MHz oder auf 2 Kilometer mit 50 MHz.

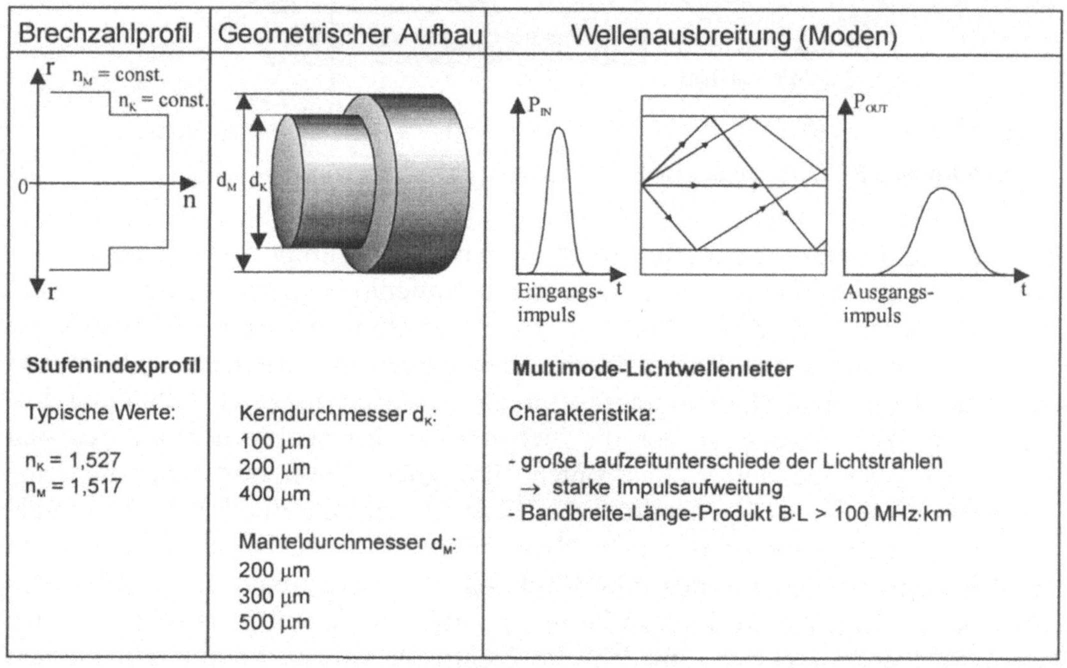

Abbildung 5.4: Aufbau eines Stufenindex-Wellenleiters (Bild aus [Flöp00])

Der Unterschied zu einem Multimode-Wellenleiter mit Gradientenindexprofil (s. Abbildung 5.5) besteht darin, dass die Brechungsindex-Verteilung, aufgetragen über den Querschnitt, keinen stufenförmigen, sondern einen parabelförmigen Verlauf zeigt, wobei der Maximalwert genau in der Mitte des Faserkerns liegt. D.h. ein Lichtstrahl, der in der Mitte des Faserkerns entlang der optischen Achse verläuft, "sieht" einen größeren Brechungsindex und breitet sich dadurch langsamer aus als ein am Rand verlaufender Strahl. Laufzeitunterschiede zwischen Randstrahlen und achsennahen Strahlen werden dadurch minimiert. Die Lichtwellen bzw. die Lichtstrahlen werden innerhalb der Faser entlang einer sinusförmigen Bahn geleitet. Die Dispersion wird geringer und das Bandbreite-Länge-Produkt nimmt gegenüber dem Stufenindex-Wellenleiter um etwa eine Größenordnung zu. Da der parabelförmige Brechzahl-Verlauf innerhalb der Faser jedoch schwieriger herzustellen ist, was zum Beispiel über Diffusionsprozesse mit chemischen Flüssigkeiten geschehen kann, sind Gradientenindex-Wellenleiter teurer.

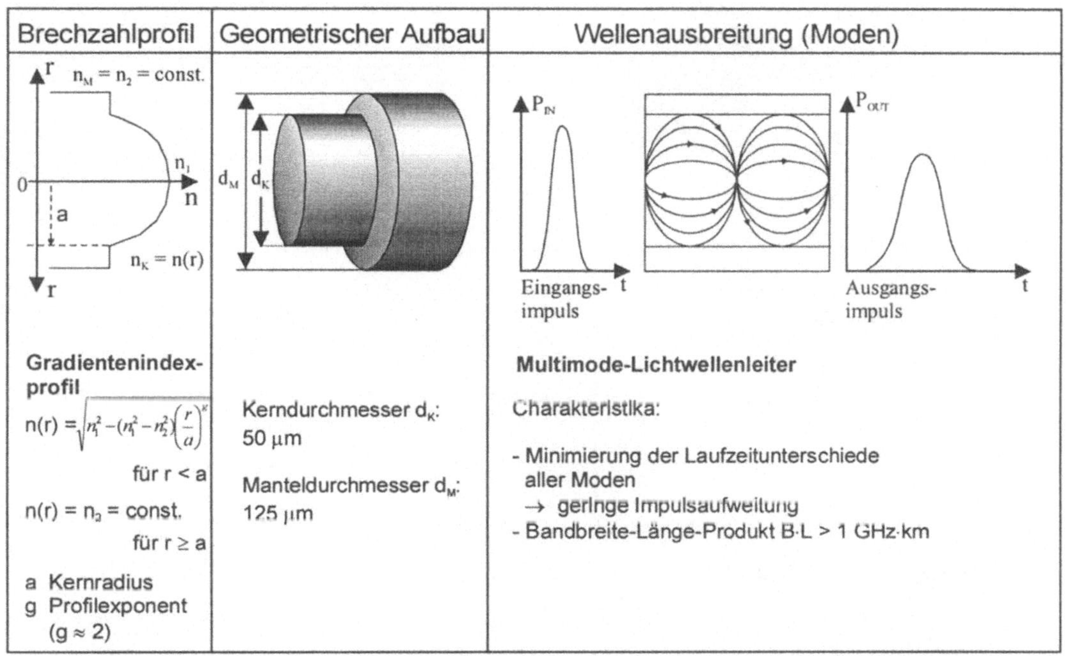

Abbildung 5.5: Aufbau eines Gradientenindex-Wellenleiters (Bild aus [Flöp00])

Um Laufzeitunterschiede zwischen sich unter verschiedenen Winkeln ausbreitenden Lichtstrahlen gänzlich zu vermeiden, kann man den Querschnitt des Wellenleiters so klein machen, dass sich nur genau eine Mode ausbreiten kann. In diesem Falle gelangt man zum sogenannten Stufenindex-Monomode-Wellenleiter (s. Abbildung 5.6). Das Bandbreite-Länge-Produkt steigt gegenüber dem Gradientenindex-Wellenleiter nochmals um eine Größenordnung auf etwa 10 GHz · km. Nachteilig gegenüber den anderen Typen ist jedoch, die aufgrund des geringen Querschnitts an der Stirnseite des Wellenleiters erschwerte Einkopplung des Lichtes in den Wellenleiter und die dadurch entstehenden höheren Kosten für entsprechende Ankopplungen an Laserdioden.

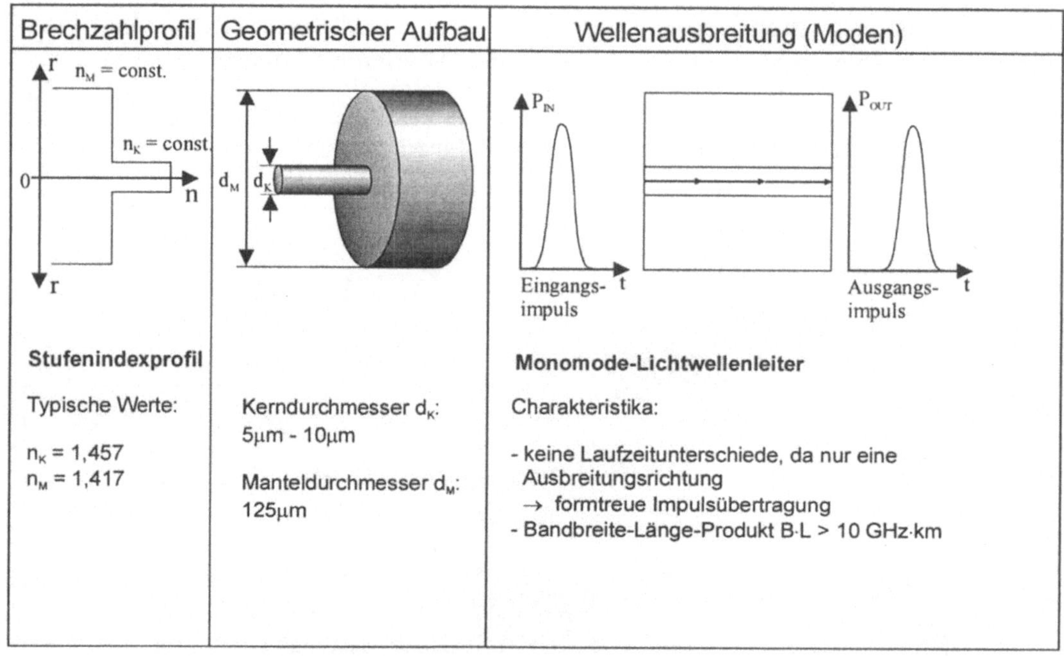

Abbildung 5.6: Aufbau eines Stufenindex-Monomode-Wellenleiters (Bild aus [Flöp00])

5.2   Optischer Wellenlängenmultiplex

Allgemein sind Multiplexverfahren dadurch gekennzeichnet, dass mehrere Sender gleichzeitig entweder einen oder auch mehrere Kanäle zur Übertragung von Information nutzen, um die Übertragungsrate zu steigern. Man kennt hierbei Verfahren wie den Raummultiplex, den Zeitmultiplex, den Frequenzmultiplex (s. Abbildung 5.7) oder den Kodemultiplex. Beim Raummultiplex werden mehrere Kanäle parallel betrieben, die gleichzeitig in einem Raum, z.B. in einem Faserbündel, verteilt sind. Beim Zeitmultiplex wird ein physikalischer Kanal vollständig für einen bestimmten Zeitabschnitt verschiedenen Sendern zugewiesen. Der Zuweisungswechsel kann synchron erfolgen, d.h. zu festen, äquidistanten Zeitpunkten gesteuert durch einen Takt, bzw. asynchron, d.h. zu beliebigen Zeitpunkten. Beim Frequenzmultiplex werden logische Kanäle auf verschiedenen Frequenzen übertragen. Mehrere Frequenzen werden überlagert und können auf einer physikalischen Übertragungsstrecke gemeinsam übertragen werden. Durch entsprechende Filter auf der Empfängerseite werden die für einen bestimmten Empfänger vorgesehenen Frequenzen detektiert. Der Kodemultiplex ist ein digitales Verfahren, bei dem sogenannte orthogonale Kodes verwendet werden, um für mehrere Empfänger bestimmte Nachrichten auf einem Kanal, z.B. einer gemeinsamen Frequenz, zu übertragen. Anhand eines einem Empfänger eindeutig zugewiesenen Kodevektors werden die kodierten Daten mittels einer Matrix-Vektormultiplikation analysiert. Nur diejenigen Empfänger, für die eine Nachricht gesendet wurde, erhalten einen Ergebnisvektor mit positiven und negativen Werten, die logisch null bzw. logisch eins entsprechen, allen anderen Empfänger erhalten als Ergebnis den Nullvektor. Der Kodemultiplex wird vor allem im Mobilfunk eingesetzt.

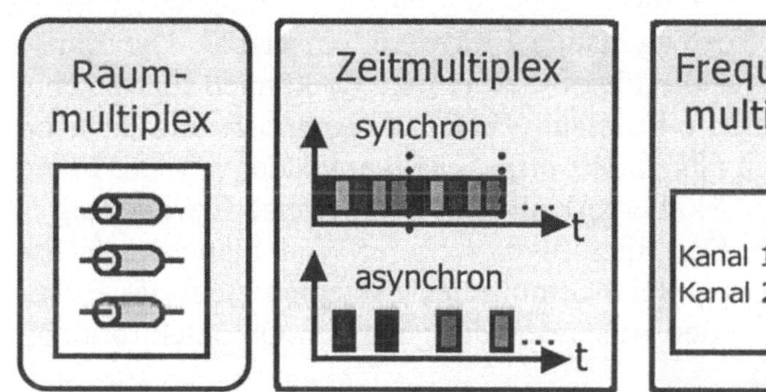

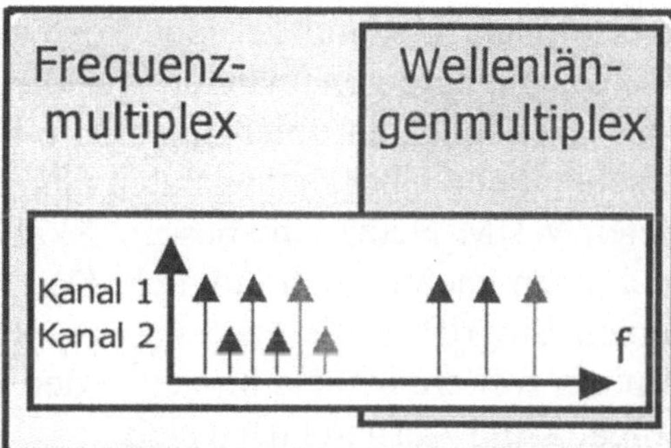

Abbildung 5.7: Gegenüberstellung verschiedener Multiplexverfahren

Der Wellenlängenmultiplex ist eine Variante des Frequenzmultiplexes. Da die Frequenzen jedoch im Bereich der optischen Strahlung liegen und man beim Licht in der Regel nicht von Frequenzen, sondern von Wellenlängen spricht, verwendet man den Begriff Wellenlängenmultiplex. Jeder Wellenlänge entspricht ein logischer Kanal, die alle in einem Wellenleiter übertragen werden. Zudem erfordert der Wellenlängenmultiplex auch neue Komponenten, von denen die Wichtigsten im Folgenden vorgestellt werden.

Zunächst werden jedoch kurz einige Vorteile des WDM-Verfahrens erwähnt, die maßgeblich zu dessen Verbreitung geführt haben. Der Nachteil des Raummultiplex besteht darin, dass die Systemkosten in etwa proportional zur Übertragungsrate sind. Bei einer Verdopplung der vorhandenen Übertragungsrate müssen sich auch die Zahl der eingesetzten Systemkomponenten wie Fasern, Sende- und Empfangsdioden sowie Verstärker und damit die Kosten insgesamt verdoppeln. Beim Zeitmultiplex galt lange Zeit die Faustregel, dass eine Vervierfachung der Übertragungsrate eine Verdopplung der Kosten nach sich zieht. Daher ergab sich in der Vergangenheit in regelmäßigen Abständen ein Übergang von 155 MBit/s zu 625 MBit/s und zu 2,5 GBit/s bei den Übertragungsraten. Der Übergang zur nächsten Netz-Generation mit 10 GBit/s gestaltete sich jedoch schwierig. Dies hatte vor allem zwei Gründe. Zum Einen die teure hochbitratige Elektronik, die zum Pulsen der Laser und beim Detektieren des optischen Signals benötigt wird, und zum Anderen ist eine zuverlässige Übertragung dieser hohen Raten über herkömmliche Fasern nur sehr aufwändig zu erreichen. Der Kodemultiplex bietet auch keinen Ausweg, da es sich hierbei primär um ein mathematisches Verfahren handelt, das ohnehin mit Zeit- oder Frequenzmultiplex kombiniert werden muss. Demgegenüber stehen die Vorteile des WDM-Verfahrens. Eine der wichtigsten Vorteile von WDM-Netzen ist die gleichzeitige Verstärkung von mehreren Kanälen durch geeignete Mehrkanalverstärker, was z.B. beim Raummultiplex nicht möglich ist. Die Steigerung der Übertragungsrate beruht darauf, dass mehrere Kanäle in einer Faser übertragen werden, wobei die einzelnen Kanäle langsamer sein können. Dadurch ist eine kostengünstige Elektronik einsetzbar. Die Kanäle sind unabhängig voneinander, was die Flexibilität erhöht. So können für verschiedene Wellenlängen unterschiedliche Formate (*Formattransparenz*) und auch unterschiedliche Übertragungsraten (*Bitratentransparenz*) verwendet werden. Ferner bieten WDM-Netze eine bessere Skalierbarkeit. Eine schrittweise Erweiterung ist auch noch nachträglich möglich. Das Hinzufügen weiterer Wellenlängen erfordert keinen Eingriff in die Faserstrecke. Bei Zeitmultiplex-Systemen zieht das Erweitern um weitere Kanäle hingegen den Austausch der gesamten Optoelektronik am Eingang und Ausgang nach sich.

5.3 Komponenten eines optischen WDM-Netzwerkes

Im Folgenden werden die wichtigsten Komponenten in einem optischen Wellenlängenmultiplex-Netzwerk vorgestellt. Optische Netzwerke haben hinsichtlich ihrer Übertragungskapazität in den letzten Jahren eine rasante Entwicklung durchgemacht, wie anhand von Abbildung 5.8 deutlich wird. Waren 1994 noch nach dem Prinzip des Zeitmultiplex arbeitende optische Netzwerke mit Übertragungsraten von 2,5 GBit/s im Einsatz, so konnten im Lauf der Jahre durch die Kombination von Zeit- und Wellenlängenmultiplex zunächst zwei, dann acht, 16, 32, 40, 80 und mehr Kanäle in einer Faser gleichzeitig übertragen werden. Der Abstand benachbarter Wellenlängen beträgt dabei gerade einmal etwa 0.8 nm [Eber99]. Mittlerweile sind Produkte mit einer Kapazität von 400 GBit/s verfügbar. Das Ziel ist es, 1 Tbit/s zu erreichen, was auf einer Faser die gleichzeitige Übertragung von 15 Millionen ISDN-Gesprächen zulässt.

Aktuell sind die installierten optischen Netze bei genauer Betrachtung eigentlich optoelektronische Netze, in denen die optische Übertragung in Punkt-zu-Punkt-Verbindungen unter Ausnutzung des Wellenlängenmultiplex geschieht. Die Vermittlung der Information, also die Wegewahl und das Weiterschalten der Daten, wird in den Knoten der Netze hingegen elektronisch gelöst. Dies erfordert am Ein-/Ausgang eines solchen Netzknotens eine optisch-elektrische bzw. elektrisch-optische Wandlung, was sich angesichts der hohen Anforderungen an Latenzzeit und Übertragungskapazität in heutigen Netzen immer mehr als Flaschenhals erweist. Zukünftig strebt man daher rein-optische oder manchmal auch als photonische Netzwerke bezeichnete Lösungen an, in denen auch die Vermittlung auf optischem Wege geschieht. Ganz wird die Elektronik jedoch nicht völlig verschwinden, da eine optische Logik schwer bzw. nur für einfache Operationen zu realisieren ist. Demzufolge werden photonische oder optische Netze auch als Netze definiert, in denen "im weitesten Sinne die Übertragung und Verarbeitung von Information mit optischen und opto-elektronischen Mitteln erfolgt".

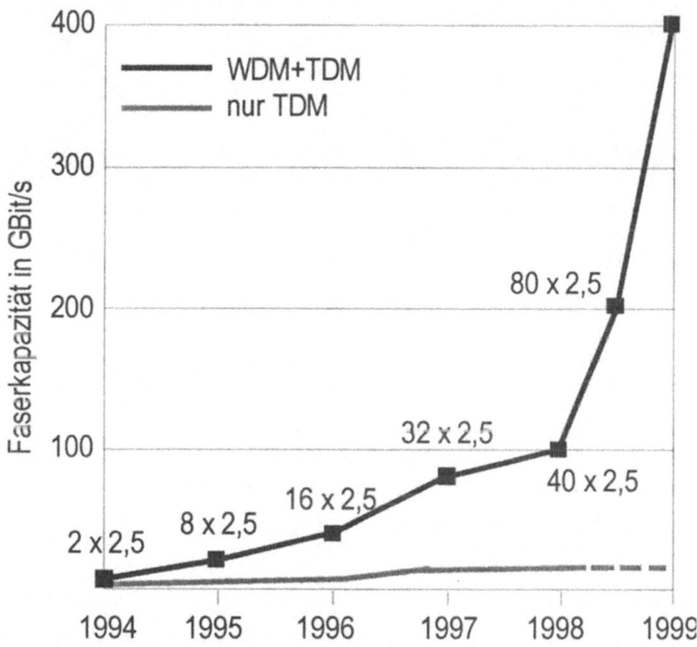

Abbildung 5.8: Entwicklung der Faserkapazität bis 1999 durch WDM-Technik

Eine der wichtigsten Komponenten für die optische Vermittlungstechnik sind sogenannte *Add-Drop-Multiplexer*. Der meiste in einem Knoten eintreffende Datenverkehr ist Transitverkehr, d.h. dieser muss "nur" durchgeleitet werden. Ein solcher im Englischen als "*bypassing*" bezeichneter Vorgang ist optisch prinzipiell einfach erzielbar mittels eines Add-Drop-Multiplexers. Funktional betrachtet besteht dessen Aufgabe darin, bestimmte eintreffende Wellenlängen am Eingang herauszufiltern und am Ausgang bestimmte Wellenlängenkanäle einzuspeisen.

Zunächst wird das Prinzip eines statischen Add-Drop-Multiplexers erklärt, der auf festen Wellenlängen operiert und dessen physikalische Funktionsweise z.B. auf sogenannten Bragg-Gittern basiert. Ein Bragg-Faser-Gitter besteht aus einer Folge äquidistanter und identischer Brechzahländerungen innerhalb einer Faser in horizontaler Richtung. Hergestellt werden kann eine solcher periodischer Brechzahlverlauf z.B. über die Interferenz zweier im Ultraviolett-Bereich operierender Laserstrahlen, die seitwärts auf den Faserkern eintreffen (s. Abbildung 5.9).

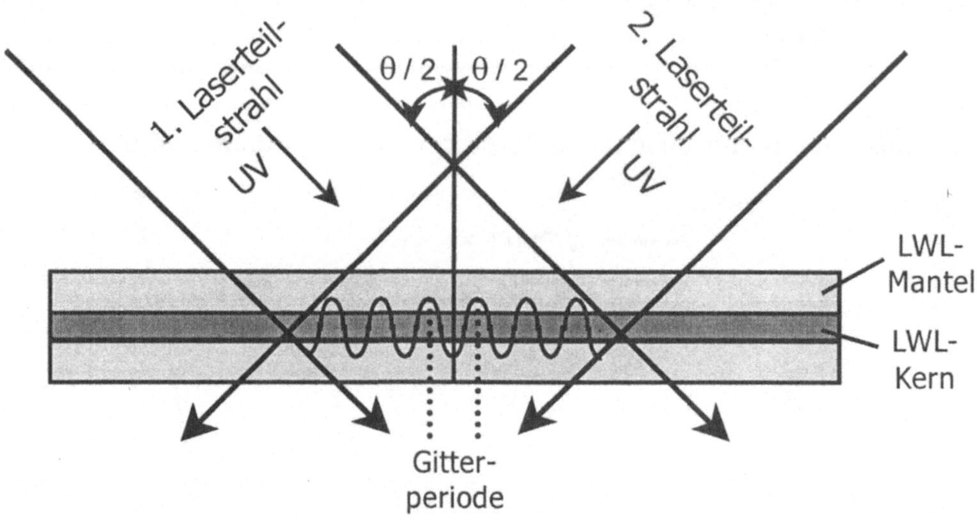

Abbildung 5.9: Herstellung eines Bragg-Gitters in einer Faser

Bedingt durch die Brechzahlübergänge wird an den Bereichen eines solchen Brechzahlübergangs eine eintreffende Lichtwelle teilweise reflektiert. Weist ein solcher Bereich genau die halbe Breite einer bestimmten Wellenlänge λ_1 auf, so entspricht der Abstand zweier an benachbarten Regionen reflektierter Teilwellen, auch als Gangunterschied bezeichnet, genau einer Wellenlänge λ_1. Somit ergibt sich für reflektierte Teilwellen mit Wellenlänge λ_1 konstruktive Interferenz. Andere Wellenlängen werden hingegen nicht reflektiert, für diese zeigt sich die Gitterstruktur transparent (s. Abbildung 5.10).

Ein Add-Drop-Multiplexer (s. Abbildung 5.11) besteht aus zwei parallel geschalteten Bragg-Faser-Gittern, die an den beiden Enden über Koppler miteinander verbunden sind. Er fungiert als wellenlängensensitiver Spiegel, der Licht einer bestimmten Wellenlänge am Eingang auskoppelt und am Ausgang Licht gleicher Wellenlänge einkoppelt. Im Prinzip würde ein Arm mit einer Faser-Gitterstruktur ausreichen. Ist die Gitterstruktur des zweiten parallel angeordneten Bragg-Gitters jedoch in gewissen Grenzen veränderbar, lässt sich damit das erste Bragg-Gitter genauer auf eine Wellenlänge einstellen.

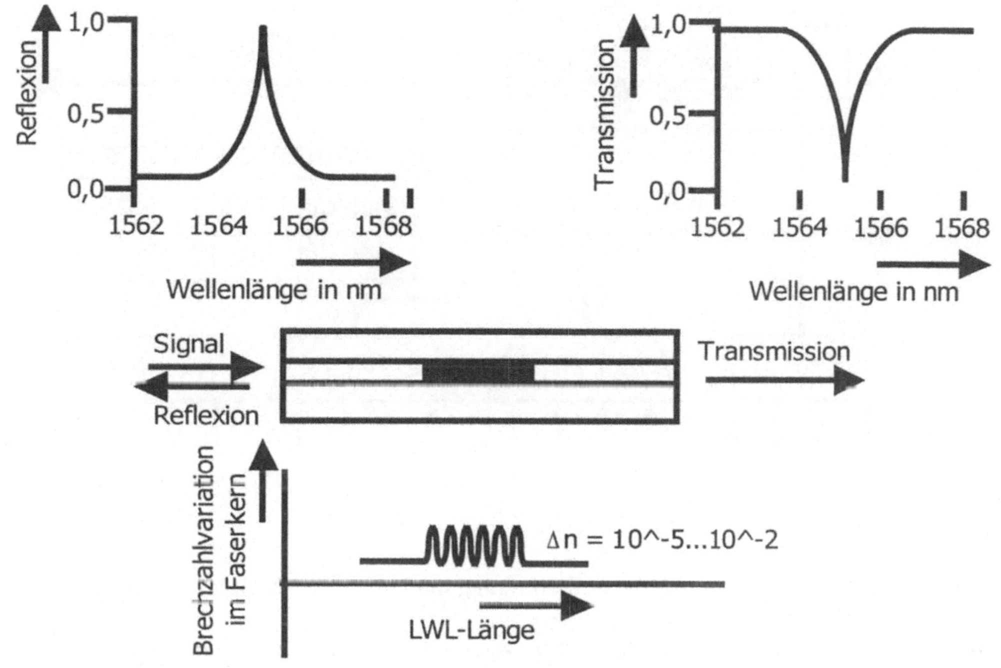

Abbildung 5.10: Transmission und Reflexion in einem Bragg-Faser-Gitter

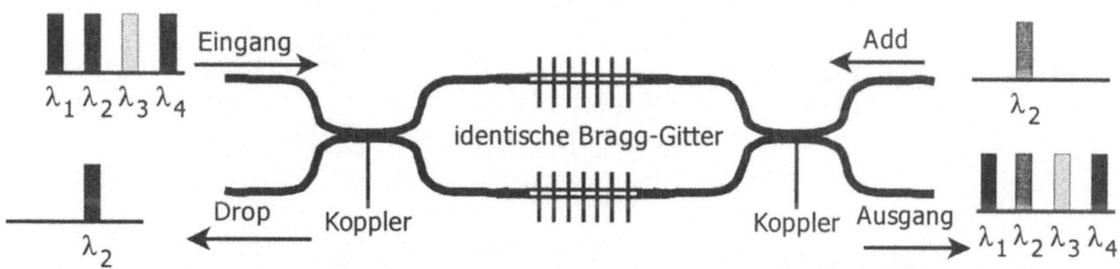

Abbildung 5.11: Add-Drop-Multiplexer aus parallel angeordneten Bragg-Faser-Gittern

Solche durch Piezosteuerungen mechanisch oder durch Erwärmung thermisch verursachten Veränderungen der Gitterperiode können für dynamische Add-Drop-Multiplexer genutzt werden. Durch mehrere hintereinander angeordnete Faser-Gitter, lassen sich n-auf-1 Multiplexer und 1-auf-n Demultiplexer aufbauen. Mit einer zusätzlichen horizontal gespiegelten Anordnung solcher Multiplexer/Demultiplexer kann eine Duplex-Übertragung realisiert werden. Abbildung 5.12 zeigt dies für ein Beispiel mit vier Übertragungskanälen.

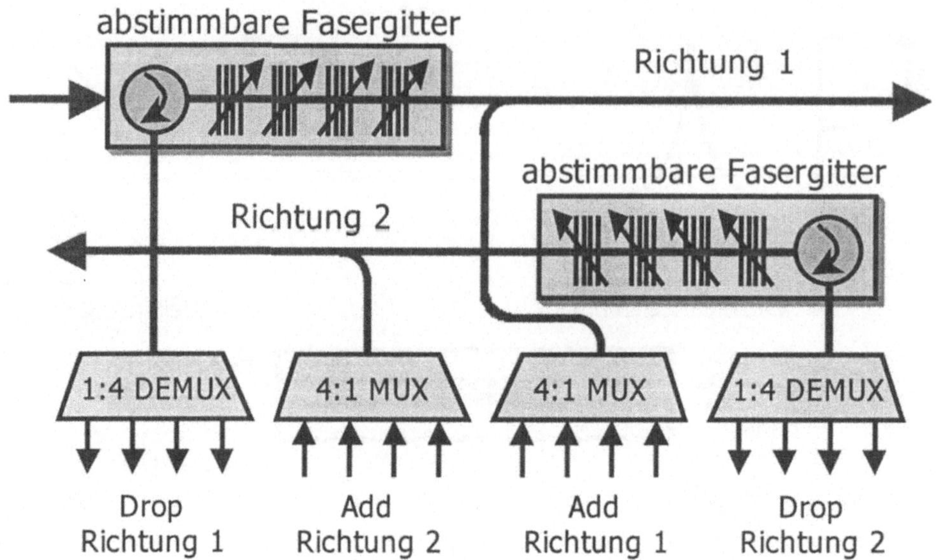

Abbildung 5.12: 4-Kanal Duplex-Übertragung mit optischen Multiplexern/Demultiplexern

Abstimmbare Faser-Gitter lassen sich zudem für rein-optische Kreuzverbindungen (engl.: *OXC Optical Cross Connects*) verwenden, die wiederum die Basis für zukünftige schaltbare photonische Netze bilden (s. Abbildung 5.13).

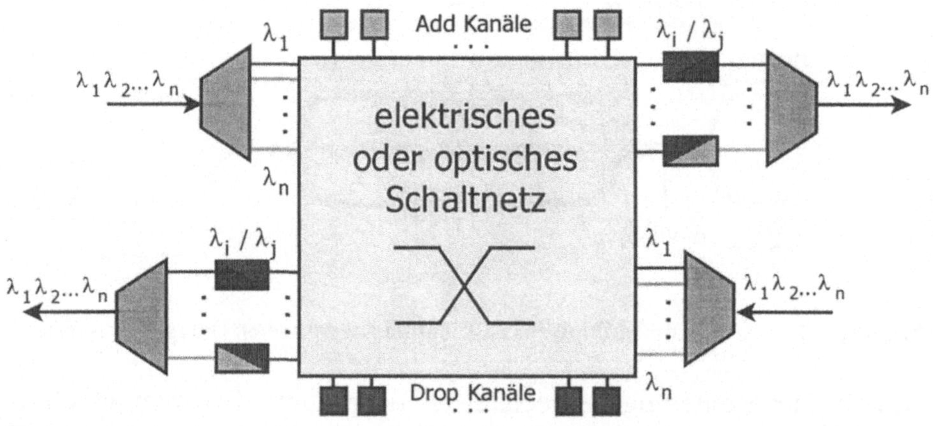

Abbildung 5.13: Optischer Kreuzverbinder (engl.: *Optical Cross Connect*)

Der Hauptunterschied zu den Add-Drop-Multiplexern besteht darin, dass das ankommende Lichtsignal in seine sämtlichen enthaltenen Wellenlängen aufgespaltet wird und diese mit Hilfe eines optischen oder elektrischen Schaltfeldes beliebig zwischen Ein- und Ausgängen verschaltet werden können. Zudem ist es zusätzlich möglich, orthogonal zu der horizontal verlaufenden Ein-/Ausgangsrichtung Signale herauszufiltern bzw. einzukoppeln (add-and-drop). Eine Duplex-Verbindung kann damit ebenfalls aufgebaut werden. Am Ausgang können zudem Wellenlängenkonverter eingesetzt werden.

Das Schaltfeld in einer optischen Kreuzverbindung basiert auf sogenannten Koppelnetzen (s. Abbildung 5.14). Diese bestehen aus hintereinander angeordneten Schaltstufen, deren Basiselemente im einfachsten Falle 2×2 Schalter sind. Ein solches Element lässt den an den beiden Eingängen eintreffenden Datenstrom entweder unverändert passieren bzw. schaltet die Eingänge überkreuz zu den beiden Ausgängen.

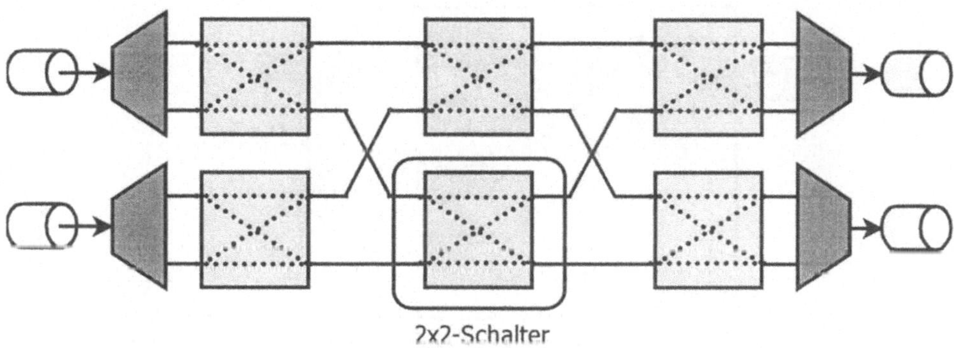

Abbildung 5.14: Aufbau eines Koppelnetzes

Der Schaltvorgang kann entweder durch Wellenlängenschalter bzw. durch Broadcast/Select-Bauelemente realisiert werden. Wellenlängenschalter weisen derzeit noch zu hohe Dämpfungen auf, so dass vorerst die zweite Alternative vielversprechender ist. Bei dieser wird das Eingangssignal zunächst auf alle Ausgänge verteilt (s. Abbildung 5.15). An den Ausgängen wird anschließend mit Filtern das gewünschte Ausgangssignal ausgewählt. Konflikte entstehen bei optischen Kreuzverbindungen dann, wenn verschiedene Eingangssignale zum gleichen Ausgang wollen, dem eine feste Wellenlänge zugeordnet ist. Dieser Wellenlängenkonflikt kann durch entsprechende Wellenlängenkonverter (s. Abbildung 5.13) gelöst werden. Diese setzen ein Signal auf eine andere Wellenlänge um, ohne das Signal auswerten zu müssen.

Optische Netze, in denen keine Konverter vorkommen werden in der englischsprachigen Literatur mit der Eigenschaft Wavelength Routing (*WR*) oder Wavelength Path (*WP*) bezeichnet. In solchen Netzen existiert von der Quelle bis zur Senke für jeden Kanal genau eine Wellenlänge. Der Vorteil solcher *WR*-Netze betrifft deren Kosten, die gegenüber anderen günstiger ausfallen, da keine teuren Konverter vorhanden sind. Der Nachteil ist eindeutig der, dass Verbindungswünsche wegen eines eventuellen Wellenlängenkonflikts abgelehnt werden müssen.

Wenn in Netzen eine Konversion stattfinden kann, wird dies in der englisch-sprachigen Literatur als *Wavelength Interchanging* bzw. der logische Kanal als *Virtual Wavelength Path* umschrieben. In diesem Falle ist in jedem Netzknoten für jeden Wellenlängenkanal eine beliebige Konversion möglich. Die Wellenlän-gen sind dadurch abschnittsweise verwaltbar, es ist keine durchgehende Wellen-länge von der Quelle bis zur Senke erforderlich. Dadurch wird die Wegewahl flexibler, da keine durchgehenden Wellenlängenpfade aufzufinden sind. Die Kon-vertierung ist zugleich mit einer Regenerierung des Signals verbunden, wodurch an anderer Stelle auf teure Regeneratoren verzichtet werden kann.

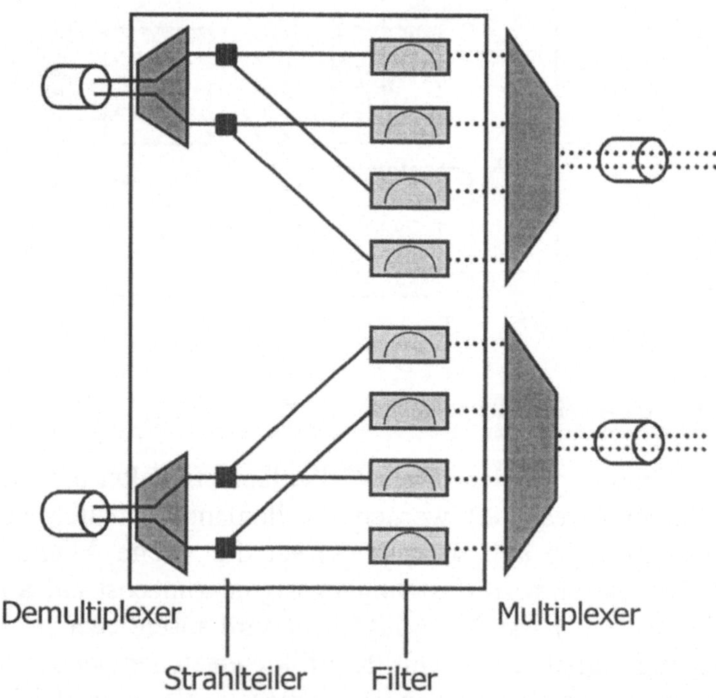

Abbildung 5.15: Wellenlängenschalter durch Broadcast-and-Select-Funktion

Der Nachteil besteht in den durch die teuren Konverter verursachten hohen Kos-ten. Diese lassen sich durch eine partielle Konversion reduzieren, in der die Anzahl zum Einsatz kommender Konverter geringer als die potentielle Anzahl verschiedener Wellenlängen ist. Diese Konverter können von allen Wellenlängen-kanälen in Anspruch genommen werden. Die Konverter selbst lassen sich durch optoelektronische Wandlung bzw. durch sogenannte optisch gesteuerte Tore reali-sieren. Bei letzterem kann man z.B. optisch nicht lineare Medien verwenden, die Licht einer bestimmten Wellenlänge absorbieren und dadurch ihren Brechungs-index so verändern, dass sich für eine andere Wellenlänge konstruktive Interfe-renz ergibt und eine Lichtwelle dieser Wellenlänge dadurch zum Ausgang durch-geschaltet wird.

5.4 Architekturen optischer Netze

Trotz der unbestreitbaren Vorteile optischer Netze aus technischen und auf lange Sicht auch aus wirtschaftlichen Gesichtspunkten ist nicht zu erwarten, dass der Übergang von elektronischen zu optischen Netzwerken schlagartig erfolgen wird. Insbesondere aufgrund der zu Beginn hohen Investitionskosten wird es sich um einen allmählichen Übergang handeln, der sich wie folgt gestalten kann. Ausgehend von den bereits heute durchgeführten Punkt-zu-Punkt-Übertragungen mittels Wellenlängenmutliplex könnte der nächste Schritt im Aufbau optischer Ring-Netze mittels Add-Drop-Multiplexern bestehen (s. Abbildung 5.16). Diese werden zunächst fixe und später flexible Konfigurationen zulassen, was zugleich den Einstieg in eine Netzwerktechnik darstellt, in der nicht nur optisch übertragen, sondern auch optisch vermittelt wird. Im weiteren Verlauf ist der Einsatz komplexer vernetzter Strukturen auf der Basis von optischen Kreuzverbindern denkbar. Vorläufiger Endpunkt dieser Entwicklung wäre ein optisches Paketvermittlungsnetz, in dem optische Datenströme von unterschiedlichen Quellen durch einen Zeitmultiplex zusammengefasst werden.

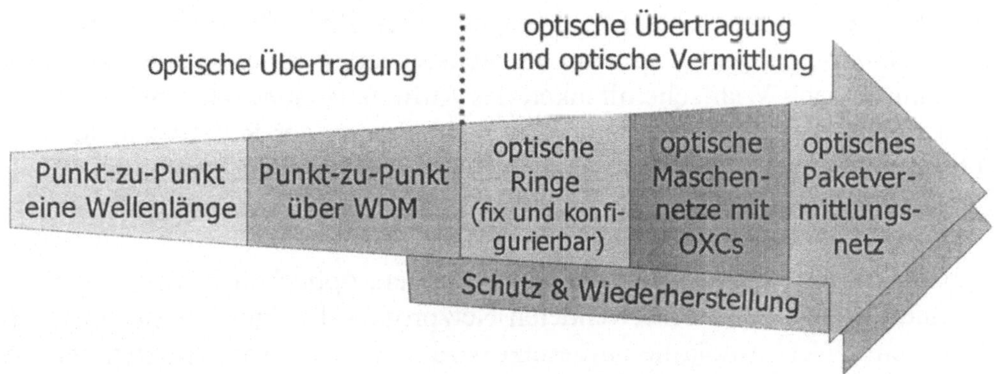

Abbildung 5.16: Mögliche „evolutionäre" Verbreitung optischer Netze

Einerseits kann man in optischen Netzwerken Information schneller und mit weitaus höherer Bandbreite als in elektrischen Netzwerken übertragen. Andererseits steigen damit aber auch die Anforderungen an die Verfügbarkeit eines optischen Netzwerks noch stärker als dies bei bestehenden elektronischen Netzen ohnehin schon der Fall ist. Zur Erhöhung der Zuverlässigkeit kommen im Wesentlichen zwei Verfahren in Betracht: das Schutzverfahren (engl.: *protection*) und das Wiederherstellungsverfahren (engl.: *restoration*). In beiden Verfahren werden zusätzlich zu den zur üblichen Datenübertragung genutzten Kapazitäten weitere Reservekapazitäten beansprucht, um damit die Verfügbarkeit des Netzes zu erhöhen. Diese zusätzlichen Kapazitäten werden beim Schutzverfahren ständig reserviert. Im Bedarfsfalle eines auftretenden Fehlers wird darauf umgeschalten.

Beim Wiederherstellungsverfahren werden erst beim Auftreten eines Fehlers freie Kapazitäten gesucht. Sofern die Suche erfolgreich war, erfolgt anschließend das Umleiten der Datenströme. Da beim Schutzverfahren nicht erst nach freien Kapazitäten gesucht werden muss, reagiert dieses im Fehlerfalle schneller als das Wiederherstellungsverfahren. Letzteres erlaubt jedoch eine flexiblere und effiziente Ausnutzung der vorhandenen Kapazitäten, da nicht ständig ein Kanal für den Fehlerfall blockiert wird. In der Praxis sind aus Kostengründen daher Mischformen denkbar, in denen besonders neuralgische Datenströme mittels Schutzverfahren abgesichert werden und für Datenströme niedrigerer Priorität das Wiederherstellungsverfahren eingesetzt wird.

Beim Schutzverfahren wird ferner hinsichtlich der Art der Reservierung zusätzlicher Kapazitäten unterschieden. Beim sogenannten 1+1-*Schutzverfahren* wird für jeden Datenkanal ein ständig vorhandener zusätzlicher Kanal benutzt. Die Information wird dann auf beiden Kanälen gleichzeitig übertragen. Beim Auftreten eines Fehlers auf einem Kanal wird der Empfänger den jeweils anderen auswählen. Beim 1:1-*Schutzverfahren* wird dagegen der ständig reservierte Signal im Nichtfehlerfalle zur Übertragung von Information mit niederer Priorität genutzt. Erst bei Auftreten eines Fehlers wird umgeschaltet. Eine Verallgemeinerung stellt das *m:n-Schutzverfahren* dar, in dem n Datenkanälen m Reservekanäle zugeordnet sind, womit je nach Wahrscheinlichkeit des Auftretens eines oder mehrerer Fehler noch flexibler reagiert werden kann. Zur Realisierung der Reservekanäle können in optischen Netzen entweder zusätzliche Faserstrecken oder bestimmte Wellenlängen herangezogen werden.

Der oben skizzierte allmähliche Übergang zu rein-optischen Netzen bleibt auch nicht ohne Einfluss auf die verwendeten Netzprotokolle. Dies hat zur Folge, dass auf bestehende Netzprotokolle aufgesetzt wird. Um die Besonderheiten der Übertragung in einem optischen Netzwerk zu berücksichtigen, bedarf es in der Architektur der Netzprotokollschichten einer Ergänzung um eine optische Schicht, die an die bereits vorhandenen angebunden werden muss. Gegenwärtig werden Internet-Pakete in ATM-(Asynchronous Transfer Mode)-Zellen verpackt, diese werden wiederum über eine SDH (synchrone digitale Hierarchie) genannte Übertragungstechnik mit anderen Datenströmen gepackt und erst danach in Weitübertragungs-Netzwerken über Wellenlängenmultiplex übertragen. Das Durchlaufen des zugehörigen Protokollstapels wird als *IP* über *ATM* über *SDH* über *WDM* bezeichnet (s. Abbildung 5.17 links).

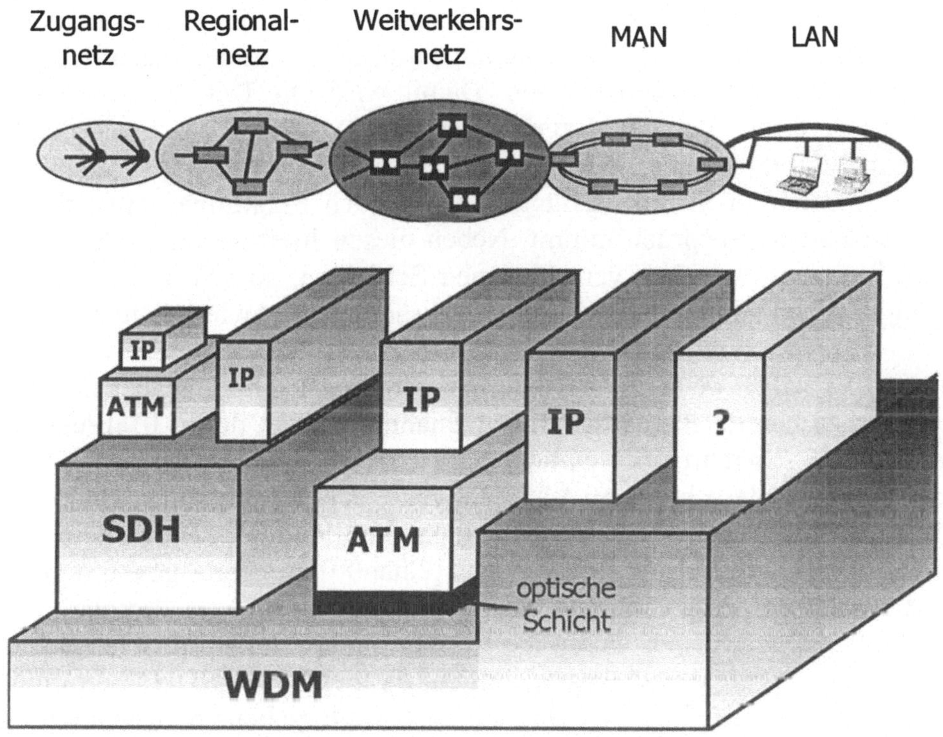

Abbildung 5.17: Protokollstapel heute und in Zukunft bei der Übertragung in WDM-Netzwerken

Bei einer Übertragung nach dem ATM-Verfahren werden Datenpakete konstanter und kurzer Länge nach dem Prinzip der Paketvermittlung übertragen, d.h. im Gegensatz zur Vermittlung nach dem Leitwegeverfahren wird keine durchgängige physikalische Verbindung wie beim Telefonnetz geschaltet. Allerdings ist ATM verbindungsorientiert, d.h. alle Pakete nehmen den gleichen Weg zwischen Sender und Empfänger, wodurch die Reihenfolge der versendeten Datenpakete erhalten bleibt. ATM bietet Übertragungsraten von 155 MBit/s, 622 MBit/s und in Zukunft 2.4 GBit/s. Für lange Distanzen können mehrere ATM-Zellen per Multiplexverfahren zusammengefasst werden, um diese mit noch höherer Rate über SDH zu übertragen. Verschiedene SDH-Kanäle werden nun ihrerseits wiederum, in der Regel jeweils vier Kanäle, per Zeitmultiplex zusammengefasst und mit vierfach höher Datenrate übertragen. Auf diese Weise ergibt sich eine Hierarchie der Zusammenfassung streng synchroner Datenströme. Diese beginnt bei 155 MBit/s, über mehrere Stufen lässt sich daraus das vier-, 16- und 64-fache übertragen (STM-(synchrones Transport Modul)-4 bis STM-64). Für eine genauere Darstellung der Techniken von ATM und SDH sei auf [Stei01], [KrRe00] verwiesen. Zuletzt können dann mehrerer solcher SDH-Pfade über verschiedene Wellenlängen in einer einzigen Faser übertragen werden.

Dieser aufeinander aufbauende Protokollstapel schafft offensichtlich Ineffizienzen, da in jeder Protokollschicht Steuerungsinformation in den eigentlichen Nutz-
datenstrom eingefügt werden müssen. Damit wird ein Teil der zur Verfügung
stehenden Bandbreite des Übertragungskanals in Anspruch genommen und steht
nicht mehr für Nutzdaten zur Verfügung. Ferner werden in jeder Protokollschicht
nicht nur Informationen hinzugefügt, sondern auch Funktionen ausgeführt, was
zusätzliche Zeit in Anspruch nimmt. Neben diesen Ineffizienzen schaffen ferner
Inkompatibilitäten zwischen verschiedenen Schichten, so z.B. bei der Fehlerbe-
handlung in der SDH- und WDM-Schicht, zusätzliche Schwierigkeiten.

Somit liegt es nahe, Versuche zu unternehmen, den Protokollstapel zu vereinfachen. Ein erste bereits standardisierte Maßnahme besteht darin, IP direkt an eine
andere SONET (Synchronous Optical NETwork) genannte Schicht anzubinden,
die nur geringe Unterschiede zu SDH aufweist. ATM kann somit als Zwischen-
schicht entfallen (s. zweiter Stapel von links Abbildung 5.17). Weitere Ansätze
sehen vor, ATM oder IP direkt über WDM [Ghan00] zu übertragen, d.h. ohne den
Umweg über SDH. Dies erfordert die Entwicklung geeigneter Protokolle in den
jeweiligen Schichten, insbesondere die Einführung spezieller optischer Schichten,
um die Anpassung an WDM durchzuführen, da dies bisher SDH übernimmt und
diese Schicht dann wegfallen würde. Als noch weitergehender Schritt sind gänzlich neue Protokollschichten denkbar, die direkt auf WDM aufsetzen, das dann
nicht mehr nur reine Übertragung durchführt, sondern auf Basis eines dynamischen Wellenlängen-Routings inklusiver eingebauter Sicherungen zur Fehlerbe-
handlung auch die Vermittlung der Datenströme übernimmt.

Somit könnten am ende dieser Entwicklung photonische oder optische Netzwerke
zum Einsatz kommen, die bestehende elektrische Netze Zug um Zug um entsprechende Komponenten in der Hardware und um geeignete optische Protokollschichten ablösen. Dies gilt auch für auf kleinere Übertragungsdistanzen, z.B. bei
regionalen Netzen bzw. im MAN-(Metropolitan Area Networks)-Bereich oder
auch bei lokalen Netzen (s. Abbildung 5.17). (Noch einen Schritt weitergehend –
wie in den vorherigen Kapiteln aufgezeigt – gilt dies auch für Multiprozessorsysteme und zwischen Baugruppen und integrierten Schaltkreisen.) Je nach Ein-
satzbereich ist dabei die Verwendung unterschiedlicher Netztopologien sinnvoll.
So können beispielsweise optische Ring-Netzwerke auf der Basis von Add-Drop-
Multiplexern in regionalen Netzen und im MAN-Bereich eingesetzt werden.
Diese besitzen eine Verbindung z.B. mit sogenannten passiven optischen Zu-
gangsnetzen, die den Bereich der lokalen Netze abdecken und eine Sterntopologie
aufweisen. Ferner besteht über den optischen Ring ein Zugang zum Weitverkehrs-
netz, das seinerseits über optische Kreuzverbindungen kommuniziert.

5.5 Routing-Verfahren in WDM-Ring-Netzen

Wie eben erwähnt können optische Ring-Netzwerke im MAN-Bereich in Zukunft
eine wichtige Rolle einnehmen. Dabei handelt es sich nicht um reine passive
Netze, sondern die Knoten in einem solchen Netz können aktiv Vermittlungsfunk-
tionen übernehmen, wobei die Wellenlänge zur Kodierung der Empfängeradresse
benutzt wird. Im Folgenden wird ein einfaches Beispiel vorgestellt, wie der durch
die Vielzahl an gleichzeitig übertragbaren Kanälen entstehende Freiheitsgrad bei
der Wegesuche ausgenutzt werden kann. Dieser zusätzliche Freiheitsgrad führt
zur Entstehung mehrer paralleler virtueller Ringtopologien. Konkret soll ein in
[Woes98] gezeigter einfacher Algorithmus vorgestellt werden, der einer Wellenlänge einem bestimmten logischen Kanal zuweist.

Parallele virtuelle Ringe sind durch eine Matrix von Wellenleiter-Gittern erzielbar, im Englischen als Arrayed Waveguide Grating Multiplexer (AWGM) bezeichnet. Diese können z.B. aus einer Matrix optischer Kreuzverbinder aufgebaut
sein. Die logische Struktur eines 3×3 AWGMs zeigt Abbildung 5.18. Insgesamt
sind drei Senderstationen A, B und C mit drei ebenfalls als A, B und C bezeichneten Empfängerstationen verbunden. Jeder der Sender verschickt Information in
einem einzigen Lichtleiter auf drei verschiedenen Wellenlängen λ_0, λ_1 und λ_2. Das
Verteilen des optischen Datenstroms kann durch passive wellenlängesensitive
Phasengitter erfolgen (s. Kap. 2.3). Dies geschieht derart, das an allen drei Ausgängen exakt wieder die jeweils von verschiedenen Senderstationen stammenden
drei Wellenlängen λ_0, λ_1 und λ_2 in einem Lichtleiter eingekoppelt werden.

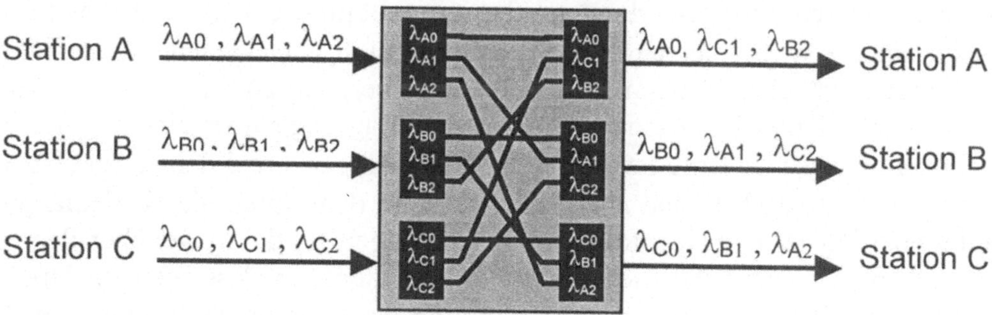

Abbildung 5.18: Funktion eines 3×3 AWGMs

Tatsächlich realisiert ein AWGM physikalisch eine Sternverbindung, die eine
vollständige Vermaschung aller Knoten ermöglicht, d.h. ein jeder Knoten ist über
eine direkte physikalische Verbindung bzw. einer bestimmten Wellenlänge mit
jedem der anderen Knoten verknüpft (s. Abbildung 5.19). Darauf aufbauend
lassen sich virtuelle Ringtopologien definieren. Abbildung 5.19 zeigt die physika-

lischen Verbindungen und die durch die verschiedenen Wellenlängen definierten virtuellen Ringe für einen AWGM, der drei Wellenlängen bedient. Wie aus dem Strahlverlauf des AWGM ersichtlich, wird die Wellenlänge λ_1 von der Station A (bezeichnet als λ_{A1}) zu Station B geleitet, die gleiche Wellenlänge wird wandert von Station B (λ_{B1}) zu Station C, und bei Station C (λ_{C1}) zu Station A. Ein analoges Bild ergibt sich für die Wellenlänge λ_2, für die sich eine Ringverbindung von C nach B nach A und wieder zurück zu C ergibt. Bei n Wellenlängen erhält man genau n-1 virtuelle Ringe, da die Wellenlänge λ_0 wieder in den Senderknoten zurückführt.

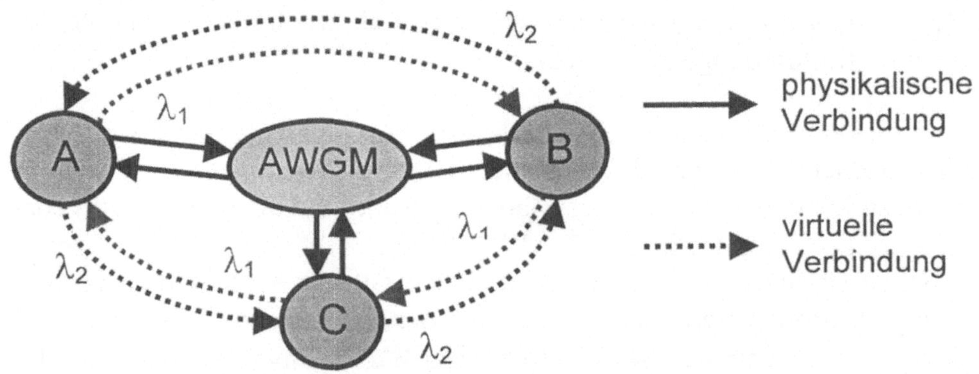

Abbildung 5.19: Virtuelle Ringtopologien in einem 3×3 AWGM

Die Verteilung der optischen Eingangsdatenströme auf die Ausgänge ist in einem AWGM derart gemacht, dass jeder Knoten x in den entstehenden virtuellen Ringen einen anderen Nachfolgerknoten y besitzt. Abbildung 5.20 zeigt dies für das Beispiel eines AWGM der Größe 5×5. In den durch verschiedene Wellenlängen entstehenden virtuellen Ringen ist jeweils der Übergang zum nächsten Nachbarknoten für alle Knoten um einen konstanten Betrag gegenüber einem „Ur-Ring" verschoben. Dieser Ur-Ring ist durch die Wellenlänge λ_1 und dem Übergang von A nach B nach C nach D und nach E definiert. In dem durch die Wellenlänge λ_2 definierten Ring ist der Nachfolger von A hingegen C, d.h. gegenüber dem Ur-Ring um einen zusätzlichen Knoten weitergeschaltet, so dass man im Ur-Ring zwei Sprünge (Hops) ausführen muss, um zum Nachbarknoten zu gelangen. Das gleiche gilt für alle weiteren Knoten. Analog werden in den durch λ_3 bzw. λ_4 definierten Ringen 3 bzw. 4 Hops gegenüber dem Ur-Ring ausgeführt.

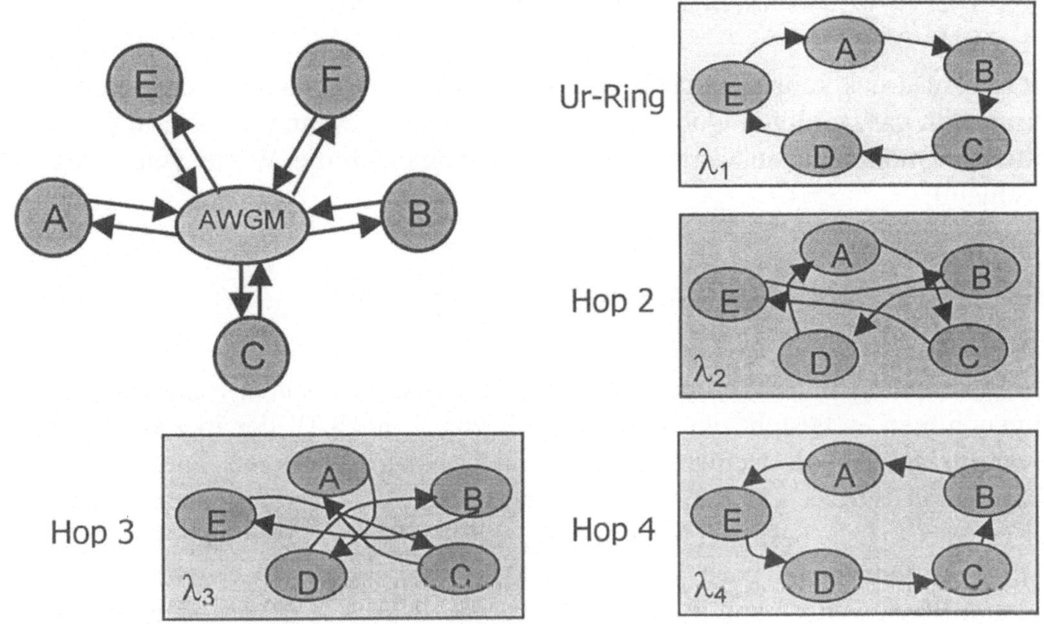

Abbildung 5.20: Virtuelle Ringtopologien in einem 5×5 AWGM

Wenn die Anzahl der Hops die Anzahl der Knoten ohne Rest teilt, entsteht kein vollständiger Ring, sondern nur ein Sub-Netz, das nur einen Teil der im Ur-Ring enthaltenen Knoten enthält. Um dies zu vermeiden, wählt man für die Anzahl der Knoten n eine Primzahl.

Besitzt ein Knoten oder eine Station x einen Sendewunsch zu einer Station y, der in genau m Schritten erledigt sein soll, so lässt sich dafür die passende Wellenlänge λ_k bestimmen. Der Index k entspricht zugleich der Wellenlänge, mit welcher der k-te Nachbarknoten im Ur-Ring von x in einem Schritt erreicht wird. Sei ferner *dist* der Abstand zwischen den Knoten x und y, gemessen in Anzahl zu passierender Nachbarknoten im Ur-Ring, wobei der Empfängerknoten y mitgezählt wird. Dann ist der gesuchte Wellenlängenindex k dasjenige k, welches folgende Gleichung (5.3) erfüllt:

$$dist = k \cdot m \ \bmod n \tag{5.3}$$

Um k zu berechnen, müssen noch einige einfache Umformungen durchgeführt werden. Die *modulo*-Operation besagt, dass es ein ganzzahliges $z < n$ geben muss, mit dem sich das Produkt $k \cdot m$ nach (5.4) berechnen lässt.

$$\exists z \in \{0,1,\ldots,n-1\}: \quad z \cdot n + dist = k \cdot m \tag{5.4}$$

Diesen Ausdruck kann man nach k auflösen. Der gesuchte Index k entspricht dann dem ersten ganzzahligen Quotienten, den man erhält, wenn man den in (5.5) enthaltenen Quotienten auswertet, wobei z nacheinander die Werte von 0 bis n-1 durchläuft.

$$\min z \in \{0,1,\ldots,n-1\} \wedge \frac{z \cdot n + dist}{m} = k \in \mathbb{Z} \tag{5.5}$$

Die Berechnung eines Wellenlängenindex sei anhand folgender Beispiele gezeigt: Angenommen es besteht ein Sendewunsch von A nach D, der in zwei Schritten bewältigt werden soll. Demzufolge gilt $m = 2$, $dist = 3$ und $n = 5$. Dies ergibt nach (5.5) den Ausdruck $(5z + 3)/2$ für k, der für $z = 1$ erstmalig ganzzahlig wird $(5+3)/2 = 4$. D.h. bei einer Übertragung mit der Wellenlänge λ_4 gelangt man in zwei Schritten von A nach D. Ein Blick in Abbildung 5.20 bestätigt dies. Ein weiterer Sendewunsch soll in drei Schritten von B nach A führen. Hier gilt $m = 3$, $dist = 4$ und $n = 5$. Damit ergibt sich für k der Zwischenausdruck $(5z + 4)/3$, der auch für $z = 1$ erstmalig ganzzahlig wird. Die gesuchte Wellenlänge ist somit λ_3. Wie der entsprechende virtuelle Ring in Abbildung 5.21 zeigt, erreicht man A in drei Schritten von B aus über E und C.

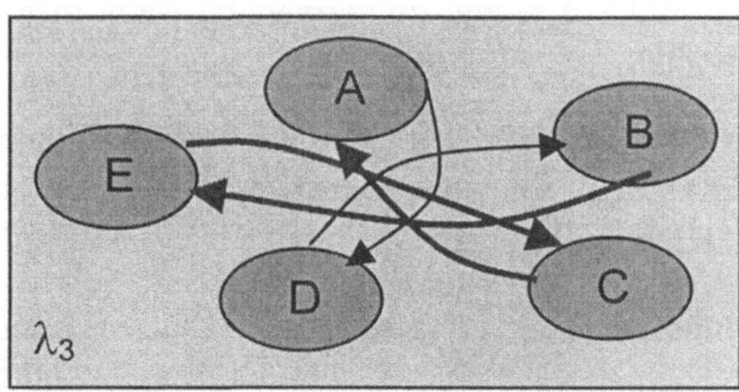

Abbildung 5.21: Drei Sprünge von B nach A in dem λ_3 zugeordneten virtuellen Ring

Literaturverzeichnis

[AcJa94]   B. Acklin, J. Jahns: "Packaging considerations for planar optical interconnection systems", *Applied Optics*, Vol. 33, No. 8, 1391-1397, 1994.

[Aich94]   W. Aicher et. al.: "Modellierung des Einflusses der Aufbau- und Verbindungstechnik auf digitale Systeme", *Mikroelektronik*, Band 8, Heft 4, 234-237, 1994.

[Aich95]   W. Aicher : "Modellierung des Einflusses elektrischer und optischer Signalführungen auf höchstintegrierte digitale Systeme", *Dissertation*, TU München 1995.

[Alli]   ALLIANCE – a free VLSI cad system. *http://www-asim.lip6.fr/alliance/*.

[AplOpt98]   Special Feature on Computer-Aided-Design for Optoelectronic Systems, *Applied Optics*, Vol. 37, No. 26, 10 September 1998.

[Aviz61]   A. Aviziensis: "Signed Digit Number Representation for Fast Parallel Arithmetic", IRE *Transactions on Electronic Computers*, Vol. EC-10, pp. 389-400, 1961.

[BäBr96]   J. Bähr, K.-H. Brenner: "Optimization of planar refracting microlenses by Ag-Na ion-exchange techniques", *Applied Optics*, Vol. 35, No. 9, 5102-5107, 1996.

[BäBr98]   J. Bähr, K.-H. Brenner: "Optical motherboard: a planar chip to chip interconnection scheme for dense optical wiring", *Proceedings Optics in Computing OC'98*, Brugge, pp. 419-422., June 1998.

[BaEb01]   S. Bargiel, F. Ebling, H. Schröder, H. Franke, G. Spickermann, C. Lehnberger, L. Oberender, E. Griese, A. Himmler, G. Mrozynski, D. Steck, E. Strake, W. Süllau: "Electrical.Optical Circuit Boards with 4-Channel Transmitter and Receiver Modules", *Tagungsband 4. Workshop Optik in der Rechentechnik*, S. 17-27, 1999.

[BaSc99]   H. Bartelt, F. Schrempel. L. Hoppe, W. Witthuhn: "Faseroptische Bauelemente zur Realisierung massiv paralleler Verbindungen in PMMA", *Tagungsband 4. Workshop Optik in der Rechentechnik*, 1999.

[BeSt97a]   H.H. Berger, J. Sturm: "Berührungsarmer Test integrierter Schaltkreise in der Produktion", *Abschlussbericht BMBF-Projekt*, TU Berlin, Institut für Mikro- und Festkörperelektronik, 1997.

[BeSt97b]   H.H. Berger, J. Sturm, F. Esfahani, A. Benedix, S. von Aichberger, B. Müller, and K.-O. Hofacker: "Optical signal injectin for high-speed wafer level function test of integrated circuits", in *IEEE Int. Conf. on Microelectronic Test Structures*, pp. 39-42, IEEE, Montery, CA, 1997.

[Birg95]   R.R. Birge: "Protein-based computers", *Scientific American* 272, 90-95, 1995.

[Bode99]   A. Bode: "Prozessoren", Kapitel C2, S. 293-322 in Rechenberg/Pomberger (Hrsg.), Informatik-Handbuch, *Hanser Verlag*, 1999.

[BrFe95]   T. Bräunl, S. Feyrer, W. Rapf, M.Reinhardt: "Parallele Bildverarbeitung", *Addison-Wesley* 1995.

[Burk97]   C. Burkert: "Spezifikation eines optoelektronischen Prozessorelementes für feingranulare Architekturen in VHDL", Studienarbeit Institut für Informatik, Universität Jena, 1997.

[Canh92]   L. Canham: "Silicon Optoelectronics at the end of the rainbow?", *Physics World*, pp. 41-44, March 1992.

[Chen72]   T.C. Chen: "Automatic Computation of Exponentials, Logarithms, Ratios and Square Roots", *IBM Journal Research and Development*, pp. 380-388, July 1972.

[ChHo98]   C.-H. Chen, B. Hoanca, C.B. Kunzia, A.A. Sawchuk, J.-M. Wu: "TRANslucent Smart Pixel Array (TRANSPAR) Chips for High Throughput Networks and SIMD Signal Processing", *Proceedings Int. Conf. on Massively Parallel Processing Using Optical Interconnections MPPOI'98*, Las Vegas, Nevada, (L. Johnsson et. al, eds.), pp. 42-49, IEEE Computer Society Press, Los Alamitos, June 1998.

[ChLe96]   L.M.F. Chirovsky, A.L. Lentine et. al.: "A High Speed Optoelectronic Chip with 4352 Optical Inputs/Outputs for a 256x256 ATM Switching Fabric", *Proceedings Int. Conference on Optical Computing*, Sendai, Japan, pp. 82-85, April 1996.

[ChLo97]   S.M. Chai, A. Lopez-Lagunas, D.S. Wills, N.M. Jokerst, M.A. Brooke: "Systolic Processing Using Optoelectronic Interconnections", *Proceedings Int. Conf. on Massively Parallel Processing Using Optical Interconnections MPPOI'97*, Montreal, Quebec, (J. Goodmann et. al, eds.), pp. 160-167, IEEE Computer Society Press, Los Alamitos, October 1997.

[ChWu97]   R.T. Chen, L.Wu, F. Li, S. Tang, M. Dubinovsky, J. Qi, et. al.: "Si CMOS Process Compatible Guided-wave Multi-Gbit/sec Optical Clock Signal Distribution System for Cray T-90 Supercomputer", *Proceedings Int. Conf. on Massively Parallel Processing Using Optical Interconnections MPPOI'97*, Montreal, Quebec, (J. Goodmann et. al: eds.), pp. 10-24, IEEE Computer Society Press, Los Alamitos, October 1997.

[ClKu99]   E.-B. Kley, M. Cumme, L.-C. Wittig, C. Wu: "Adapting existing e-beam writers to write HEBS-glass gray scale masks", *Proc. SPIE* Vol. 3633 (1999), pp. 35-45.

[Cloo94]   T. Cloonan: "Architectural Considerations in Smart Pixel Systems", Chapter 1 in (J. Jahns, S. Lee, eds.) *Optical Computing Hardware*, Boston, Academic Press, 1994.

[DaGö71]   H. Dammann, K. Görtler: "High-efficiency In-line Multiple Imaging by Means of Multiple Phase Holograms", *Opt. Comm.* 3, 312-315, 1971.

[DeNe94]   J. Depreitere, I. Neefs, H. van Marck, J. Van Campenhout, R. Baets, B. Dhoedt, H. Thienpont, and I. Veretennicoff: "An optoelectronic 3-D field programmable gate array", in Field Programmable Logic Architectures, Synthesis and Applications, *FPL'94, Proceedings* (R.W. Hartenstein, M.Z. Servit, eds.), pp. 352-360, Prague, Czech Republic, Springer-Verlag, Sept. 7-9, 1994.

[Dros99]   D. Droste, "Realisierung eines Wellenfront-Sensors mit einem ASIC", Dissertation Universität Mannheim 1999.

[DuMu91]   J. Duprat, J.-M. Muller: "Fast VLSI implementation of CORDIC using redundancy", in Depreterre E.F, and van der Veen A.-J. (eds.): *Algorithms and Parallel VLSI Architectures.* Vol. B: Proceedings. Elsevier, 155-164, 1991.

[DuWi98]   C. Duan, C.W. Wilmsen: "Optoelectronic ATM switch using VCSEL and smart detector arrays", *Proceedings Optics in Computing OC'98*, Brugge, pp. 103-106, June 1998.

[Ebel89]   K.J. Ebeling: "Integrierte Optoelektronik:Wellenleiteroptik, Photonik, Halbleiter", *Springer,* Berlin, Heidelberg, 1989.

[Eber99]   D. Eberlein: "Komponenten in DWDM-Systemen", *Funkschau* Heft 11/99, 1999.

[EC98]   *"Technology Roadmap: Optoelectronic interconnects for integrated circuits"*, (Editor: European Commission ESPRIT programme MEL-ARI OPTO), June 1998.

[Erha90]   W. Erhard: "Parallelrechnerstrukturen", *B.G. Teubner*, Stuttgart, 1990.

[ErKö95]   R. Ernst, I. Könenkamp: "Digitale Schaltungstechnik für Elektrotechniker und Informatiker", *Spektrum Akademischer Verlag*, 1995.

[ErLa87]   M.D. Ercegovac, T. Lang: "On the fly conversion of redundant into conventional representation", *IEEE Transactions on Computers*, 36, , 895-897, 1987.

[FeBa00]   D. Fey, H. Bartelt, W. Erhard, G. Grimm, M. Gruber, L. Hoppe, J. Jahns, S. Sinzinger: "Optical interconnects for neural and reconfigurable VLSI architectures", *Proceedings of the IEEE*, Vol. 88., No. 6., pp. 838-848, June 2000.

[FeDe00]   D. Fey, M. Degenkolb: "Digit Pipelined Arithmetic for 3-D Massively Parallel Optoelectronic Circuits", *The Journal of Supercomputing*, 16, pp. 177-196, 2000.

[FeKa98]   D. Fey, B. Kasche, C. Burkert, O. Tschaeche: "Specification for a reconfigurable optoelectronic VLSI signal processor suitable for digital signal processing", *Applied Optics*, 37, 2, pp. 284-295, January 1998.

[Fers98]   M. Ferstl: „Reactive ion etching: a versatile fabrication technique for micro-optical elements"; Diffractive Optics and Micro-Optics, *OSA Technical Digest Series* Vol.10, pp. 167-169, 1998.

[FeSt99]   M. Ferstl, R. Steingrüber: „Commercial Fabrication of Micro-Structures and Micro-optical Elements for Research and Industrial Applications"; Heinrich-Hertz-Institut für Nachrichtentechnik Berlin GmbH; *Annual report* 1998; pp. 109-112, Feb. 1999.

[Fey98]   D. Fey: "Spezifikation des Prozessorelements für einen als smarten Detektor integrierbaren parallelen digitalen Bildverarbeitungsprozessor", *Interner Bericht zur Rechnerarchitektur*, Universität Jena, Institut für Informatik, (Hrsg.: W. Erhard), Band 4, Nr. 3, 1998.

[Fey99]   D. Fey: "Algorithmen, Architekturen und Technologie der optoelektronischen Rechentechnik", *Habilitationsschrift*, Universität Jena, 1999.

[FiBo01]   W. Fischler, H. Bock, P. Leisching, A. Richter, J.-P. Elbers, C. Klingener, D. Stoll, T. Welsch, K. Jobmann: "The Berlin City Ring – a Testbed for Future Metropolitan Networks", *Photonic Network Communication*, 3:3, 255-267, 2001.

[FKB98]   D. Fey, B. Kasche, C. Burkert: "Entwurf und Evaluierung von Architekturkonzepten basierend auf Bit- und CORDIC Algorithmen", *Interner Bericht zur Rechnerarchitektur*, Universität Jena, Institut für Informatik, (Hrsg.: W. Erhard), Band 4, Nr. 9, 1998.

[Flöp00]   A. Flöpper: "Technologische Grundlagen optischer Netzwerke", *Seminarbeit*, Universität-GH Siegen, Institut für Rechnerstrukturen, 2000.

[Foss98]   E. Fossum: „Digital Camera System on a Chip", IEEE Micro, pp. 8-15, May/June 1998.

[Fouc94]   H. Fouckhardt: "Photonik", *B.G. Teubner*, Stuttgart, 1994.

[Frem00]   F. Fremerey: "Eine Revolution in Silizium – Rekonfigurierbare Logik im Vergleich", *c't*, Heft 17, S. 202-209, 2000.

[Ghan00]   N. Ghani: "Lamda-labeling: A framework for IP-over-WDM using MPLS", Optical Networks Magazine, pp. 45-58, April 2000.

[GiHa99]   C. Gimkiewicz, D. Hagedorn, J. Jahns, E.-B. Kley, and F. Thoma: "Fabrication of Microprisms for planar-optical interconnections using analog gray scale lithography with high energy beam sensitive glass", *Applied Optics*, Vol. 38, No. 14 (1999) pp. 2986-2990.

[GKS00]   E. Griese, D. Krabe, E Strake: "Electrical-optical printed circuit boards: Technology – Design – Modeling", in H. Grabinski, *Interconnects in VLSI Design*, pp. 221-236, Kluwer Academic Publishers, Boston, 2000.

[GlKo93]   E. Gluch, H. Kobolla, K. Zürl, N. Streibl, J. Schwider, "Demonstration for an optoelectronic switching network", *Journal of Modern Optics* 40, 1857-1869, 1993.

[Gluc95]   E. Gluch: "Optoelektronische Verbindungsnetzwerke", *Dissertation*, Universität Erlangen-Nürnberg, 1995.

[GoLe84]   J.W. Goodman, F.I. Leonberger, S.-Y. Kung, R.A. Athale: "Optical Interconnections for VLSI systems", *Proceedings of the IEEE*, Vol. 72, No. 7, 850-865, Juli 1984.

[GöLe94]   U. Gösele, V. Lehmann: "Leuchtendes poröses Silizium", *Physikalische Blätter*, Bd. 50, Nr. 3, 241, 1994.

[GrBu98]   M. Groß, R. Buß, T. Alder, R. Heinzelmann, D. Kalinowski, D. Jäger: "Artifical Vision: An Application for Short Distance Free Space Optical Interconnection", *Proceedings Optics in Computing OC'98*, Brugge, pp. 240-242, June 1998.

[Grig95]   R.R. Grigat: "Vision Chips - intelligente Mikrosysteme für Meßtechnik, Qualitätskontrolle und Konsumelektronik", *4. Symposium "Bildverarbeitung '95"*, 29.11.95-1.12.95, Technische Akademie Esslingen, 1995.

[GrVi93]   K.-E. Grosspietsch, H.Th. Vierhaus: "Entwurf hochintegrierter Schaltungen", *BI Wissenschaftsverlag*, Mannheim, Reihe Informatik, Band 96, 1993.

[GSJ01]   M. Gruber, S. Sinzinger, J. Jahns: "Planar-Integrated Multi-Chip-Module with Massively Parallel Free-Space Optical Interconnects", *Tagungsband 6. Workshop Optik in der Rechentechnik*, pp. 11-16, 2001.

[HaCh00]   M.W. Haney, M.P. Christensen, P. Milojkovic, G.J. Fokken, M. Vickberg, B.K. Gilbert, J. Rieve, J. Ekman, P. Chandramani, anf F. Kiamilev: "Description and Evaluation of the FAST-Net Smart-Pixel-Based Optical Interconnection Prototype", *Proceedings of the IEEE*, Vol. 88., No. 6., pp. 819-828, June 2000.

[HaGr84]   W. Harth, H. Grothe: "Sende- und Empfangsdioden für die optische Nachrichten-technik", *B.G. Teubner*, Stuttgart, 1984.

[HaKo99]   M. Hall, P. Kogge, J. Koller, P. Diniz, J. Chame, J. Draper, J. LaCoss, J. Granacki, A. Srivasava, W. Athas, J. Brockman, V. Freeh, J. Park, and J. Shin: "Mapping irregular applications on DIVA a PIM-based data-intensive architecture", in *Supercomputing 99*, Portland OR, November 1999.

[HePr90]   H.P. Herzig, D. Prongué, R. Dändiker: "Design and fabrication of highly efficient fan-out elements", *Japanese Journal of Applied Physics*, 29, L1307-L1309, 1990.

[Herz97]   H.P. Herzig: "Design of refractive and diffractive micro-optics", Chapter 1 in H. P. Herzig (Editor), Micro-Optics - Elements, Systems, and Applications, *Taylor & Francis*, London, 1997.

[HHB97]   L. Hoppe, B. Hofer, H. Bartelt: "Tagungsband Workshop Optik in der Rechen technik '97, Jena, 10.Oktober 1997", in *Berichte zur Rechnerarchitektur*, Univer-sität Jena, Institut für Informatik, (Hrsg.: W. Erhard), Band 3, Nr.30, 1997.

[HHI]   http://www.hhi.de/mt/deutsch/MT-Silica_G/MT-Silica_2_G/mt-silica_2_g.html.

[HSK01]   G. Heinol, J. Schulte, W. Kleuver, "Objekterfassung mit Intelligenz", S.60-64, *Elektronik 9/2001*

[HTC]   Honeywell Technology Center: *http://htc.honeywell.com/photonics.*

[Hwan79]   K. Hwang: "Computer Arithmetic – Principles, Architecture and Design", *Wiley&Sons*, New York, 1979.

[IAP]   Web-Seite *"Gallery - Microstructure Technology – Microoptics"* des Instituts für angewandte Physik der Friedrich-Schiller-Universität Jena, http://www.iap.uni-jena.de/mst/mst.html.

[IKO84]   K. Iga, Y. Kokubun, M. Oikawa: "Fundamentals of micro-optics", *Academic Press*, Tokyo 1984.

[IrSt95]   L.J. Irakliotis, A.F. Stewart, F.R. Beyette, P.A. Mitkas, C.W. Wilmsen: "Optoelec-tronic Parallel Processing with Surface-Emitting Lasers and Free-Space Intercon-nects", *Journal of Lightwave Technology*, Vol. 13, No. 6, June 1995.

[Irvi]   *http://www.irvine-sensors.com/photonics.*

[Ishi95]   M. Ishikawa: "Parallel optoelectronic computing systems and applications", *Inst. Phys. Conf. Ser.* No 139, Optical Computing, pp. 41-46, IOP Publishing Ltd. 1995.

[IsMc98]   M. Ishikawa, N. McArdle: "Optically interconnected parallel computing systems", *IEEE Computer*, pp. 61-68, Feb. 1998.

[JaBr92]   J. Jahns, K.-H. Brenner, W. Däschner, C. Doubrava, T. Merklein: "Replication of diffractive microoptical elements using a PMMA moulding technique", *Optik* 89, 98-100, 1992.

[Jahn94]   J. Jahns: "Planar packaging of free space optical interconnections", *Proceedings of the IEEE*, 82 (11):1623, November 1994.

[JaSi97]   J. Jahns, S. Sinzinger: "Integrated microoptical imaging system with high intercon-nection capacity fabricated in planar optics", *Applied Optics*, 36, 4729-4735, 1997.

[JeHa91]   J.L. Jewell, J.P. Harbison, A. Scherer, Y.H. Lee, L.T. Florez: "Vetical-Cavity Surface Emitting Lasers: Design, Growth, Fabrication, Characterization", *IEEE Journal of Quantum Electronics*, Vol. 27, No. 6, pp. 1332-1346, June 1991.

[Jewe85]   J. Jewell et. al.: "3-pJ, 82-MHz optical logic gates in a room-temperature GaAs-AlGaAs multiple-quantum-well etalon", *Appl. Phys. Lett.* 46, 10, 918-920, May 1985.

[Joke95]   N.M. Jokerst et. al., "Communication Through Stacked Silicon Circuitry Using Integrated Thin Film InP-based Emitters and Detectors", *IEEE Photonics Tech. Let.*, Vol. 7, No. 9, pp.1028-1030, September 1995.

[JoKn93]   K.M. Johnson, D.J. Knight, I. Underwood, "Smart pixel light modulators using liquid crystals on silicon", *IEEE Journal of Quantum Electronics*, Vol. 29, 699-714, 1993.

[JuKi98]   C. Jung, R. King, R. Jäger, M. Grabherr, F. Eberhard, R. Michalzik, K.J. Ebeling: "Highly Efficient Oxide Confined VCSEL Arrays for Parallel Optical Interconnects", *Proceedings Optics in Computing OC'98*, Brugge, pp. 2-5, June 1998.

[KaFe96a]   B. Kasche, D. Fey: "Optimale Algorithmen zur Berechnung von Standardfunktionen mittels Smart-Pixel-Rechenwerke", *Berichte zur Rechnerarchitektur*, Universität Jena, Institut für Informatik, (Hrsg.: W. Erhard), Band 2, Nr.3, 1996.

[KaFe96b]   B. Kasche, D. Fey: "Free Programmable Smart Pixel Processor Elements Array for Standard Functions ", *Proceedings 2nd International Conference on Optical Information Processing*, St. Petersburg, Russia, June 1996.

[KaFe96c]   B. Kasche, D. Fey: "Principles for optoelectronic 3-D architectures and corresponding algorithms to calculate standard functions", in *Proceedings 7th International Workshop on Parallel Processing by Cellular Automata and Arrays* (PARCELLA'96), Berlin, September 16-(R. Vollmar, W. Erhard, V. Jossifov, eds.), Akademie-Verlag, Berlin, pp. 59-66, 1996.

[KaNi01]   K. Kagawa, K. Nitta, Y. Ogura, J. Tanida, and Y. Ichioka: "Optoelectronic parallel-matching architecture: architecture description, performance estimation, and prototype demonstration", *Applied* Optics, Vol. 40, No. 2, 10 January 2001.

[Kasc95]   B. Kasche: "Opimale Algorithmen für Smart-Pixel-Rechenwerke", *Diplomarbeit* Institut für Informatik, Universität Jena, 1995.

[KeAr69]   R.W. Keyes, J.A. Armstrong: "Thermal Limitations in Optical Logic", *Applied Optics*, 8, 2549, 1969.

[Kers99]   R. Kersjes: "CMOS-Bildsensoren mit Intelligenz", S. 84-87, Elektronik 10/99.

[KiLa96]   F.E. Kiamilev, J.S. Lambirth, R.G. Rozier, A.V. Krishnamoorthy, "Design of a 64-bit microprocessor core IC for hybrid CMOS-SEED technology", *Proceedings Int. Conf. on Massively Parallel Processing Using Optical Interconnections MPPOI'96*, Maui, Hawaii, (A. Gottlieb et. al.: eds.), pp. 53-60 , IEEE Computer Society Press, Los Alamitos, October 1996.

[KoWe95]   R. Kowarschik, L. Wenke, A. Rasch, F. Lederer: "Licht und Information – Innovationskolleg Optische Informationstechnik", *Forschungsmagazin* Universität Jena, S. 18-23, 1995.

[Krac89]   U. Krackhardt: "Binäre Phasengitter als Vielfach-Strahlteiler", *Diplomarbeit*, Universität Erlangen-Nürnberg, Lehrstuhl für Angewandte Optik, September 1989.

[Krac93]   U. Krackhardt: "Phasenquantisierung und Herstellungsfehler von periodisch computererzeugten dünnen Phasenhologrammen", *Dissertation*, Universität Erlangen-Nürnberg, 1993.

[Kris95]   A.V. Krishnamoorthy et. al.: "3-D integration of MQW modulators over active sub-micron CMOS circuits: 375 Mbit/s transimpedance receiver-transmitter circuit", *IEEE Photonics Technology Letters*, 7, 11, pp. 1288-1290, November 1995.

[Krop01]   J.-R. Kropp: "Vertical Cavity Surface Emitting Laser Diodes for Optical Short Reach Interconnects", *Tagungsband 6. Workshop Optik in der Rechentechnik*, 1999.

[KrRü00]   G. Krüger, D. Reschke: "Telematik", *Fachbuchverlag* Leipzig, 2000.

[LiHu02]   G. Li, D. Huang, E. Yuceturk, P.J. Marchand, S.C. Esener, V.H. Ozguz, Y. Liu: "Three-Dimensional Optoelectronic Stacked Processor by use of Free-Space Optical Interconnection and Three-Dimensional VLSI Chip Stacks", *Applied Optics*, Vol. 41, No. 2, pp. 348-360, January 2002

[LiPo98]   Y. Li, J. Popolek: "Clock Delivery Using Laminated Polymer Fibre Circuits", *Proceedings Optics in Computing OC'98*, Brugge, pp. 278-281, June 1998.

[LiSt00]   Y. Liu, E.M. Strzelecka, J. Nohava, M.K. Hibbs-Brenner, and E. Towe: "Smart-Pixel Array Technology for Free-Space Optical Interconnects", *Proceedings of the IEEE*, Vol. 88., No. 6., pp. 764-768, June 2000.

[LoTh90]   A.W. Lohmann, J.A. Thomas: "Making an array illuminator based on the Talbot effect", *Applied Optics*, Vol. 29, No. 29, page 4337, 1990.

[McAr00]   N. McArdle, M. Naruse, H. Toyoda, Y. Kobayashi, M. Ishikawa: "Reconfigurable Optical Interconnections for Parallel Computing", *Proc. of the IEEE*, Vol. 88. No. 6. pp. 829-837, June 2000.

[McCo92]   F. B. McCormick et al., "Experimental investigation of a free-space optical switching network by using symmetric self-electro-optic-effect devices", *Appl. Opt.* 31, 5431-5446, 1992.

[MeCo80]   C. Mead, L. Conway: "Introduction to VLSI Systems", *Addison-Wesley*, 1980.

[MeFe97]   T. Meier, D. Fey: "Entwicklung einer konfigurierbaren, optoelektronischen Kommunikationskarte zur schnellen Datenübertragung zwischen Workstations", in (Hrsg.: W. Rehm*), Tagungsband 1.Workshop Cluster Computing*, 6./7. Nov. 1997, TU Chemnitz, Fakultät für Informatik, pp. 185ff, 1997.

[Meie01]   T. Meier: "Entwurf eines rekonfigurierbaren Netzadapters und Untersuchung geeigneter MAC-Protokolle", Dissertation, FSU Jena, Institut für Informatik, 2001.

[Mein99]   J.D. Meindl: "Abstract: XXI Century Gigascale Integration (GSI): The Interconnection Problem", *20th Anniversary Conference on Advanced Research in VLSI, ARVLSI'99*, http://www.computer.org/ proceedings/arvlsi/0056/00560 088abs.htm, 1999.

[MFE98]   T. Meier, D. Fey, W. Erhard: "Abschlußbericht Projekt Optische Verbindungstechnik für schnellen Datentransfer zwischen integrierten Schaltkreisen – gefördert durch TMWFK (Thüringer Ministerium für Wissenschaft, Forschung und Kultur)", *Berichte zur Rechnerarchitektur*, Universität Jena, Institut für Informatik, (Hrsg.: W. Erhard), Band 4, Nr.4, 1998.

[Mich98]   R. Michalzik et. al.: "Oxide confined 2D VCSEL arrays for high-density inter/intra-chip interconnects", SPIE Photonics West'98, *SPIE Proceedings.*, Vol. 3286,"Vertical Cavity Surface Emitting Lasers II", 1998

[MLS98]   D. Mendlovic, A.W. Lohmann, G. Shabtay: "Triple correaltion: variations, applications, optoelectronic implementations, and properties", *Proceedings Optics in Computing OC'98*, Brugge, pp. 20-26, June 1998.

[Mois00]   J. Moisel, R. Bogenberger, J. Guttmann, H.-P. Huber, O. Krumpholz, K.-P. Kuhn, M. Rode: "Optical backplanes with integrated polymer waveguides", *Optical Engineering*, Vol. 39(03), March 2000.

[MoPa97]   J. Moisel, C. Passon, J. Bähr, K.-H. Brenner: "Homogenous concept for the coupling of active and passive single-mode devices by utilizing planar gradient-index lenses and silicon-V grooves", *Applied Optics*, 36, 20, pp. 4736-4743 ,10 July 1997.

[MPP00]   J. Mombru, G. Panotopoulos, D. Psaltis, X. An, F. Mok, S. Ay, S. Barna, E.R. Fossum: "Optically Programmable Gate Array", in *Proceedings Optics in Computing 2000*, SPIE Vol. 4089, pp. 763-771, 2000.

[MSN99]   Microsoft *Encarta 99*.

[Neye90]   A. Neyer: "Integriert-Optische Komponenten für die Optische Nachrichtentechnik", *Habilitationsschrift*, Universität Dortmud, 1990.

[OESP]   3D-OESP Consortium website: *http://soliton.ucsd.edu/3doesp/*.

[Paro00]   http://www.infineon.com/news/press/008_089e.htm, August 2000.

[Paul92]   R. Paul: "Optoelektronische Halbleiterbauelemente", *B.G. Teubner*, Stuttgart, 1992.

[Pirs96]   P. Pirsch: "Architekturen der digitalen Signalverarbeitung", *B.G. Teubner*, Stuttgart, 1996.

[Poll95]   C.R. Pollock: "Fundamentals of optoelectronics", *Irwin*, Chicago 1995.

[Post89]   H.U. Post: "Entwurf und Technologie hochintegrierter Schaltungen", *B.G. Teubner*, Stuttgart, 1989.

[Pra00]   D. W. Prather: "Three Dimensional VLSI Interconnects", *Workshop on Optics and Computer Science* (WOCS 2000), in J. Rolim et al. (Eds.): IPDPS 2000 Workshops, LNCS 1800, pp. 1092-1103, 2000.

[RaSi98]   R. Ramaswami, K.N. Sivarajan: "Optical Networks – A Practical Perspective", *Morgan Kufmann Publishers*, 1998.

[Redd73]   S.F. Reddaway: "DAP – A Distributed Array Processor", 1st *Annual Symp. On Computer Architecture*, Florida, 1973.

[Rix94]		B. Rix: "Algorithmusspezifische Architekturen und Komponenten für die digitale Signalverarbeitung", *VDI-Verlag*, Düsseldorf, 1994.

[Robe58]		J.E. Robertson:. "A new class of digital division methods", *IEEE Trans. Comput.*, C-7, (Sept.): 218-222, 1958.

[ScBu98]		R. Schwarte, B. Buxbaum, H. Heinol, Z. Xu, T. Ringbeck, Z. Zhang: "Novel 3D-Vision systems based on layout optimised PMD-structures", *Tagungsband Opto'98*, pp. 59-64, Erfurt 1998.

[SCC97]		P. Scheer, T. Colette, P. Churoux: "Free-space Optical Interconnections Within SIMD Massively Parallel Computers", *Proceedings Int. Conf. on Massively Parallel Processing Using Optical Interconnections MPPOI'97*, Montreal, Quebec, (J.W. Goodman et. al.: eds.), pp. 167-177, IEEE Computer Society Press, Los Alamitos, June 1997.

[Sche96]		P. Scheer et. al.: "A massively parallel SIMD multiprocessor system using optical interconnects: SYNOPTIQUE", *Proceedings International Conference on Optical Computing OC'96*, Sendai, Japan, pp. 120 121, April 1996.

[Schm95]		H. Schmeck: "Analyse von VLSI-Algorithmen", *Spektrum Akademischer Verlag*, Heidelberg, 1995.

[Schr80]		G. Schröder: "Technische Optik", *Vogel-Verlag*, 1980.

[Schu01]		W. Schulz: "CMOS-Fotosensor für 3D-Laser-Entfernungsmessung", S. 22, *Elektronik* 12/2001.

[SIA97]		Semiconductor Industry Association. "The National Roadmap for Semiconductor Technology", *http://www.sematech.org/public/roadmap/index.htm*, 1997.

[SiJa99]		S. Sinzinger, J. Jahns: "Microoptics", Verlag *Wiley-VCH*, 1999.

[SiRö97]		G. Sieß, R. Röder: "Neuartige Sensorstruktur zur Positionserfassung in einer Standard CMOS-Technologie", *Presseinformation* MAZeT GmbH, Jena, ART-97-052, 1997.

[SLL98]		H. Singh, M.-H. Lee, G. Lu, F.J. Kurdai, T. Lang, R. Heaton, E.M.C. Filho: "MorphoSys: An integrated Reconfigurable System", *Proc. of the NATO Symposium on System Concepts and Integration* (April), Monterey, CA, 1998.

[Smit85]		S.D. Smith: "Lasers, nonlinear optics and optical computers", *Nature*, Vol.316, No. 6026, 319 ff, July 1985.

[Spä99]		J. Späth: "Mehr Licht! Photonische Netze: die Zukunft der Kommunikationsnetze", *c't* 1999, Heft 1, S. 156-167.

[SRU99]		J. Silc, B. Robic, T. Ungerer: "Processor-in-Memory, Reconfigurable, and Asynchronous Processors", Kap. 7 in Processor Architectures - From Dataflow to Superscalar and Beyond, *Springer Verlag*, Berlin Heidelberg 1999.

[Stei01]		E. Stein: "Taschenbuch Rechnernetze und Internet", *Fachbuchverlag* Leipzig, 2001.

[STI3220]		SGS-Thomson Microelectronics, "Image Processing", *Databook* 1st Edition,.

[SVS96]		P. Seitz, O. Vietze, T. Spirig: "Smart Image Sensors for Optical Microsystems", *Laser&Optoelektronik*, Nr. 28, S. 56-67, 1996.

[TaKu87]   N. Takagi, S. Kuninobu, T. Nishiyama, H. Edamatsu, T. Taniguchi: "Design of high speed multiplier and divider using redundant binary representation", *IEEE Proceedings - 8th Symposium on Computer Arithmetic*, pp. 80-86, 1987.

[TI97]   Application Report BPRA047, "Sine, Cosine on the TMS320C2xx", Texas Instruments, 1997.

[TiSc78]   U. Tietze, Ch. Schenk: "Halbleiter-Schaltungstechnik", Springer-Verlag Berlin, Heidelberg, 1978.

[Toch58]   K.D. Tocher: "Techniques of multiplication and division for automatic binary computers", Quart. *Journal Mech. Appl. Math.*, Vol. XI, Pt. 3: 364-384, 1958.

[Unge92]   H.-G. Unger: "Optische Nachrichtentechnik Teil II: Komponenten, Systeme, Meßtechnik 2", *Hüthig-Verlag*, Heidelberg, 1992.

[VaAi96]   M. Vasiliko, D. Ait-Boudaoud: "Optically Reconfigurable FPGAs: Is This a Future Trend?", Field Programmable Logic Architectures, Smart Applications, New Paradigms and Compilers, *Proceedings FPL'96*, (R.W. Hartenstein, M. Glesner, eds.), pp. 270-279, Darmstadt, Germany, Springer-Verlag, Sept. 1996.

[VaTh98]   F. Vanhaverbeke, H. Thienpont, K. Chalsinska-Marcukow, P.Vanosstveldt: "DNA sequence detection by means of two-bit correlation", *Proceedings Optics in Computing OC'98*, Brugge, pp. 174-177, June 1998.

[VIA]   http://www.viaarch.org.

[Vold59]   J.E. Volder: "The CORDIC Trigonometric Computing Technique", *IRE Transactions on Electronic Computers*, Vol. EC-8, pp. 330-334, 1959.

[Völk94]   R. Völkel, "Optische Verbindungssysteme mit planaren Lichtführungsplatten und holographischen optischen Elementen", *Dissertation*, Universität Erlangen-Nürnberg 1994

[WaDe95]   A.C. Walker, M.P.Y. Desmulliez, et. al.: "Construction of an Optoelectronic Bitonic Sorter based on CMOS/InGaAs Smart Pixel Technology", *Proceedings Int. Conf. on Massively Parallel Processing Using optical Interconnections MPPOI'95*, San Antonio, Texas, (E. Schenfeld: ed.), pp. 180-187, IEEE CS Press 1995.

[Walt71]   J.S. Walther: "A Unified Algorithm for Elementary Functions", *Proceedings Spring Joint Computer Conf.*, pp. 379-385, 1971.

[WaTa97]   E. Waingold, M. Taylor, et. al.: "Baring it All to Software: Raw Machines", *Computer* 30:86-93 (September), 1997.

[Weed01]   M. Weede: "Entwicklung von Hardware und Software für ein eingebettetes optoelektronisches Bildverarbeitungssystem mit SystemC", *Diplomarbeit*, Universität Jena, Institut für Informatik, 2001.

[Wills96]   D.S. Wills et. al.: "Processing Architectures for Smart Pixel Systems", *IEEE Journal of Selected Topics in Quantum Electronics*, Vol. 2, No. 1, pp. 24-34, April 1996.

[Woes98]   H. Woesner: "Primenet - A Concept for a WDM-based Fiber Backbone", in H. v. As and A. Jukan, Editors, *Optical Network Design and Modelling*, pp. 98-106, Kluwer, April 1998.

[WoKr96] T.K. Woodward, A.V. Krishnamoorthy, L.L. Lentine, L.M.F. Chirovsky: "Optical receivers for optoelectronic VLSI", *IEEE Journal of Selected Topics in Quantum Electronics*, 2, 1, 106-116, April 1996.

[YoMa97] T. Yoshikawa, H. Matsuoka, T. Yokota, J. Shimada: "Parallel Optical Interconnection for Massively Parallel Processor RWC-1", *Proceedings Int. Conf. on Massively Parallel Processing Using Optical Interconnections MPPOI'97*, Montreal, Quebec, (J.W. Goodman et. al.: eds.), pp. 4-9, IEEE Computer Society Press, Los Alamitos, June 1997.

[Zamp89] P. Zamperoni: "Methoden der digitalen Bildsignalverarbeitung", *Vieweg Verlag*, Braunschweig, 1989.

[ZhMa00] X. Zheng, P.J. Marchand, D. Huang, and S:C. Esener: "Free-space parallel multichip interconnection system", *Applied Optics*, Vol. 39, No. 20, 10 July 2000.

[Zim00] H. Zimmermann: "Integrated Silicon Optoelectronics", *Springer*, Berlin, Heidelberg 2000.

[Zürl92] K. Zürl: "Optoelektronische Feldverbinder", Dissertation, Universität Erlangen-Nürnberg 1992.

Index

und

ComputerDienst
Jena GmbH

Seit 10 Jahren Partner von

Forschung und Lehre / Industrie / Behörden

Und Ihr Partner für:

- Desktop- und Serversysteme
- Storagelösungen
- Erstellung und Realisierung von Netzwerkkonzepten und Sicherheitslösungen
- Service und proaktive Wartung von Sun-Systemen weltweit

ComputerDienst Jena GmbH, Felsbachstraße 5, 07745 Jena
www.cd-jena.de